国家出版基金项目
NATIONAL PUBLICATION FOUNDATION

中国纬向带
褶皱构造研究

王汉卿　编著

地震出版社

图书在版编目（CIP）数据

中国纬向带褶皱构造研究 / 王汉卿编著 . –– 北京：
地震出版社 , 2023.12

ISBN 978-7-5028-5611-3

Ⅰ.①中… Ⅱ.①王… Ⅲ.①纬向构造体系—地质褶
皱—研究—中国 Ⅳ.① P542.2

中国版本图书馆 CIP 数据核字 (2023) 第 238848 号

地震版　XM5672/P（6448）

中国纬向带褶皱构造研究

王汉卿　编著

责任编辑：张　平
责任校对：凌　樱

出版发行：地震出版社
　　　　　北京市海淀区民族大学南路 9 号　　　　　邮编：100081
　　　　　发行部：68423031　　68467991　　　　　传真：68467991
　　　　　总编室：68462709　　68423029
　　　　　证券图书事业部：68426052
　　　　　http://seismologicalpress.com
　　　　　E-mail: zqbj68426052@163.com

经销：全国各地新华书店
印刷：河北赛文印刷有限公司

版（印）次：2023 年 12 月第一版　2023 年 12 月第一次印刷
开本：710×960　1/16
字数：348 千字
印张：17.5
书号：ISBN 978-7-5028-5611-3
定价：58.00 元

序　一

王汉卿同志是我非常熟悉的一位研究人员。他自北京大学地质系毕业后，即被分配到地质力学研究所工作。从60年代前期，他就开始了地质力学的学习和研究，很用功，也很钻研，积极实践，长期坚持野外地质调查，积累掌握了大量第一手资料，富于独立思考。尤其让我感动的是，在他退休之后，在身体健康欠佳、又无经费支持的情况下，他仍坚持其研究总结工作，其精神真是难能可贵。《中国纬向带褶皱构造研究》这一专著，就是他这一时期艰苦奋斗的结果，我很高兴地把他介绍给广大读者。

纬向构造带早就引起国内外学者的广泛关注，从20年代以来，李四光教授先后发表多篇文章，尤为重要的是50年代他发表的《东西复杂构造带和南北构造带》，明确将这两项构造划分为两类构造体系，指出变形特点及成生机制，并在东西（纬向）构造带中加上了"复杂"二字。所谓复杂，根据他的研究，这类构造规模宏大，横亘全球几千公里，有的深及下地壳乃至岩石圈；成生演化历史悠久，历经多次构造运动，在中国，至少吕梁运动以来的历次构造运动都在其中留下了清晰可辨的构造遗迹；构造变形和组成都相当复杂，不仅只是南北方向构造应力作用下的东西向构造形迹，还包含、包容由于局部或区域地块差异运动而产生的东西构造带的变种构造，如山字型、弧形等中小型构造体系，以及其他同级构造体系等。经进一步深入研究，就全球而论，不仅纬向构造带相当复杂，经向构造带也是相当复杂的。二者相互穿插、切割，使全球形成条块分割的格局，并控制全球地质构造的成生、发展演化。所以，为深入研究这两类构造体系的相互关系及在各地区的成生、演化表现，不仅具有重要的理论意义，而且具有重要的地质找矿和环境评价意义。

王汉卿同志的这部专著，就是他长期在西秦岭（甘南）、南岭（粤北）暨豫西南地区研究其中褶皱构造的展现规律、相互关系、成生机理与演化等，同时分析研究了天山、阴山、贺兰山、大雪山—邛崃山等地区的区域地质调查资料写成的。他认为：在纬向构造带中包含有经向褶皱构造；经向构造带中，包含有纬向褶皱构造；而且发现具有"隔期相似、临期相异"的特点。但在中国三大纬向构造带中是不是"迁西期、中条期、加里东期、印支期即每个地质时代的前期均以EW方向挤压或扭压应力为主，在阜平—五台期、晋宁—澄江期、海西期、燕山期亦即每个地质时代的后期均以 NS 向挤压应力为主？还需要通过构造年代学、海水运动规程、地磁学、地球物理学的研究，以求获得深刻的认识。对于纬向、经向两大构造体系的成生机理、演化规律，尽管有各种探讨，但都认为与地球自转速度的变更密切相关，至于地球自转速度何以有快慢变化，地球自身和天际间的影响因素很多，因此说法也很多。王汉卿同志根据天文资料将太阳携带地球等行星的运动推测出受银河系核心及其旋臂的控制，不能不说是一种有益的探讨。愿这一部专著所提出的各种见解和问题，将纬向构造和经向构造的研究推向更加深入的一步。

一九九九年二月十二日

序 二

王汉卿是我大学同窗六年的学友。1963 年夏他走出燕园到地质力学研究所工作，转瞬间 40 个年头过去了。他把毕生的心血——《中国纬向带褶皱构造研究》一书厚厚的书稿交给我，我有幸先读到这凝聚了他 30 多年辛勤劳动和反复思考的结晶，似乎更看到了汉卿的为人和为事业而献身的精神。

这本书的完成是来之不易的，这不仅是说该书是重视第一性资料，是积 30 多年野外工作成果与经验，并广泛猎取有关实际地质调查资料而升华；更重要的是本书的写作正是汉卿重病之后，以惊人的毅力克服了重重困难，最终完成的。1993 年 11 月汉卿突患脑溢血，在他刚刚恢复之中，我同葛治洲、张抗、李裕澈、姚慧君去看望他，他讲出了一个心愿，就是要把几十年对中国三大纬向带及贺兰山、大雪山—邛崃山经向带褶皱构造研究成果编写成书。我们既鼓励他，又要他身体恢复后再说。然而，正是这一强烈事业心促使他不顾身体尚待恢复，夜以继日亲自绘制书中大量图件，书写了 58 万 3 千余文字。

汉卿锲而不舍、勇于探索的精神也是值得称道的。通过对燕山—阴山—天山，伏牛山—西秦岭—中昆仑及南岭三大纬向带褶皱构造的研究，按地质年代，自古而新划分出迁西、阜平—五台、中条、晋宁—澄江、加里东、海西、印支、燕山八期构造运动。通过对各期形成的皱褶构造延伸方向、形态特征、排列方式的研究，发现均具有"隔期相似，临期相异"的特征。这一内容可以讲是本书的核心。然而汉卿同志并没有就此止步，而是又大大向前突进了一大步，他要解决"为什么会是这样？"

虽已年到花甲，汉卿仍似当年在燕园博览群书、埋头钻研的精神，向天体理论要答案。他努力学习并拓展了银河系、开普勒定律、万有引力定律、旋转椭球体表层应力作用等方面的知识，探索了地球各圈层地应力、地热的形成、发展、变化及其与地质年代的关系等。

因此，这本书不是普通的一本地质著作，而是将一生献给地质事业的科技工作者的一生心血和劳动结晶。

本书的科学意义在于将李四光教授开创的地质力学理论又向前推进了一步，这就是将地球作为天体的一部分，从宇宙的演化中去探求地球，探求中国大地构造特点。

但愿这本书能给读者一些启示和启发，也祝愿作者在科学道路上再攀新高峰。

我还要讲的是，本书的完成，也凝聚着王汉卿的夫人薛淑全老师的心血，她对汉卿无微不至的关照和鼓励是他最大的精神支柱，我向薛老师表示敬意。

石宝珩

一九九九年一月十二日

目　　录

绪　论

1959 年 9 月，李四光教授发表"东西复杂构造带和南北构造带"一文，指出东西复杂构造带有阴山—天山、秦岭—昆仑、南岭；南北构造带包括四川西部和云南西部。地质力学研究所主编的 1：400 万《中华人民共和国构造体系图》（1976）、中国地质科学院主编的 1：250 万《中华人民共和国及其毗邻海区构造体系图》（1984），均将阴山—天山构造带向东经冀北抵辽东，昆仑—秦岭构造带向东（经豫西南、大别山东北麓）越郯庐断裂抵苏北，南岭构造带向西可达云南中—西部。贺兰山构造带和川滇构造带都属南北构造带。东西复杂构造带复杂到什么程度？南北构造带简单吗？如果人们询问东西复杂构造带和南北构造带是什么时候形成的？在 20 世纪 60—70 年代，我国各省、自治区、直辖市、1：20 万区域地质测量工作正在进行之中，阴山—天山、秦岭—昆仑、贺兰山、邛崃山—大雪山等区域地质图的编绘、修改处于起始阶段。在当时的情况下，按山脉分布趋势，只能说"主要是中—新生代以来形成的。"

一、研究思路的形成和研究中心内容的确定

20 世纪 60—70 年代，笔者在南岭（粤北）、西秦岭（甘南）交替从事区域构造、矿田构造研究工作。1968 年夏秋，笔者在甘肃南部南秦岭（即西秦岭南带）西段迭部北面益哇东山顶峰，看到中志留统舟曲群灰绿色砂板岩层依次形成 NWW、NNE 两组相互交叉的小型褶皱。1972—1974 年，三次出差西秦岭地区，通过阅览 1：20 万凤县幅、武都幅地质图和野外观察、综合分析，发现武都—迭部下志留统迭部群为核部的背斜，走向 NWW，呈左行雁行式排列；凤县—徽县中—下三迭统地层界面波状或揉肠状弯曲显示的 NWW 向次级褶皱，呈左行雁行式排列。以上所述加里东晚期褶皱、印支期褶皱，均为近 EW 的反时针向扭应力作用下形成的。1983—1985 年，在西秦岭地区南带（即南秦岭）西段从事科研工作。1984 年夏秋，协同川西北 13 队工作中发现西秦岭地区南带西段澄江期近东西向白依背斜，与其北带（即北秦岭）中西段海西期褶皱可以进行对比，均为南北向地应力作用下形成的，随后即归纳、总结出西秦岭地区澄江期、加里东晚期、海西早—中期、印支期四期褶皱构造，具有"隔期相似，临期相异"的

特征。

1989—1990 年，与中国地质科学院矿床地质所宋学信、徐庆生、曹亚文等在豫西南地区研究金矿区域地质，运用在西秦岭地区总结的不同期次褶皱构造分布特征，发现豫西南地区褶皱构造也存在"隔期相似，临期相异"的现象，可以向前推延到中条期。

为了分析、对比南岭地区、天山地区不同期次褶皱构造延伸方向、形态特征、排列方式、分布规律与上述西秦岭地区、豫西南地区褶皱构造的异同，多次阅览广西壮族自治区地质图（1∶500000，1976），广东省地质图（1∶500000，1977），中国南岭及其邻区地质图（1∶1000000）（1984），中国新疆维吾尔自治区地质图（1∶2000000）（1985），发现其同一构造运动时期，如海西早—中期褶皱构造形成的北天山主峰，呈 EW—近 EW 向的波状弯曲；南岭中段（粤北）南侧，呈向南凸出弯曲的英德弧及其北面呈 EW 向（椭圆状）黄思脑穹隆状背斜。桂北，呈向南凸出弯曲的宜山—柳城弧，几乎与英德弧位于同一纬度上。上述褶皱构造均为经受了 NS 方向的地应力作用，形成 EW—近 EW，或 NWW 向呈右行雁行式排列、NEE 向呈左行雁行式排列的褶皱群。南岭及其毗邻地区，印支期褶皱构造，主要分布在湘中南及桂中，以 SN 向为主。总之，古元古代中条（或辛格尔）期、中—新元古代晋宁—澄江（或塔里木）期、加里东早—中期、海西早—中期、印支期褶皱构造，按延伸方向、形态特征、排列方式均具有"隔期相似，临期相异"的特征。只是由于天山地区下古生界地层分布范围狭窄，区域地质图比例尺又小，只有察阅相关 1∶20 万地质图，加里东期褶皱构造的延伸方向、形态特征、排列方式才比较清楚。燕山地区、阴山地区的褶皱构造，可以向前追溯到古—中太古代迁西期、集宁早期，其后为新太古代阜平—五台期、集宁中期，古元古代末吕梁期、色尔腾山期，中—新元古代白云鄂博期，也存在着"隔期相似，临期相异"的现象。

呈南北向延伸的贺兰山构造带、川滇（大雪山—邛崃山）构造带中也有晋宁（沂峪）—澄江期、海西期 EW 至近 EW 向褶皱分布，且可以与阴山—天山、秦岭—昆仑、南岭东西复杂构造带中相同期次的褶皱构造遥相对应，反之，上述东西复杂构造带及其附近中条期、加里东早—中期，印支期褶皱构造，与贺兰山、川滇（大雪山—邛崃山）构造带中相同期次的褶皱构造遥相对应。

二、资料的来源、编写方法及书名的选定

为确切表明上述三条东西复杂构造带与贺兰山、大雪山—邛崃山南北向构造带中褶皱构造延伸方向、形态特征、排列方式，笔者详细阅览河北（含北京、天津）、内蒙古、新疆、安徽、河南、甘肃、西藏、广西、广东、江西、湖南、福建、宁夏、四川十四个省、自治区区域地质志，以相关地质图为基础，按地层界

线及产状变化标出背、向斜。大部分或绝大部分背、向斜与相关地质构造图符合，仅有极少数背、向斜按相关地层厚度变化标出（如天山东段南缘外侧库鲁克塔格背斜）。有些部分，如豫西南地区北部伏牛山一带，借用中条期涸合花岗岩片理延伸方向与褶皱构造进行对比。事实上，除西秦岭地区地层、褶皱构造分带性明显，再加上多次从事野外调查研究，在其南带（南秦岭）西段发现呈波状弯曲的近东西向白依背斜，总结出按褶皱构造延伸方向、形态特征、排列方式具有"隔期相似，临期相异"的特征外，从老至新四期褶皱构造发育都很完善的地区太少了。豫西南地区在原新元古界二郎坪群中采集到奥陶纪的腕足类、珊瑚类化石，将其划为下古生界；加上呈条带状的海西中期花岗岩，并将其与新元古界秦岭群组成的中条期褶皱，新元古界毛堂群组成的晋宁期褶皱，综合在一起，按延伸方向、排列方式共同组成具有"隔期相似，临期相异"的特征褶皱构造。中昆仑地区印支期褶皱构造虽然不发育，但是呈 NW 向延伸的大红柳滩超岩石圈深断裂，却为 NW—NWW 向，呈左行雁行式排列。亦可将其与海西期褶皱、燕山期褶皱串联起来，借以显示其不同期次褶皱构造（含岩体），具有"隔期相似，临期相异"的特征。

　　有些问题，如南岭及其邻区海西期、印支期褶皱构造划分问题，若把相临期次不同地层间角度不整合当成形成不同期次褶皱构造的唯一标志，上述问题永远解决不了。只有将阴山—天山、秦岭—昆仑与贺兰山、大雪山—邛崃山等地区不同地域同一期次或不同期次褶皱构造的延伸方向、排列方式有什么相同和不同，是受什么方向地应力作用以及其前期形成的褶皱或断裂的控制，通过多次分析、对比，研究清楚，并与南岭及其邻区海西—印支期褶皱构造进行对比，才有可能把海西期、印支期主要褶皱构造区分开。比如粤北英德弧北侧近东西向呈椭圆状的黄思脑穹隆状背斜，它的周围及顶部均无二迭系地层，东面连平、中信等地中石炭统与下石炭统、下石炭统与上泥盆统地层间有角度不整合。这些情况表明南岭中段南侧的粤北地区，海西期有构造运动，且以 NS 向挤压应力作用为主，形成了黄思脑穹隆状背斜。只是由于上述褶皱构造形成后，没有大面积的长期隆起上升到海平面以上，破碎岩石没有经过流水搬运摩擦成椭圆状砾石沉积成岩，所以黄思脑穹隆状背斜附近，泥盆系、石炭系、二迭系各统组之间，没有形成角度不整合。又如大雪山—邛崃山地区，丹巴 NW 大桑、金川 NW 四条背斜，以前志留系为核部，呈 SN—NNW，志留系为翼部，是 EW 向地应力作用下形成的。向南凸出弯曲的关州 SW—硗碛 NW—凉水井—卧龙弧形构造 SW 翼外缘，NWW 向背斜，呈右行雁行式排列；其 SE 翼外缘，主要褶皱为 NE 向，呈左行雁行式排列。以上背、向斜，均由泥盆系、石炭—二迭系及志留系组成，是 NS 向地应力作用下形成的。上述褶皱构造的形成时期，虽然上、下古生界地层没见角度不整合，但是通过与其北面毗邻的西秦岭地区加里东晚期，海西早—中期褶皱构造延伸方向、形态特征、排列方式的对比，便可清晰地确认，前者即背斜属加里东晚期，后者即褶皱属海西早—中期。在三大纬向带及贺兰山、大雪山—邛崃山经向带不同期次褶皱构造广泛分布的地区，褶皱构造形成时期，地应力作用方式的划分，有的地区很清楚，有的地方不很清楚，有的地方很不清楚。只有经过多次阅览、认真钻研、分析对比才能澄清。

当然，地层间角度不整合、平行不整合或假整合，确实是不同期次构造运动形成褶皱构造的标志。为了精简文字描述，第一至第十七章多数或绝大多数不同系、统、群、组、阶、段地层间的整合关系，不予叙述。与地层相关的古生物名称，也只用中文，不用拉丁文。

以上所述三大纬向带及贺兰山、大雪山—邛崃山经向带褶皱构造，所用的地质资料无论是多么准确无误，编写的图件及叙述无论是多么确切、详尽，也只能是描述性的。地质学，尤其是构造地质学，它的核心是论述促使褶皱、断裂、岩浆运动的地应力的来源、发展和变化的控制因素是什么？促使褶皱、断裂、岩浆运动的期次是从哪里来的，受什么控制？这也是本书研究、探索的关键问题。

按实际内容，书名应为"中国三大纬向带及经向带褶皱构造与侵入岩研究"，书名过长，不如改用"中国纬向带褶皱构造研究"为书名比较简明。

三、研究三大纬向带及经向带中褶皱构造的焦点与难点，必须解决与应当解决的问题及解决问题的途径

中国是东方大国，地处北半球中—低纬度地区。中国中部横亘东西的阴山—天山纬向带、秦岭—昆仑纬向带绵延 4000 多千米，广义的南岭纬向带也长达 2000 余千米，贺兰山、大雪山—邛崃山经向带与秦岭—昆仑纬向带近似垂直相交。没有，也不可能从国外引进完全适应上述情况的地质理论，主要是因为那些理论产地的地质范围比较小或地质情况比较简单。形成东西复杂构造带和南北构造带中的褶皱构造的地应力是怎么产生的？怎么传递？又如何发展？如何变化？为什么太古代（1350Ma）、元古代（1930Ma）、古生代（320Ma）、中生代（185Ma）褶皱构造（含岩体侵入）期次，按延伸方向、形态特征、排列方式均可以一分为二？为什么元古代以后的古生代、中生代的地质年龄急速变小？而太古代比元古代老，却也比元古代少 580Ma？这些问题既是焦点，又是难点。是应该解决、必须解决，也是能够解决的问题。

中国 1∶20 万区域地质调查工作除了沙漠、河流、湖泊及雪线以上均已完成，各省、自治区、直辖市区域地质志已相继问世，宇宙地质学、行星地质学、天体力学、射电天文学等方面的新发现、新成果不断地发表，标志着太阳系所在位置的银河系及其悬臂星系分布的彩色图件已在天文图书上刊登。日蚀、月蚀出现的时间、地点预报准确，其出现的时间分秒不差。只要充分运用与地壳构造运动关系密切的理论、数据，以"打破砂锅'问'到底"的精神一次又一次地分

析、对比、归纳、综合研究，上述中国三大纬向带及经向带褶皱构造的焦点与难点，是可以得到解决的。

笔者对西秦岭地区武陵—澄江期、加里东晚期、海西期、印支期褶皱构造具有"隔期相似，临期相异"的认识，用旋转椭球体自转角速度快、慢变化产生惯性离心力水平分力与纬向惯性力的比例、推断不同期次褶皱构造形成的控制因素，以"西秦岭地区主要褶皱构造初步分析"为题，于1989年7月在《中国地质科学探索》（北京大学出版社）发表，钱祥麟教授、崔广振编审、石宝珩高级工程师、张抗高级工程师对此文的修改给予大力帮助。

1991年2月26—27日，笔者初次将对东西复杂拘造带中褶皱构造具有"隔期相似，临期相异"的认识，通过对"河南省西南部碳酸盐建造金矿成矿条件和成矿规律研究"的主要成果，在河南省地质矿产厅主持召开的评审会上向与会专家做了介绍，首次经过会议讨论，得到肯定。参加会议的评审鉴定委员有主任委员罗铭玖（河南省地质矿产厅教授级高级工程师、总工程师）、副主任委员芮宗瑶（地质矿产部矿床地质研究所研究员）、委员伍英发（河南省地质矿产厅教授级高级工程师）、委员林潜龙（河南省地质科研所教授级总工程师）、委员庞传安（河南省地质矿产厅教授级高级工程师、副处长）、委员孙培基（地质矿产部科学技术司高级工程师）、委员姚宗仁（河南省地质矿产厅第四地质调查队高级工程师、总工程师）。其科学技术成果鉴定证书（1991豫地技鉴字06号）主要成果第3条称"较详细讨论了本区褶皱构造和区域性大断裂宏观力学机制与含金热液富集的联系。并将构造发生发展和成岩成矿过程统一于一定的时间和空间，将二者联系起来，明确提出本区金矿主要控制因素是大断裂附近的构造破碎带、剪切带、层间裂隙以及海西期和燕山期花岗岩和变正长斑岩。对本区进一步找矿有现实指导意义。"

上述评审意见，促使笔者在1992年夏秋，将对西秦岭地区、豫西南地区及南岭地区、天山东段南缘外侧库鲁克塔格地区中条（或辛格尔）期、晋宁—澄江（或塔里木）期、加里东早—中（晚）期、海西早—中期、印支期、燕山期地应力作用形成的褶皱构造及部分侵入岩等的认识，写成"古构造运动研究与探索"一文，献给母校——北京大学校庆百周年，《中国地质科学新探索》（石宝珩主编，石油工业出版社，1998年4月）上发表。

1993年7月15日，孙殿卿教授得知西秦岭地区、豫西南地区中条期、晋宁—澄江期、加里东（晚）期、海西早—中期、印支期褶皱构造按其延伸方向、形态特征、排列方式具有"隔期相似，临期相异"的特征，明确指出："地球上的构造变形不是孤立的，与太阳系、银河系的运动密切相关"。据此可以猜想李四光教授为什么在其晚年患病期间还抓紧时间撰写《天文地质古生物》这篇名著。

此后，在多次阅览与阴山—天山、西秦岭—昆仑、南岭纬向带及贺兰山、大雪山—邛崃山经向带有关省、区区域地质志，按主要褶皱构造延伸方向、形态特征、排列方式编绘地质构造图；多次阅览宇宙（大卫·伯尔格米尼，1979）、行星恒星星系（S.J. 英格利斯，1979）、行星地球固体潮（P. 梅尔其奥尔，1984），引用开普勒定律、万有引力定律及阿基米德漂浮定律等，寻找银河系的核心对类似太阳的恒星形成、运移的控制作用，银河系的核心及其旋臂对太阳携带的地球等行星旋转、运移的控制作用。1997 年夏秋，笔者编撰"地壳应力的形成、发展变化及其与地质年代的关系"，1998 年 4 月在《北京大学国际地质科学学术研讨会论文集》（北京大学地质学系李茂松主编，地震出版社出版）上刊登。

　　上述学术活动与过程予以笔者编著《中国纬向带褶皱构造研究》很大的激励和鼓舞。笔者坚信，阴山—天山、秦岭—昆仑、南岭纬向带褶皱构造与贺兰山、大雪山—邛崃山经向带褶皱构造之间的区别和联系能够揭示清楚；控制其褶皱构造形成、发展的主导因素，在经过引用旋转椭球体、开普勒定律、银河系及其旋臂星系、地球梨状体等多方面的知识，进行深入研究后，也一定能够找到。至少是可以探索出一条从已知到未知的途径。笔者谨借此书出版之际，对以上所述给予此项研究工作支持、帮助、鼓励的专家、教授和参考文献的作者深表谢意。

第一章 燕山地区褶皱构造及其侵入岩

燕山山脉位于密云—喜峰口大断裂中—东段 SN 两侧，主要由古—中太古界迁西群，中元古界长城系组成。为了分析对比太古代、元古代不同期次褶皱构造及其侵入岩延伸方向、形态特征、排列方式，亦将燕山褶皱带向北推移到丰宁—隆化深断裂附近，把新太古界单塔子群的褶皱构造也包括进来。

第一节 古—中太古代迁西期褶皱

冀东地区，东经 117°30'，北纬 40°00' ～ 40°40'，即遵化—迁西—迁安—抚宁以北，兴隆—宽城—郭杖子以南，东西长 180 多千米，自西而东 SN 宽 20 多千米至 40km，向东呈喇叭形的地带，是我国最老的地层——迁西群集中分布的地区，虽然该群地层总体上呈上述近 EW 向分布，但是由迁西期构造运动形成的褶皱构造却是以 SN 至近 SN 向为主，现将其主要褶皱构造概述如下。

（1）太平寨背斜 ①：位于东经 118°30' 附近，下营东—太平寨—罗家屯一带，以迁西群下亚群下部上川组为核部，呈近 SN 向，并略向西凸出弯曲，长约 20km，宽 10km，EW 两翼为三屯营组。该背斜南段及其倾伏端被第四系覆盖，北部倾伏端被 NW—NNW 走向、SW 倾斜的断裂切错。其核部上川组被一近 SN 走向的断裂切割成 EW 两部分。

（2）罗家屯 NE 向斜 ②：紧靠太平寨背斜东侧，以迁西群三屯营组为槽部，呈近 SN 向、长 8km，宽 6 ～ 7km，翼部为上川组。该向斜南段被 NEE 向、北倾的断裂切错，北段倾伏端被 NW 走向、SW 倾斜的断裂切割。

（3）东荒峪东向斜 ③：紧靠太平寨背斜西侧，以迁西群三屯营为槽部，近 SN 向。略向西凸出弯曲，出露长 15 ～ 20km，宽 5 ～ 6km，翼部为上川组。此向斜南段及其转折端被长城系及第四系覆盖，核部为一 NNE 向、略呈向 NW 凸出弯曲的断裂切割，将其北部转折端处地层错移。

（4）迁西北背斜 ④：紧靠东荒峪向斜西侧，位于迁西城北，核部为上川组，呈 SN 向，略向西凸出弯曲，长 18km，宽 10 ～ 12km，翼部为三屯营组。该背斜南段及倾伏端被长城系以角度不整合覆盖，北部倾伏端被燕山早期钾长花岗岩、石英闪长岩吞噬。

（5）东陵NW向斜⑤：位于兴隆SE，东陵NW7～14km，槽部为迁西群上亚群跑马厂组，呈SN向，长8km，宽1km，翼部为拉马沟组。该向斜北端隔NE向断裂为长城系，南端被长城系以角度整全覆盖。

（6）背斜⑥：紧靠东陵NW向斜⑤的西侧，以拉马沟组为核部，SN向略呈向西凸出弯曲，长约10km，宽大于4km，翼部为跑马厂组。此背斜SN两端均被长城系以角度不整合覆盖

（7）张家沟向斜⑦：位于燕山地区最东面，青龙县SE23km至33～40km，以迁西群上亚群跑马厂组为槽部，以北纬40°20'分界，北段为NNE—NE—NEE走向，呈向NW凸出弯曲的弧形；南段SE走向，呈向SW凸出弯曲形。其两部分合起来，组成了呈向西凸出弯曲的半圆弧，长35km，SE端宽0.5km至尖灭，NE端被NWW向断裂切截处宽1km，翼部为拉马沟组。此向斜东侧，有一太古代时期闪长岩体，呈不规则的椭圆状，直径长13～15km。该闪长岩体的尖端指向正西，且最接近呈半圆状向西凸出弯曲的张家沟向斜⑦的内弧弧顶。

除上述近南北向褶皱和向西凸出弯曲的弧形褶皱以外，从东陵北至高家店西还有四条褶皱，即：

（8）东陵北背斜⑧：以拉马沟组为核部，自南而北呈N15°～30°E，长20km，宽大于15km，翼部为跑马厂组。该背斜南段被第四系覆盖，北段被长城系以角度不整合覆盖。

（9）孤山子SE向斜⑨：以跑马厂组为槽部，自SW至N15°～35°E，长大于20km，宽近20km，翼部为拉马沟组。该向斜南段被第四系覆盖，北部转折端处宽缓。

（10）洪山口南背斜⑩：以拉马沟组为核部，呈N25°～40°E，长大于15km，宽7～8km，翼部为跑马厂组。该背斜NE、SW、NW均为断裂切错，仅其SE翼与跑马厂组为正常接触。

（11）三屯营NW向斜⑪：位于三屯营NW5km，槽部为跑马厂组，呈N25°～40°E，长大于35km，宽5～7km，翼部为拉马沟组。该向斜中段及NE端被燕山中期闪长岩、二长岩、钾长花岗岩等侵吞，南段被第四系覆盖。

上述情况显示，其褶皱构造形成时期主要遭受迁西期EW—近EW向地应力作用。

该期侵入岩以超基性岩为主，一般规模很小，长几米、数十米到数百米，宽不足1m到数十米。遵化NW7～9km，两条蛇纹岩从东向西分别是N20°W、N20°E，均为椭球状，长0.7km，宽0.5km。毛家厂—大河局一带，超基性岩发育。岩体多为似层状、透镜状、串珠状及椭球状，一般是呈单斜楔状尖灭，向下延伸长度小于地表长度。岩体从西往东可分为毛家厂—北沟岩体群，珠岭、阎王台、绿石沟岩体群，北山岩体群，山王庄北沟岩体群。岩体均以SN或NNW为

主，长 1000～2000m，宽 500～800m。岩体多为似层状、透镜状、串珠状及椭球状，一般呈单楔状尖灭，向下延伸长度小于地表长度。小岩体经常围绕大岩体分布。岩体的排列展布与围岩的构造线一致。这些情况表明，岩体的形成亦受 EW 至近 EW 的水平地应力作用的控制，与近 SN 向褶皱构造形成时所遭受的地应力作用类似。密云 NE7～8km，闪长岩、辉岩、正长岩，其长、宽约为 1000m、500m，前者呈 N30°W，后者呈 N15°E 至近 SN。

第二节 新太古代阜平—五台期褶皱

阜平—五台期褶皱构造，主要分布在尚义—平泉深断裂以北，即北纬 41°～20°，被卷入的地层有迁西群上亚群，上太古界单塔子群、双山子群。在青龙县东部下元古界朱杖子群与其下覆双山子群呈角度不整合。

该期褶皱构造，均呈 EW—近 EW 走向，自 NW 而 SE，主要褶皱构造为：

（1）云雾山—风山—大庙北向斜 ⑫：位于丰宁—隆化深断裂南面，以双山子群茨榆山组为槽部，西起云雾山 NE，呈 N55°E 至王营，逐渐转为 N60°～70°E，长约 50km；王营以东至大庙以北呈 EW 向，长 70km，最窄处 7km，最宽处 20 多千米。该向斜北翼大部分地段隔断裂为单塔子群，南翼中—东段隔断裂与单塔群凤凰咀组接壤，仅王营 SW 长 20km 的地段为正常接触。该向斜东端被 NW 向断裂切错，其槽部王营、太平庄等地均有新太古代闪长岩侵入，呈 EW 至近 EW 向分布。

（2）波罗诺西复向斜 ⑬⑭：位于云雾山—风山—大庙北向斜 ⑫ 的 SE，波罗诺 SW 至 NW1～18km。该复向斜组成与向斜 ⑫ 同，呈 N80°～85°E 至近 EW，长 20km，宽 10 多千米。此向斜槽部有新太古代闪长岩侵入，呈 N80°E 向展布，长 10km，宽 1.5～2km，而其花岗岩却呈 N50°～60°W 向，长 6～7km，宽 1～2km。该复向斜槽部由于波罗诺 NW 混合岩化和闪长岩侵入，被分为 ⑬⑭ 两向斜。

（3）周台子 NE 背斜 ⑮：位于承德市 NW，周台子 NEE7～27km，核部为单塔子群燕窝铺组，呈 N85°E 向，长 22km，宽 2～4km，翼部为其上覆白庙组。此背斜东部倾伏端清楚，西部倾伏端被海西晚期花岗岩吞噬。

（4）三道河子北背斜 ⑯：位于承德 NE30～40km，由迁西群上亚群地层组成，依其片理产状，可以判断此背斜近 EW 走向，长 10 多千米，穿过三道河子—五道河子之间。其东段被近 SN 向、向西倾斜之断裂切割。

（5）平泉西复向斜 ⑰：位于平泉与七沟之间，以新太古界单塔子群为槽部，自 NEE 至 SWW 共有三段，其长依次为 2、4、8km，宽 1.5～2、4、5km，翼部为迁西群上亚群。该复向斜从 SW 至 NE，总体走向为 N75°E 至 N45°E，总长

20 多千米。

（6）石城北西向斜 ⑱：位于密云水库北西，石城北 2km 至其 NW 17km，其槽部大部地段均为双山子群鲁杖子组，呈向 NEE 凸出弯曲的弧形，总长 150 余千米，宽 0.5 ~ 1km。此向斜翼部为单塔子群，其西段南翼被燕山晚期花岗岩侵吞，中—东段两端被近 SN 向断裂切错。

阜平—五台期侵入岩，主要有辉长岩、闪长岩、花岗岩等。其中最大的辉长岩体有三条。

（1）风山 SW 岩体（1）：位于云雾山—风山—大庙北向斜 ⑫ 中段南翼，风山 SW1 ~ 25km，侵入于白庙组及茨榆沟组，近 EW 向，呈西窄东宽的楔形，长近 15km，宽 3 ~ 5km。

（2）滦平 NW 岩体（2）：位于波罗诺西复向斜 ⑬⑭ 南翼，侵入于白庙组。其 SW 段呈近 EW 向，往东转呈 N75°E，长 13km，宽 1.5 ~ 3.5km。

（3）喇叭沟门岩体（3）：位于云雾山南 20 余千米，侵入于白庙组，呈 N75°W，长 14km，宽 2 ~ 5km。

以上三条岩体，夹持于丰宁—隆化深断裂、大庙—娘娘庙深断裂、尚义—平泉深断裂组成的菱形地块之中，其岩体形态，或直接受深断裂控制，如风山南西岩体（1），或因离其深断裂较远受间接影响，如滦平北西岩体（2）。

较大的闪长岩体约有 10 多条，由 NE 而 SW 概述如下：

（1）王土房东岩体（4）：位于平泉 NW，侵入于迁西群上亚群，由于遭受海西晚期花岗岩侵吞，使其形态已不甚完整，似呈 NEE 向扩大，SWW 向缩小的三角形，NE—SW 向长可达 25km，NE 宽 10km，SW 宽近 2 ~ 3km。

（2）五道河北岩体（5）：位于王土房岩体 NW，王土房与光头山之间，侵入于迁西群上亚群。此岩体总体呈 N70°E，长 17 ~ 18km，宽 0.5 ~ 2km。

（3）太平庄东岩体（6）：位于隆化 WS、太平庄的东面，侵入于云雾山—风山—大庙北向斜 ⑫ 东段的槽部茨榆山组。此岩体呈 EW 向，其主体 EW 两边均有次级岩枝，亦呈近 EW 向伸展。总体上看，此岩体略呈波状弯曲，总长可达 25km，宽 9 ~ 14km。该岩体 NE、NW 向，尚有小的闪长岩体出露，亦呈近 EW 向。

（4）波罗诺 SE 岩体（7）：侵入于双山子群凤凰咀组及茨榆山组，呈 N85°E 至近 EW，长 12km，宽 3 ~ 3.5km。

（5）红石砬 SWW 岩体（8）：位于红石砬 SWW 9 ~ 17km，侵入于茨榆山组，呈 N80°E，长 11km，宽 1.5 ~ 2.5km。

（6）波罗诺 SW 岩体（9）：位于波罗诺 SW10 ~ 20km，侵入于茨榆山组及白庙组。其主体由两部分组成，即其 SW 部分呈 N15°E，长 9km，宽 2 ~ 3km，NE 部分，呈 N75°E，长 9km，宽 3 ~ 4km，其后者直抵前者的中段。以上所述（6）与（7）岩体，（6）与（8）、（9）岩体总体上看均为 NE—NNE 向、呈左行雁行式排列。

（7）王营北东岩体（10）：位于王营 NE 5km，侵入于单塔子群，呈 N75°W 至 EW，长 12～13km，宽 2km。

（8）王营岩体（11）：位于云雾山—风山—大庙北向斜 ⑫ 槽部，王营附近，侵入于茨榆山组，呈近 EW 向，长 9km，宽 1～2km。

（9）后营子岩体（12）：位于王营岩体 SW，侵入凤凰咀组，从 SW 至 NE 延伸为 N40°E 至 N80°E，呈向 NW 凸出弯曲的弧形，长 12～13km，宽 1～2km。此岩体 SW 端的 SE 侧，又出现了一条小岩体，与后营子岩体近于平行，且其 SW 段两者紧密相连。该两岩体的南西端均被北西向断裂切错。

（10）五道营岩体（13）：位于喇叭沟门辉长岩体的北面，侵入于白庙组。此岩体由于遭受海西晚期花岗岩、燕山早期晚阶段花岗岩侵吞及侏罗系上统张家口组火山岩覆盖，已不甚完整，但基本形态仍然遗留下来，即其南段五道营以南，呈 EW 向，长 15km，宽 5～6km；五道营以东，呈 N40°E，长 22km，宽大于 5km；以后又转呈近 EW 向，且略向北凸出弯曲，长 15km，宽 1～3km。总体上看，此岩体似呈拉伸的 S 形。

以上所述（10）、（11）、（12）、（13）四条岩体，自 NE 而 SW 依次变大，呈左行雁行式排列。

花岗岩体，呈 NEE 向，分布于丰宁—隆化深断裂南侧、大庙—娘娘庙深断裂南侧，与阜平—五台期等褶皱相伴而生，自 NE 而 SW 依次为：

（1）章吉营南岩体（14）：侵入于白庙组及茨榆山组，呈 N65°E，长近 20km，宽 3km。

（2）滦河沿 NW 岩体（15）：位于大庙 SW，紧靠大庙—娘娘庙深断裂 SW 侧，侵入于白庙组、凤凰咀组，呈 N65°E，长 25km，宽 2km。

以上两岩体，自 NE 而 SW，呈左行雁行式排列。

（3）滦平 NW 岩体（16）：紧靠滦平 NW 辉长岩体（2）的 NW，侵入于白庙组、凤凰咀组、茨榆山组地层。SW 段近 EW 向，NE 段呈 N70°E，略呈向 SE 凸出弯曲的弧形，长 30km，自 NE 而 SW，宽 2～9km。该岩体 SW 段中，有两条白庙组的残留体，呈 NWW 至近 EW 向，长 3km，宽 0.5km。自 NW 而 SE 呈右行雁行式排列。

此外，在上述北纬 41°00′～41°21′，阜平—五台期褶皱构造及岩体均很发育的 EW 向构造带内，西段、中段单塔子群，东段迁西群上亚群中，靠近丰宁—隆化深断裂的地段，溷合岩化花岗岩发育，其片麻理方向均为近 EW，形成了长达 200 多千米，宽 10～15km 的片麻岩、花岗片麻岩带。

总之，上述阜平—五台期褶皱构造及与其相伴而生的侵入岩体的分布排列，尤其是规模宏大的呈现 EW 方向延伸的片麻岩、花岗片麻岩带，均表明褶皱构造经受强大的近 NS 方向的地应力作用，与迁西期形成 SN 方向褶皱构造的 EW 方向应力作用恰好垂直。

第三节　古元古代末吕梁期褶皱

该期褶皱主要分布于青龙以东朱杖子一带，由古元古界朱杖子群地层组成的朱杖子向斜 ⑲ 南段呈 N10°E 向，向北至大于杖子西转呈 N35°E 向，长达 25km，宽 10 多千米，其东翼隔角度不整合为双山子群鲁杖子组，西翼隔 NNE 向断裂为长城系，仅 WN 部为迁西群上亚群跑马厂组。该向斜南段被长城系常州沟组——大红峪组以角度不整合覆盖，北段被大红峪组以角度不整合覆盖，并遭受燕山早期闪长岩侵吞。

朱杖子向斜 SSW，卢龙县城 SE，由上太古界单塔子群组成的复式褶皱，即一条背斜 ㉑ 和其两侧的两条向斜 ⑳㉒，均呈 N10°W 向，其长均为 5 ～ 6km。在上复式褶皱的 SSE，单塔子群中的片麻理方向，亦为 NNW 向，与其褶皱群的方向完全一致。

以上两处褶皱构造分布情况显示出，吕梁期褶皱主要经受了近 EW 方向挤压应力作用，与迁西期地应力作用方向相同，与阜平—五台期地应力作用方向垂直。

第四节　中—新元古代褶皱及其侵入岩

中—新元古代时期的褶皱构造，主要分布在阜平—五台期褶皱构造的南面，即北纬 40°00' ～ 40°50' 的地区。卷入该期褶皱主要地层为长城系、蓟县系、青白口系。虽然上述地层相邻各组一般为连续沉积或整合接触，但仍有三个假整合—微角度不整合界面。自下而上为：

（1）长城系高于庄组与其下伏大红峪组整合—假整合接触，局部地段见有沉积间断。

（2）蓟县系杨庄组与其下伏长城系高于庄组假整合—局部呈不整合，称为杨庄运动。"河北省地质局综合研究队认为，在杨庄组的底部有半米厚的砾石分布，比较稳定，其成分为白云岩和燧石，属底部高于庄组，砾石多具磨圆状为搬运所至，非构造形成。从区域上看杨庄组厚度在各地厚度变化较大，岩相不稳定甚至缺失，砾石层也是如次，……"。此谓杨庄运动（地质矿产部地质辞典办公室，1983）。

（3）青白口系下马岭组与其下伏蓟县系铁岭组假整合—微不整合，为铁岭运动。"河北省地质局综合队在蓟县见到下马岭组底部有厚约 3m 左右的含铁砂岩和砾石层，与铁岭组呈假整合，具区域性，在岩性上也有较大差异，青白口系以碎屑沉积为主，蓟县系以化学沉积为主。"（地质矿产部地质辞典办公室，1983）。

分布在尚义—平泉深断裂南面，密云—喜峰口大断裂北面的中—新元古代时期的褶皱构造，分为以下三组。

（1）于营子南背斜㉓：以古元古界朱杖子群为核部，呈 NWW—近 EW 向，略呈波状弯曲，长大于 22km，宽大于 1.5～7km，西窄东宽，其两翼隔断裂为长城系高于庄组及大红峪组。该背斜 EW 两倾伏端均被 NNW 至近 SN 向断裂切错，西端隔断裂为长城系高于庄组、东端隔断裂为单塔子群白庙组。

（2）半城子北向斜㉔：位于半城子北 8～13km，紧靠于营子南背斜的南面，以高于庄组上段为槽部，呈 NWW 至近 EW 向，略呈向 SW 凸出弯曲，长大于 13km，宽大于 1.5km。该向斜北翼隔断裂为朱杖子群，南翼为高于庄组下段。其 EW 两端均被近 SN 向断裂切错。

（3）雾灵山 SW 背斜㉕：位于雾灵山 SW11～15km，此为一呈鼻状倾伏端指向东的背斜，以蓟县系杨庄组为核部，呈近 EW 向，长 6～7km，宽 5km，翼部及东部倾伏端外缘均为雾迷山组。

以上三条褶皱，分布在西部，自 NW 而 SW 呈右行雁行式排列。

（4）平泉 SE 背斜㉖：位午平泉 SE6～8km，核部为蓟县系铁岭组，呈 N75°E 向，长仅 4.5km，宽 1.5～2km，翼部为青白口系。该背斜被 NNW 向断裂切割成两部分，其西部由于核部抬升又依次出露洪水庄组、雾迷山组。

（5）宽城 NE 背斜㉗：位于宽城 NNE10km，以蓟县系雾迷山组为核部，呈 N75°～80°E，长仅 4～5km，其西端即被近 SN 向、东端被 N20°～25°E 向断裂切错，宽 5～6km，翼部为洪水庄组。

（6）宽城西背斜㉘：位于宽城西 12～17km，核部为蓟县系铁岭组，西段近 EW，中段 N65°E，东段呈 NEE，故总体上略呈 S 形，长 5km，宽 0.5～1km，翼部为青白口组。

（7）大杖子 SE 背斜㉙：位于大杖子 SE6～13km，核部为雾迷山组，呈 N75°W 向，长 20km，宽 0.5～1.5km，翼部为洪水庄组。该背斜西端被 NNE 向断裂切错，东端为侏罗系中统以角度不整合覆盖。

上述㉖㉗㉘㉙背斜，分布于东部平泉—宽城一带，自 NE 而 SW，呈左行雁行式排列。

（8）沙厂 NE 向斜㉚：位于密云县城东、沙厂 NE14～16km，以蓟县系雾迷山组为槽部，呈近 EW 向，长大于 4km，宽 1～2km，翼部为蓟县系杨庄组及长城系。该向斜北翼东段隔 EW 向断裂为长城系高于庄组，东端被 NNE 向断裂切错。

（9）墙子路北背斜㉛：以迁西群上亚群为核部，呈 N70°W，长大于 12km，宽大于 2～4km，NNE 翼及 SEE 倾伏端外缘为长城系常州沟组至大红峪组，

SSW 翼隔断裂为团山子组。该背斜南翼被 EW 向密云—喜峰口大断裂穿过，西端被 NNE 向断裂切错。

（10）兴隆东向斜 ㉜：位于兴隆东 12 ～ 16km，槽部为蓟县系雾迷山组，呈 EW 向，长大于 4km，宽 2 ～ 3km，翼部为杨庄组。此向斜东部转折端清楚，西端被 NW 向断裂切错。

（11）高板河西背斜 ㉝：以长城系常州沟组为核部，呈东西向，长大于 2.5km，宽大于 1.5km，翼部为串岭沟组。此背斜东段被 NE 向断裂切错。

（12）半壁山 NE 背斜 ㉞：位于半壁山 NE5 ～ 13km，以长城系常州沟组至大红峪组为核部，呈 N75°E，长大于 22km，宽大于 2 ～ 5km。翼部为高于庄组。该背斜东部倾伏端清楚，西部被近 SN 向和 NW 向断裂切割，南翼被 NEE 向断裂切错。

（13）高杖子南背斜 ㉟：位于半壁山 NE 背斜 ㉞ 的 NEE，高杖子 SE5 ～ 9km，以长城系团山子组为核部，呈 N65°E，长约 8km，宽约 1.5 ～ 2.5km，翼部为大红峪组。此背斜南翼被 NEE 向断裂切错，故 SWW 倾伏端被切割错移，仅 NEE 倾伏端清楚。

（14）苇子沟北背斜 ㊱：位于青龙县城 NNW25km、苇子沟北，以长城系高于庄组为核部，西段呈 NW，中段近 EW、东段呈 N65°E，长大于 12km，宽大于 2km，翼部为蓟县系杨庄组。

（15）喜峰口 NE 向斜 ㊲：位于喜峰口 NE5 ～ 10km，槽部为长城系高于庄组上段，呈 N35°E 向，长近 5km，宽 0.5 ～ 1km，翼部为高于庄组下段。此为一呈簸箕状开口指向 NE 的向斜，其 SW 转折端清楚。

（16）架子山北复式褶皱 ㊳：位于古元古代末 NNE 至近 SN 向朱杖子背斜 ⑲ 的北面架子山北 5 ～ 7km，以蓟县系雾迷山组为槽部的向斜 ㊳，中间被三条 NNE 向断裂切割成四段，由西向东各段均向 NNE 依次错移。若将其各段复原，即连接在一起，则其西段呈 N55°E，东段呈 N60°W，中间的两段由两端向其中部逐渐转呈近 EW，形成了向北凸出弯曲的弧形向斜。该向斜总长大于 20km，宽 2 ～ 3km，翼部为杨庄组。

在上述向斜的北面，还有以高于庄组为核部的背斜 ㊴，与其近于平行，长 10 多千米，宽 1 ～ 2km 至 3 ～ 4km 不等，翼部为蓟县系杨庄组。

该复式褶皱呈向北凸出弯曲的弧形构造的特征，为其中—新元古代构造形变时，从北向南的地应力作用引起近 EW 方向褶皱形变，又受到了其南面 NNE 至近 SN 向朱杖子向斜 ⑲ 抵挡的结果。

上述 ㉚ ～ ㊴ 十条褶皱，均紧靠或邻近密云—喜峰口大断裂的北面。

在以上三组中—新元古代时期褶皱的中心部位，还有一条褶皱，即：

（17）潘家庙 NE 背斜 ㊵：位于承德 SW，潘家庙 NE5 ～ 8km，核部为长城系常州沟组至团山子组，呈 N60°E，长 4.5km，宽大于 2km，翼部为大红峪组。

密云—喜峰口大断裂南面，从 NW 至 SE，有如下褶皱：

（18）大华山 SE 向斜 ㊶：位于平谷北，大华山 SEE5～10km，以长城系团山子组为槽部，呈 N65°～70°E，长大于 5km，宽大于 2km，SN 两翼为串岭沟组，但南翼被 NEE 至近 EW 断裂穿隔。该向斜 EW 两端均被 NNE 至近 SN 向断裂切错。

（19）沙石峪东向斜 ㊷：以蓟县系雾迷山组为槽部，近 EW 向、略呈向 N 凸出弯曲，长 20 多千米，宽 4km 至大于 5km，翼部为杨庄组。

（20）大官屯背斜 ㊸：与沙石略东向斜 ㊷ 近于平行，核部为长城系高于庄组上段，长大于 20km，宽 1.5～3km，翼部为杨庄组。背斜 SWW 倾伏端清楚，NE 段被 NWW 向断裂切错。

（21）马蹄岭南背斜 ㊹：位于迁西县 SE17～20km，此为呈鼻状倾伏端指向西的背斜，核部长城系常州沟组及太古界三屯营组，呈 EW 向，长 6～7km，宽大于 1.5km。此背斜北翼及西部倾伏端外缘为串岭沟组，南翼隔 NEE 向断裂为大红峪组、高于庄组及侏罗系中统。

（22）狮子坪 SW 向斜 ㊺：位于青龙县 SW 狮子坪 SW 约 12km，以长城系高于庄组上段为槽部，呈 N50°W，长 6km，宽 1～2km，翼部为高于庄组下段。

（23）草碾背斜 ㊻：位于青龙县南约 21km，以高于庄组下段为核部，呈 EW 向，略向南凸出弯曲，长大于 5km，宽 1.5km，翼部为高于庄组上段。

中—新元古代时期侵入岩，主要沿尚义—平泉深断裂及密云—喜峰口大断裂分布，亦呈 EW 至近 EW 向，自 NW 而 SE 主要岩体有四条。

（1）三块石—长哨营西石英正长岩（17）：呈 EW 向，长 18km，宽 1.5～2.5km。此岩体 NW 隔断裂为单塔子群白庙组，南面隔断裂为侏罗系中统髫髻山组。

（2）于营子 NW 花岗岩（18）：呈近 EW 向，长近 25km，宽 3～4km。该岩体侵入白庙组，中间被近南北向断裂切错。西段南侧隔断裂为长城系及侏罗系中统后城组，NW 侧被后城组以角度不整合覆盖。

（3）古北口东花岗岩（19）：呈 EW 向，略呈向南凸出弯曲，长 20 多千米，宽 2～3km，其北侧侵入白庙组，南侧侵入蓟县系。该岩体 NE 端被 NE 向断裂切错，西侧被 NWW 向断裂切错。以上三条岩体，均位于尚义—平泉深断裂北侧，且其后两者自 NWW 而 SEE，呈右行雁行式排列。

（4）沙厂花岗岩体（20）：位于密云县城东 11～23km，呈 N85°E 向，并略呈波状弯曲，长 12km，宽 1.5～2km，侵入于太古界迁西群上亚群。

此外，还有光头山碱性花岗岩（21），位于丰宁—隆化深断裂东段南侧，呈 SN 向，长 3.5km，宽 1.5km，侵入于迁西群上亚群。

综上所述，燕山地区中—新元古代时期所形成的褶皱构造，以 EW 至近 EW 向为主，包括其西段呈右行雁行式排列的褶皱群、东段呈左行雁行式排列的褶皱群。中元古代时期的侵入岩，也以 EW 至近 EW 为主。这些情况表明，上述褶皱构造及岩体形成时期，所受到的地应力作用，呈 NS 方向，与古元古代 NNE 至近 SN 向朱杖子向斜 ⑲ 形成时所受到的 EW 方向地应力作用，是相互垂直的。而喜峰口 NE 向斜 ㊲，呈 N35°E，则应是中—新元古代晚期近 EW 向顺时针向地应力作用下形成的。

将燕山地区古—中太古代末迁西期，新太古代阜平—五台期，古元古代末吕梁期，中—新元古代四个时期所形成的褶皱构造加以对比，不难发现，迁西期、吕梁期以 EW 方向挤压为主，形成 SN 至近 NS 向褶皱构造；阜平—五台期、中—晚元古代时期，以 NS 至近 NS 向挤压为主，形成 EW 至近 EW 向褶皱及其附属构造，即 NWW 向呈右行雁行式排列的褶皱群，NEE 向呈左行雁行式排列的褶皱群。总而言之，古—中太古代、新太古代、古元古代、中—新元古代四期构造运动所形成的褶皱构造及其侵入岩，具有“隔期相似，临期相异”的特征。

燕山地区，经过太古代、元古代各期构造运动之后，地壳厚度（尤其是上部硅铝层）增大，趋于稳定。因此古生代时期构造运动微弱缓和，缺失奥陶系上统和志留系，缺失泥盆系及石炭系下统，且寒武系、奥陶系下—中统、石炭系中—上统、二迭系等，仅发育于局部地段，厚度又薄，故加里东运动时期、海西运动时期的规律性明显的褶皱形变，难以形成。

第二章 阴山地区褶皱构造及其侵入岩

阴山山脉夹持于白云鄂博—化德深大断裂带与临河—集宁深断裂之间，主要由元古代地层、侵入岩和海西期侵入岩组成。为了探索太古代以来不同期次褶皱构造延伸方向、形态特征、排列方式，并同燕山地区的褶皱构造进行对比，亦将临河—集宁深断裂以南，太古界乌拉山群、集宁群分布的乌拉山、大青山及凉城断隆，白云鄂博—化德深大断裂带以北古生界地层分布的地段，一并划入阴山地区褶皱构造带。

第一节 太古代集宁期褶皱

（一）古太古代褶皱

古太古代即集宁早期褶皱，分布在临河—集宁深断裂东段南面，邻近内蒙古自治区与山西省交界，丰镇 NW，有三条褶皱：

（1）阳高北背斜①：位于阳高 NNE20km，呈 N35°E，长约 2km，由下集宁群组成。

（2）向斜②：位于背斜①的 NE，槽部为上集宁群，向斜轴呈近南北向，长近 10km，最宽处为 6km，翼部为下集宁群。上、下集宁群为角度不整合，若按其东部界线呈向东凸出弯曲的趋势，此向斜轴北段应转为 NNW。但由于此向斜北段被断裂切错，故其向西偏转之势不太明显。

（3）向斜③：位于背斜①的 NW，槽部亦为上集宁群，此为一呈簸箕状开口指向北的向斜，轴长 6～7km，翼部为下集宁群。

上述三条褶皱，中间的背斜①及其下集宁群溷合质变质岩片麻理的线理，与背斜①的延伸方向平行，均为集宁早期构造运动时形成的。背斜①的形成，也为其两侧的向斜②、③创造了条件。②③两向斜及其间的背斜①，推测其形成时均受到近 EW 向水平地应力作用。

（二）中太古代褶皱及其溷合花岗岩

即集宁中期褶皱，位于集宁早期褶皱以西，卓资—察哈尔右翼前旗以南。

1. 丰镇北两条褶皱

（1）倒转背斜④：位于丰镇北 12km，由上集宁群产状变化形成，长约 6km，呈 N65°E。

（2）倒转向斜⑤：长约 6km，呈 N65°E，其组成与背斜④同。该两条褶皱的轴，均向 SSE 倒转，向 NNW 倾斜，呈左行雁行式排列。

2. 和林格尔 SE 两条背斜⑥

位于和林格尔 SE20 余千米，均为呈 N70°E 向延伸，长 7～8km，由上集宁群产状变化形成。与④、⑤两条褶皱类似，亦呈左行雁行式排列。

3. 和林格尔 SE 两条褶皱

（1）向斜⑦：位于和林格尔 SE30km，由上集宁群中的涸合花岗岩组成，长约 6km，呈近东西向。

（2）背斜⑧：其组成与向斜⑦同，长约 5km，呈 EW 向。

卓资 SW 向斜⑪⑫、背斜⑬ 位于卓资 SW3～20km，长 8～12km，均由上集宁群产状变化形成，褶皱及片麻理的线理，均为 NEE 至近 EW。

依上述近 EW 向的褶皱⑦⑧、⑪⑫⑬，NEE 向倒转背、向斜④⑤、背斜⑥，均以呈左行雁行式排列为主，推测太古代中期它们形成时都遭受过 NS 方向地应力的强烈作用。

中太古代（即早太古代晚期）涸合花岗岩，也分布在临河—集宁深断裂东段南面，与褶皱构造伴生。凉城—和林格尔间，从 NE 至 SW 的（1）、（2）两岩体，长 40～50km，宽 5～10km，为 N70°E 延伸的岩基，呈左行雁行式排列。和林格尔 SE30km 的岩体（3），长大于 30km，宽 15～30km，其线理呈 EW 向，西端被第四系覆盖。丰镇 NNE 的两条岩体，自北东而南西，依次为：岩体（5），长 15km，宽 3km，呈 N85°E；岩体（6），长 23km，宽 3～4km，呈 N75°E，两岩体亦呈左行雁行式排列。总之，集宁中期涸合花岗岩延伸方向、线理的形成，与其褶皱构造类似，均受 NS 方向地应力作用。

集宁中期末阶段，凉城南 16km 的向斜⑨，呈 N55°～60°E，长约 15km，由上集宁群组成。丰镇北东向斜⑩，位于丰镇北东 33km，约呈 N40°E，长 6km，由上集宁群组成。此两条褶皱，似呈右行雁行式排列，显示集宁期末阶段⑨、⑩两向斜形成时，经受过近 EW 向顺时针向地应力作用。

第二节　新太古代乌拉山期褶皱及其侵入岩

1. 乌拉山期巨型褶皱

为乌拉山复背斜和大青山复背斜。

（1）乌拉山复背斜：位于乌拉特前旗东至包头市北东，呈 EW 向展布，长约

100km，宽20km。由乌拉山群组成，核部为条带状、条痕状、混合岩，翼部为片麻岩。

（2）大青山复背斜：呈EW向，长约90km，宽40余千米，核部以乌拉山群片麻岩为主，南翼多为断陷盆地，北翼依次为古元古界二道凹群、色尔腾山群，再往北为中元古界白云鄂博群、渣尔泰山群。

2. 大青山主峰—卓资以西褶皱

主要褶皱由西向东，有五条，自NE而SW：

（1）背斜⑭：位于土默特左旗北约20km，由乌拉山群组成，长12km，呈N65°E。

（2）向斜⑮：位于背斜⑭西南，长16km，呈近EW向，亦由乌拉山群组成。上述两条褶皱，从NE往SW，呈左行雁行式排列。

（3）大滩南背斜⑯：位于大滩南14km，呈N75°E，长10km，由乌拉山群组成。

（4）向斜⑰：位于卓资西15km，呈N85°E，长13km，其组成与向斜⑮同。

（5）背斜⑱：位于向斜⑰西南，呈N70°E，长10km，其组成与背斜⑭同。此处⑰、⑱两条褶皱，呈左行雁行式排列。

3. 混合花岗岩

新太古代混合花岗岩（7）（8）（9）（10）（11），位于乌拉山两侧和大青山北麓，侵入乌拉特前旗—武川的乌拉山群，总长230km，宽1.5～4.5km。岩体多为带状，长10～30km，宽1.5～4.5km，其展布与近EW、略呈弧形弯曲的乌拉山群混合变质岩中的片理类似。大桦背山以西的两条岩体，均呈N75°W。其北西的那条（8），西北段被第四系覆盖；南东的那条（7），东南段被第四系覆盖。由NW至SE（8）、（7）两岩体，呈右行雁行式排列。石拐北面的两条岩体（9）、（10），从西向东，由N75°E转为N80°W，武川南西的那条岩体（11）又转呈N75°E。以上（7）（8）（9）（10）（11）五条岩体，共同组成总体近东西，并具波状弯曲的弧形。

综合上述，呈EW向分布的乌拉山复背斜、大青山复背斜及大青山主峰—卓资西的NEE向⑭⑮、⑰⑱褶皱，为呈左行雁行式排列的褶皱群，总体上呈EW向；（8）、（7）两岩体呈右行雁行式排列，（9）、（10）两岩体呈向北凸出弯曲的弧形。以上褶皱及混合花岗岩体分布，均表明乌拉山期以NS向挤压应力作用为主。

4. 乌拉期末褶皱

乌拉山期末阶段，察哈尔右翼中旗SE，有两条褶皱，从西向东为：

（1）背斜⑲：长12km，呈N65°E。

（2）向斜⑳：长12km，亦呈N65°E。两条褶皱，均由乌拉山群组成，呈右行雁行式排列，显示其形成时经受了近东西向顺时针向扭压应力作用。

第三节　古元古代末色尔腾山期褶皱及其侵入岩

阴山地区古元古代地层形成的褶皱，多处遭受到同期或后期侵入岩吞噬，故其形态不够完整。现依地层出露情况，可概述如下：

古元古代，阴山南缘多处可见二道凹群溷合岩化变质岩中的片麻理比较发育，尤其是固阳附近、三合明附近，片麻理均呈 N55° ～ 70°W，推测其形成时可能遭受近 EW 向反时针向扭应力作用。

旗下营西向斜 ㉑ 位于呼和浩特 NE、旗下营西 15km，以中元古界渣尔泰山群为槽部，呈 N40°W，长大于 12km，宽 4 ～ 5km，翼部为古元古界色尔腾山群，与渣尔泰山群呈不整合。此向斜则应当是近东西向反时针向扭应力作用下形成的，但比二道凹群片麻理的形成时间要晚得多。

元古代早期花岗岩及闪长岩，主要分布于阴山山脉南侧固阳—武川—集宁以南，以小岩株为主。

（1）集宁西花岗岩株（12）：位于集宁西 15km，略呈椭圆状，长轴呈 SN 方向，长 7km，宽近 4km，侵入乌拉山群。

（2）旗下营北西闪长岩（13）：位于旗下营 NW15km，似呈 SN 向的长方形，长大于 14km，宽大于 10km，侵入乌拉山群及二道凹群。

（3）武川—呼和浩特闪长岩（14）：位于武川与呼和浩特之间，似为椭圆状，长大于 9km，呈南北向，宽 4.5km，侵入乌拉山群。

（4）固阳 SW 花岗岩（15）（17）、闪长岩（16）：位于固阳 SW，似呈带状，宽 12km，长大于 15km，呈 N35°W，侵入色尔腾山群。其（15）（16）岩体 NW 段被下白垩统覆盖，或被 NWW 向断裂切错。

上述前三条呈 SN 向延伸的侵入岩（12）（13）（14），是在 EW 向挤压应力作用下形成的。固阳 SW 花岗岩（15）（17）、闪长岩（16），与前述旗下营西 15km 的那条向斜 ㉑ 相似，都是近东西向反时针向扭应力作用下形成的。

第四节　中元古代白云鄂博期褶皱及其侵入岩

1. 乌拉特中旗—化德复式向斜 ㉒

为阴山主嵴，槽部为中元古界白云鄂博群，可分为东、西两段。西段西起乌拉特中旗向东经新忽热北，至达尔罕茂明安联合旗西，长 130 余千米，宽 20 ～ 50km，呈 N85°E。东段西起三合明北 30km 向东经四子王旗北、乌兰哈达，抵商都 NE40 余千米，长 240 余千米，宽 50 ～ 60km，呈 EW 向。向斜西段 SN 两翼，均为色尔腾山群；东段北翼为宝音图群，南翼为二道凹群。该复向斜槽部均为白云鄂博群，与翼部地层呈角度不整合。

2. 元古代中期花岗岩带（29）（30）（31）（32）（33）（36）（37）（38）（39）

主要位于渣尔泰山—合教—三合明—四子王旗—商都，总长 340km，宽 15～45km，为阴山主体的重要组成部分，侵入于二道凹群、白云鄂博群。乌拉特中旗—化德复式向斜㉒，多处被侵入岩吞噬，或被中—新生界地层覆盖。花岗闪长岩（34）、花岗岩（33）（36）（37）（38）主要分布在花岗岩带的中段四子王旗附近，亦以呈近东西向展布为主。三合明—四子王旗之间的花岗闪长岩体（34），似呈 Z 型，SN 两端呈 N75°～80°W，长大于 23km，宽 8km。

主要辉长岩有三条，位于阴山山脉西端、乌拉特中旗 NEE30km（49）、渣尔泰山 NWW16km（45）的那两条，均为呈 NWW—近 EW 向的岩枝，长大于 8～12km，宽 3～4km，呈岩枝状侵入白云鄂博群、渣尔泰山群。位于集宁西 12km 的辉长岩（12），似呈岩株状，长 5km，宽 3km，主轴呈 NEE 向，侵入于乌拉山群。

综合上述，元古代中期形成东西向乌拉特中旗—化德复式向斜㉒，以及 EW 至近 EW 向花岗岩、花岗闪长岩、辉长岩等，其形成时均经受 NS 向挤压应力作用。

3. 中元古代末阶段形成的向斜㉓

位于固阳 S70°W22km，槽部为什那干群，长约 9km，宽 4km，呈 N25°E，翼部为色尔腾山群。此向斜 SW 段被第四系覆盖。元古代中期末阶段，角闪石岩（46），超基性岩（47）（48），均分布于阴山山脉花岗岩主体西段的南缘。其中（46）（48）岩体以 NNE 至近 SN 向、似呈椭圆状的扁豆体为主，长 5～8km，宽 3～4km。（47）岩体北段被白垩系下统固阳组覆盖，形态不清楚。其围岩为元古代中期呈近 EW 向的花岗岩基。

以上所述向斜和基性岩或超基性岩等，显示出元古代中期末阶段的褶皱及岩体，均经受近东西向地应力挤压或顺时针向扭应力作用。

第五节　加里东期褶皱及其侵入岩

1. 加里东期褶皱

分布在白云鄂博—化德深大断裂带以北，从北东东至南西西，依次为：

（1）温都尔庙东背斜㉔：位于温都尔庙东 15km，长 16km，呈 N80°E，由寒武系下统温都尔庙群地层产状变化组成。

（2）塔和勒乌苏褶皱：位于塔和勒乌苏北东 20 余千米，由 NW 至 SE 有两条，即向斜㉕，呈 N85°E，长 10km；背斜㉖，呈 N80°E，长 100km，均由奥陶系下—中统包尔汉图群地层产状变化组成。

（3）大井坡北褶皱：位于大井坡北 3 ～ 12km，共有四条，自 NNW 至 SSE，向斜 ㉗㉙、背斜 ㉘㉚，依次交替分布，长 9 ～ 15km，均呈 N75°E，亦由奥陶系下—中统包尔汉图群产状变化形成。

2.加里东早期侵入岩

主要分布在阴山山脉北缘，自东而西：

（1）辉长岩（52）（53）及角闪岩（54）（55）：位于温都尔庙附近，呈近 EW 向的带状，长 50km，宽 4 ～ 6km。此岩体侵入于寒武系下统温都尔庙群，与上述温都尔庙东背斜 ㉔ 平行。

（2）超基性岩（56）（57）：位于查干敖包南东 15km，是首尾相邻的两条岩体，为带状，呈 N45°E，侵入于古元古界宝音图群。

3.加里东中期侵入岩

规模较小，分布在阴山山脉南北两侧。阴山北侧的侵入岩，位于白云鄂博 NNE — NE24 ～ 60km，两条小岩体由 SW 至 NE，依次为花岗闪长岩（58），闪长岩（59），呈 NE 向，长大于 30km，宽约 10km，侵入于包尔汉图群，受 NE 向断裂控制。由于部分被志留系覆盖及海西期侵入岩吞噬、干扰，形态不甚规则。

分布于阴山山脉西段南麓侵入岩，自 SE 而 NW：

（1）闪长岩（47）：位于固阳南东 25km，元古代中期花岗岩（24）的南西，长 8km，宽 3km，呈 N60°W，为带状，侵入于元古代中期花岗岩，与元古代中期超基性岩，共同组成一条呈 N60°W 的岩带。

（2）闪长岩（51）：位于西斗铺 SEE15km，似椭圆状，主轴呈 N60°W，长大于 15km，宽 8km，侵入于色尔腾山群。此岩体北部被下白垩统固阳组，以角度不整合覆盖。

（3）闪长岩（84）：位于西斗铺西 8 ～ 26km，似带状，长 17km，宽 8km，呈 N60° ～ 70°W，侵入于乌拉山群及渣尔泰山群，与乌拉山群片麻理近于平行。

综合上述，分布在阴山北缘的加里东期褶皱，以 NE 至近 EW 的为主，侵入岩也大体类似，显示在其形成过程中，以遭受近 SN 向地应力挤压作用为主。阴山西段南麓的三条闪长岩体（84），长轴均为 NWW，表明在其形成的过程中，经历了近东西向反时针向扭应力作用。

第六节　海西期褶皱及其侵入岩

1.海西晚期褶皱

分布在阴山东段北东白乃庙—镶黄旗以北，自西而东。：

（1）白乃庙北东向斜 ㉛：位于白乃庙北东 5km，槽部为下二迭统三面井组，呈 N60°E，长约 15km，宽约 3～4km；翼部为奥陶系下—中统包尔汉图群及海西早期花岗岩、闪长岩。槽部地层与翼部地层呈角度不整合。

（2）温都尔庙南向斜 ㉜：位于该庙南 10km，槽部为二迭系下统额里图组、三面井组，长约 20km，宽 6～7km，翼部为石岩系上统阿木山组，槽部与翼部地层呈不整合。此向斜为近东西向，并略呈 S 形弯曲。

（3）向斜 ㉝：位于上述向斜南东 6km，槽部为下二迭统额里图组，呈 N55°E，长约 18km，翼部为三面井组。

（4）背斜 ㉞：位于镶黄旗北西 20km，核部为上石炭统阿木山组，呈 N60°E，长大于 20km，宽大于 6km。该背斜 SE 翼为二面井组，NW 翼被海西期、燕山期花闪岩侵吞。

总体上看，上述 ㉛㉝㉞ 三条褶皱以 NE 向为主，自西而东呈右行雁行式排列。近 EW 向的向斜 ㉜，确有波状弯曲，因此海西晚期的褶皱，是经受了近东西向顺时针向扭应力作用后形成的。

2. 海西中期侵入岩

（1）银号闪长岩（60）：位于阴山山脉南麓，固阳北东 15km 至武川县以西 38km，近东西向延伸，长 72km，宽 4～16km。本应呈椭圆形或带状，受海西晚期花岗岩侵吞形成了顺时针跌倒的 U 字形，侵入于中元古界渣尔泰山群、中元古代斜长花岗岩，外接触带为形态宽度不等的角岩化带。

（2）花岗闪长岩：主要分布于阴山山脉北麓达尔罕茂明安联合旗北东 23km，向东至土牧尔台东 15km，为近东西向延伸的岩带，由（63）（64）（65）（66）（67）（68）（69）七条岩体（包括公呼都格花岗闪长岩）组成，总长 230km，宽 23～30km，与区域构造方向大体一致，主要侵入包尔汉图群、宝音图群—白云鄂博群及中石炭统阿木山组。围岩蚀变明显，并具分带现象。四子王旗—商都与察哈尔右翼中旗间的花岗闪长岩（72）（73）（74），亦呈带状。

（3）花岗岩（70）（71）（75）：位于四子王旗—商都与察哈尔右翼中旗之间，在大滩北东 15km，与花岗闪长岩共同组成近东西向，且西宽东窄的大岩基，总长近 100km，西宽 30～40km，东窄 7～8km，由于其 SN 两侧多处被第三系以不整合覆盖，故形态不甚规则。

3. 海西晚期花岗岩及花岗闪长岩

呈岩基或岩枝状，广泛分布。其中长度大者主要分布在阴山山脉北缘。

（1）供济堂北花岗岩（41）：长近 100km，宽大于 10km，呈 EW 向，并略向北凸出弯曲，侵入白云鄂博群、宝音图群。

（2）化德花岗岩（99）：位于商都以北、土牧尔台以东，向东经化德延伸至河北省，总长超过 100km，宽 15～30km，呈 EW 向，侵入白云鄂博群及包尔汉图群。

（3）花岗岩基（92）：位于阴山山脉南缘固阳—武川之间，似呈直角三角形。长直角边为 EW 向，长 40km；与其垂直的短直角边位于长直角边东端，由北向南延伸，长 20km。此岩基东端北侧的花岗闪长岩体（93），呈半椭圆状，短直径长 11km，位于西端；向东凸出的弧形、半径长 8km。岩基西端南侧的花岗闪长岩体（25），似呈近 EW 向展布的柄、指向东的葫芦状，总长近 23km，宽 3～10km。上述岩体侵入乌拉山群、渣尔泰山群及元古代花岗岩、闪长岩、海西中期闪长岩等。

综上所述，海西中—晚期的闪长岩（包括哈尔陶勒岩体），花岗闪长岩、花岗岩的岩体、岩带，均呈 EW 至近 EW 向，其形成时受 NS 向地应作用。仅有大滩北东 35km 的海西中期的两条花岗闪长岩（73）西段、三合明 SSW15km 的海西晚期半椭圆花岗闪长岩（93），呈 SN 向，尤其是后者形态相当逼真，表明其形成时经受过近 EW 向挤压应力的作用。

第七节　印支期侵入岩

印支期花岗岩主要分布阴山山脉西段，渣尔泰山以北、乌拉特中旗以东、白云鄂博以西的三角区。其岩体多呈岩枝状，长 15km 至 30～45km，宽 4～10km。主要岩体（100）（102）（103）（104）（105）（107）（108），主干呈北西向，也有的岩枝呈 NEE 向，但主体仍呈 N60°W，总长 100 余千米，NE—NEE 仅是其次级支脉，均侵入于色尔滕山群、白云鄂博群及乌拉山群。

包头市西 38km，大桦背山花岗岩体（109），似呈扁豆状，长轴约 18km，呈 N20°E，宽 12km。该岩体侵入乌拉山群，南端被第四系覆盖。阴山山脉中段主峰，三合明 NEE24km 的小岩体（112），长 9km，宽 3km，呈 N55°W，侵入元古代中期花岗岩、花岗闪长岩。四子王旗 SE、大滩以北的大岩基（111），主体似等腰三角形，略呈钟状，腰部宽约 30km，中轴长近 38km，南端的底边呈明显的波状弯曲，显示其在形成过程中，经受过 EW 方向挤压。

总之，上述岩体的的长轴或主轴的延伸方向、形态特征，均表明它们在形成时经历过近东西方向挤压及反时针向扭压性应力作用。

第八节　燕山期褶皱及侵入岩

1. 燕山期褶皱

位于察哈尔右翼中旗以西至石拐以东，由 NEE 至 SWW 为：

（1）近东西向褶皱群：位于察哈尔右翼中旗以西 20～40km，从北向南依次为向斜 ㉟、背斜 ㊱、向斜 ㊲，其长依次为 24km、11km、18km，均由侏罗系下—

中统石拐群组成。

（2）武川 SE 背斜 ㊳：位于武川 SE20km，呈 N85°W 至近 EW，长 10km，由白垩系下统李三沟组产状变化形成。

（3）大青山 NE 向斜 ㊵：位于大青山主峰北东 6km，呈近 EW 向，槽部为上侏罗统大青山组，长大于 9km，宽 5km，翼部为侏罗系下—中统石拐群。上述 4 条褶皱，从 NEE 至 SWW，呈左行雁行式排列，显示期形成时经受了近 NS 向挤压应力作用。

（4）大青山北西向斜 ㊶：位于大青山北西 15km，槽部为大青山组，推测长大于 10km，宽 6 ～ 7km，呈 N15° ～ 20°E，翼部为侏罗系下—中统石拐群，与槽部大青山组呈不整合。此向斜为近东西向顺时针扭压应力作用形成的。

2. 燕山期花岗岩

主要位于阴山山脉的东南麓，最长的三条岩基由 NEE 至 SEE 为：

（1）乌兰哈达 NE 花岗岩（118）：长近 45km，宽 3 ～ 13km，呈 N75°E，侵入白云鄂博群及海西晚期花岗岩。

（2）察哈尔右翼中旗 SE 花岗岩（117）：长 44km，宽 1.5 ～ 7km，呈 N60°E，侵入乌拉特山群。

（3）大青山 NW 麓花岗岩（113）（116）：近 EW 向，长 96km，宽 2 ～ 6km，侵入乌拉山群。以上三条带状岩基，自 NEE 至 SWW 呈左行雁行式排列。

阴山山脉 EN 麓，燕山期花岗岩体有：

（1）化德花岗岩（122）：呈轴长 12km 的小岩基状，宽 10km，呈 NWW 至近 EW，侵入海西期花岗岩及三面井组地层。化德南花岗岩，呈 EW 向，长 15km，宽大于 6km，侵入海西晚期花岗岩，南侧被 NWW 向断裂切错。

（2）镶黄旗附近花岗岩（119）（120）（121）及花岗闪长岩：位于镶黄旗附近约 40km 范围内，似以带状岩基为主，多为近东西向延伸，仅在其北端，有三条岩枝呈 NE 向延伸。总而言之，阴山地区多数燕山期 EW 至近 EW 向花岗岩带、岩基形成时期经受了 NS 方向地应力作用。仅仅在其东北端、即镶黄旗北面有三条岩枝，呈 NE 向延伸，可能形成较晚，与大青山 NW 的向斜 ㊶ 类似，经历过近 EW 向顺时针向扭压应力作用。

综合上述，阴山及其邻区，集宁早期运动，使阳高 NNE 下集宁群形成 NNE 向背斜①，使上、下集宁群间出现角度不整合，稍后即形成了以上集宁群为槽部的近 SN 的向斜 ②③。集宁中期运动使卓资—察哈尔右翼前旗以南的上集宁群形成 NEE 至近 EW 向褶皱，且具左行雁行式排列；与褶皱构造相伴生的混合花岗岩体、岩基，亦呈 NWW 至近 EW，具左行雁行式排列的趋势或组成向北凸出弯曲的弧形。

乌拉山运动形成 EW 向乌拉山复背斜、大青山复背斜，且位于大青山主峰

NE 至卓资以西的 ⑭⑮⑯⑰⑱ 褶皱，均为 NEE 向，以呈左行雁行式排列为主。太古代中期混合花岗岩与乌拉山群混合质变质岩的片麻理类似，总体近东西向、略呈波浪式弯曲。乌拉山期运动末阶段，在察哈尔右翼中旗 SE 形成的两条 NEE 向褶皱 ⑲⑳，呈右行雁行式排列。据此可以推断，乌拉山期（含晚阶段）形成的褶皱及混合花岗岩，与集宁中期（含晚阶段）形成的褶皱及混合花岗岩的地应力作用类似。

古元古代末期、即色尔腾山期形成的向斜，应以呼和浩特北东旗下营西的那条 N40°W 的向斜 ㉑ 为主，古元古代花岗岩、花岗闪长岩均呈 NNW 至 SN 向。中元古代—白云鄂博期形成的乌拉特中旗—化德复式向斜 ㉒，呈东西向。与其相伴的花岗岩基、花岗闪长岩基，均以呈 EW 至近 EW 为主。中元古代末期，即白云鄂博期末阶段形成的以什那干群为槽部的向斜 ㉓，呈 N25°E。与其伴生的超基性岩，角闪石岩，亦呈 NNE。

以上概述表明，古元古代末期、即色尔腾山期形成的褶皱及侵入岩，与太古代集宁早期形成的褶皱相似，均为 NNW（含 NNE）至 SN 向。白云鄂博期及该期末阶段形成的褶皱、花岗岩、花岗闪长岩，与集宁中期及其末阶段、乌拉山期及其末阶段形成的褶皱及混合花岗岩相似，均以近 EW 向为主，末阶段则出现 NNE—NEE 向褶皱及岩体，均以呈右行雁行式排列为主。在阴山及其邻近地区，集宁早期，集宁中期及其末阶段、乌拉山期及其末阶段，白云鄂博期及其末阶段，所形成的褶皱构造及其侵入岩，与燕山地区类似，也具有"隔期相似，临期相异"的特征。只是中—新太古代包括两次，即集宁中期及其末阶段、乌拉山期及其末阶段，相同的构造运动。上、下古生代地层主要分布在白云鄂博—化德深大断裂以北，范围比较狭窄，又多次遭受岩体侵吞及被白垩系、第三系覆盖，且未见三迭系地层。因此，对阴山地区加里东期、海西期、印支期褶皱构造的延伸方向、形态特征、排列方式等，难以观察研究清楚。然而海西中期及晚期的花岗岩、花岗闪长岩的大岩基，构成呈 EW 向的阴山山脉的主峰。阴山山脉西段的印支期花岗岩枝、岩脉，以 NW—NWW 向为主。四子王旗 SE 的大花岗岩基（111），略呈钟状，其（南端的）底部呈波状弯曲。这些情况表明其形成时均遭受过近 EW 向、反时针向的挤压应力作用。乌拉山—大青山以北、临河—集宁深断裂以南的燕山期花岗岩（113）（115）（116），呈 EW 向；商都 NW 的花岗岩（118），呈 EW 向。燕山期 EW 至近 EW 向褶皱，主要受侏罗纪时 EW 至近 EW 向山间断裂盆地控制。这些情况表明阴山地区海西期、印支期、燕山期侵入岩及褶皱，亦具有"隔期相似，临期相异"的特征。

第三章　天山及邻区褶皱构造及其侵入岩

天山山脉位于我国西北边陲，横跨新疆维吾尔自治区中部。库尔勒深断裂中—西段、辛格尔深断裂为天山褶皱带的南界，博罗科努—阿其克库都克超岩石圈断裂，即天山主干断裂，为南、北天山分界。NWW（含近 EW）的别珍套山、科古琴山、博罗科努山、依连哈比尔尕山、博格达山、巴里坤山、哈尔力克山等属北天山地区，与天山主干断裂南、库尔勒深断裂中—西段、辛格尔深断裂以北的褶皱构造共同组成天山褶皱带。为了深入研究元古代、古生代各期次褶皱构造（含构造形变及侵入岩）延伸方向、形态特征、排列方式，拟将辛格尔深断裂南侧的库鲁克塔格—星星峡断隆的褶皱与天山褶皱合并，共同组成天山及其邻区的褶皱带。

第一节　库鲁克塔格—星星峡地区

一、古元古代褶皱

（1）复背斜①：在库鲁克塔格辛格尔南面，古元古界最老的地层达格拉格布拉克群，由于受古元古代花岗岩、海西中期花岗岩吞噬及第四系覆盖，形态不甚规则，然而按其分布确可推测应似呈椭圆状，组成库鲁克塔格地区中部复式背斜褶皱带①。该褶皱带长轴呈近 SN，长 70 余千米，EW 宽 30 ～ 40km。达格拉格布拉克群可见厚度 4675m，且东薄西厚（400 ～ 3000m）（新疆维吾尔自治区地质矿产局，1985），更突出了库鲁克塔格复式褶皱带①、呈近 SN 的线性分布特征。此复式褶皱带翼部为兴地塔格群，仅在最北端辛格尔 SE 15km，可见其以角度不整合覆盖在达格拉格布拉克群上。

（2）辛格尔 SE 背斜②：位于辛格尔 SE 15km，以达格拉格布拉克群为核部，呈 EW 向，长近 40km，宽 4 ～ 5km，略呈向北凸出弯曲。翼部为兴地塔格群。

据上述①②褶皱分布情况，可以推断古元古代晚期辛格尔运动，以近 EW

向挤压为主，形成近 SN 向的库鲁克塔格复背斜褶皱带 ①。嗣后又转变成近 SN 方向挤压应力作用，形成了略向北凸出弯曲的辛格尔 SE 背斜 ②。

二、中—新元古代褶皱及其侵入岩

（一）阿奇山 SW 呈右行雁行式排列的褶皱群

觉洛塔格 SE，北纬 42°00′ 南侧，东经 90°00′ 穿越中间，自 NW 而 SE 有四条褶：

（1）向斜 ①：以星星峡群上亚组为槽部，呈 N70°W，长大于 15km，宽大于 2km，SW 翼及 SE 转折端为星星峡群中亚组，NE 翼被 N70°W 走向的大断裂切割。

（2）背斜 ②：以星星峡群下亚群为核部，呈 N70°W，长大于 8km，宽大于 2km，NE 翼及 NW 转折端为星星峡群中亚组，SW 翼及 SE 转折端被 N80°W、N70°W 断裂切错。

（3）背斜 ③：紧邻背斜 ②、位于其 SW，以星星峡群下亚组为核部，呈 N70°W，长约 15～16km，宽大于 3km，SW 翼及 NW 转折端为星星峡群中亚组，NE 翼被呈 N70°W、N80°W 的断裂切错。

（4）向斜 ④：以星星峡群上亚组为槽部，呈 N70°W，长大于 18km，宽 1～2km，翼部为星星峡群中亚组，NWW 转折端被 NE 向断裂切错和海西中—晚期花岗岩吞噬。上述 ①、②、③、④ 褶皱，自 NW 而 SE，呈右行雁行式排列。

（二）星星峡—阿奇山地区

该地段中元古界地层分布，略呈向南凸出弯曲的弧形。其东西两段褶皱，均呈雁行式排列。

沙泉子—尾亚 SWW 呈左行雁行式排列的褶皱群

（1）沙泉子向斜 ①：位于星星峡 NWW30km，以蓟县系喀瓦布拉克群为槽部，自 NE 而 SW 呈 N65°～75°E，长约 16.5km，宽 1.5～3km，翼部应为长城系星星峡群，却被海西期中期钾长花岗岩吞噬。

（2）尾亚南西背斜 ②：位于尾亚 SWW45～66km，核部为星星峡群，长 21km，宽 3～4.5km，翼部为蓟县系嘻瓦布拉克群。该背斜 SE 翼隔断裂为喀瓦布拉克群，南西段 NW 翼被海西中期花岗岩吞噬。

上述两条褶皱形成于中元古代晚期，自 NEE 至 SWW，呈左行雁行式排列。

更详细的情况可在红柳井子附近见到。红柳井子 NNE10km，以长城系星星峡群下亚组为核部的背斜 ①，呈 N60°E，长大于 8km，宽约 3km，翼部为星星峡群中亚组。红柳井子 SW10km，以星星峡群上亚群为核部的背斜 ②，呈 N45°～50°E，长约 6km。此为一呈鼻状倾伏端指向 SW 的背斜，喀瓦布拉克组组成他的 WS 倾伏端。上述两条背斜，自 NE 而 SW 呈左行雁行式排列。

阿拉塔格 SEE70km 至红柳河 NW22km，新元古代三条花岗岩，大者 7.5×30km，小者 3×6km，为似铁饼的扁球状，长轴呈 N55°～60°E，自 SWW 至 NEE，呈右行雁行式排列。而在星星峡 NE15～25km 低端的新元古代花岗岩，长轴呈 N85°E，与划分构造单元的主干断裂平行。

（三）库鲁克塔格东段及西段南缘褶皱

该地区东、西两段，依次呈左行雁行式排列、右行雁行式排列。

1. 呈左行雁行式排列的褶皱群

位于库鲁克塔格东段的褶皱，自 NEE 至 SWW，依次为：

（1）向斜③：位于陷车泉 N15°W30km，槽部为蓟县系喀瓦布拉克群，呈 N80°E，长 9km，宽 3km，翼为星星峡群。该向斜槽部 SE 翼，被新元古代闪长岩侵吞。

（2）背、向斜群④：位于陷车泉 N45°W30km，以喀瓦布拉克群为核部，似呈鼻状，倾伏端指向 N75°E 的背斜④，长 18km，宽 2～3km，翼部为下震旦统以角度不整合覆盖。该背斜 NE 端两翼的下震旦统，均组成呈簸箕状开口指向 NEE 的向斜，大小及走向均与其所夹背斜类似。

（3）背斜⑤：位于赛马山以东 15km，核部为蓟县系，呈 N80°～85°E，长 27km，宽 1.5km，且略向南东凸出弯曲；翼部为下震旦统，以角度不整合覆盖以上三条褶皱，自 NEE 向 SWW，呈左行雁行式排列。

（4）赛马山北东背、向斜⑥：向斜槽部为蓟县系，SW 段长 30km，呈 N70°E，NE 段长 15km，呈近 EW 向，翼部为长城系。此为一呈簸箕状开口指向 SWW 的向斜。该向斜 SW，与其紧密相依的背斜，核部为星星峡系，长约 45km，宽 4～5km，翼部为蓟县系。此为呈鼻状倾伏端指向 SWW 的背斜，与其毗邻的向斜似平行，且略向西延伸。

（5）赛马山南西向斜⑦：位于赛马山 SW15～45km，槽部为上震旦统，呈 N80°E，长 37～38km，宽 6km，翼部为下震旦统。该向斜 NW 翼被 NEE 向断裂切割。

上述两条褶皱，自 NE 而 SW，呈左行雁行式排列。

2. 呈右行雁行式排列的褶皱群

位于库鲁克塔格西段，兴地与库尔勒市之间，自 NW 而 SE：

（1）向斜⑧：以震旦系下统为槽部，近东西向，长约 10km，宽 3km，翼部为古元古代闪长岩、石英闪长岩及青白口系。其槽部、翼部两者间呈角度不整合。该向斜北翼隔近 EW 向断裂为蓟县系及海西中期钾长花岗岩。

（2）向斜⑨：以上震旦统为槽部，近 EW 向，长大于 15km，宽大于 3km，北翼及西部转折端为下震旦统，南翼隔近 EW 向断裂为加里东早期花岗斑岩。

（3）背斜⑩：以青白口系为核部，近 EW 向，长约 20km，宽 3～9km，翼部为下震旦统以角度不整合覆盖。该背斜及其西部转折端清晰。

以上所述三条褶皱，自 NW 至 SE 呈左行雁行式排列。

（四）库鲁克塔格西段北缘褶皱

位于兴地北面，辛格尔西面大草湖—东大山一带。

1. 右行雁行式排列的褶皱群

由库尔中提布拉克往 SE 至东大山附近，总长 45km、宽 4～10km 的地段分布着近 EW、NWW、NEE 向褶皱。

（1）背斜①：位于库尔中提布拉克南面，以下震旦统特瑞爱肯群奥吞布拉克组为核部，呈 EW 向，长 8km，宽 1km，其两翼及转折端为扎摩克提布拉克组，西部转折端被第四系覆盖。

（2）向斜②：位于背斜①的 SE，以上震旦统育肯沟群上部汉戈尔乔克组为槽部，呈 N85°W 至近 EW，长大于 3km，宽近 1km，两翼及西部转折端为育肯沟群扎摩克提布拉克组，东部转折端被第四系覆盖。上述两地层间呈假整合。

（3）背斜③：位于向斜②SE 布盖什布拉克 SE，核部为下震旦统照壁山组，呈 N70°W，长近 10km，中—西段宽大于 3km，东段宽仅 1km，两翼及转折端为奥吞布拉克组。该背斜中—西段的 SW 侧，又有两条次级背斜，与其近于平行，因而 NWW 转折端共有三条背斜，且逐条向南偏东错移、呈裙边式。

（4）向斜④：位于背斜③SE20km，以克根库都克组为槽部，呈 N70°W，长大于 7km，宽 1km，SEE 段两翼及转折端均为扎摩克提布拉克组，NWW 段 NNE 翼为汉戈尔乔克组，SSW 翼被 NWW 向断裂切错。

（5）背斜⑤：紧靠向斜④的 SE，以照壁山组为核部，呈 N75°W，长大于 7km，宽大于 2km，两翼及转折端均为奥吞布拉克组。

（6）背斜⑥：位于东大山西 1～2km，以蓟县系爱尔基斯群辛格尔组为核部，呈 N85°E 至近 EW，长 2.4km，宽 1.4km，两翼及转折端均为北辛格尔塔格组。

（7）向斜⑦：位于背斜⑥SE、东大山 SE6km，以扎摩克提布拉克组为槽部，自西而东呈近 EW 至 N65°E，并略向 SE 凸出弯曲，长大于 4km，宽 0.4～0.8km，两翼及转折端均为辛格尔塔格组。

以上褶皱①～⑦，自 NW 向 SE 逐个位移、相互错列，共同组成呈右行雁行式排式的褶皱群。

紧靠上述右行雁行式排列褶皱群的西侧、莫合尔山东面，由 NW 至 SE 有两条以育肯沟群克根库都克组为核部，扎摩克提布拉克组为翼部的小向斜⑧、⑨，近 EW 向，也是逐个向 SE 平移，呈右行雁行式排列。

2. 呈左行雁行式排列的褶皱群

由库尔中提布拉克往南西，至真饮库图克南西，长 40km，宽 6～10km。

（1）背斜①：同前述。

（2）背斜⑩：位于背斜①的 SW，以奥吞布拉克组为核部，呈东西向，长近

6km，宽 0.4 ～ 1km，翼部及东部转折端均为扎摩克提布拉克组。

（3）向斜 ⑪：紧靠背斜 ⑩ 的南西，以扎摩克提布拉克组为核部，呈东西向，长 4 ～ 5km，宽近 0.8km，两翼及西部转折端均为奥吞布拉克组。

（4）背斜 ⑫：紧靠向斜 ⑪，以奥吞布拉克组为核部，呈 N85°E 至近 EW，长近 5km，东窄 0.6km，西宽大于 1km，翼部及东部转折端均为扎摩克提布拉克组。

（5）向斜 ⑬：位于背斜 ⑫ 的 SW 大草湖 NW6km，以扎摩克提布拉克组为槽部，呈 N70° ～ 75°E，略向 SE 凸出弯曲，长 16km，从 NEE 至 SWW 宽 1 ～ 2.4km 至大于 4km，翼部及 SWW 转折端为奥吞布拉克组。在该向斜 SWW 段槽部，扎摩克提布拉克组与翼部奥吞布拉克组呈不整合；NEE 段 SSE 翼，上述两地层间为假整合，NNW 翼则为整合。

上述 ⑪⑫⑬ 三条褶皱及向斜 ⑭ 的 NEE 段，均由奥吞布拉克组、扎摩克提布拉克组组成，是近 EW 呈鼻状的倾伏端指向东的背斜 ⑩⑫ 与呈簸箕状的开口指向东的向斜 ⑪，经强烈挤压形成的揉肠状褶皱。

（6）向斜 ⑪：位于真饮库图克 SE2km，以汗戈尔乔克组为槽部，呈 N75°E，长大于 8km，宽 1 ～ 2km，两翼及 SWW 转折端均为水泉组，NEE 段及其转折端被海西早期细晶闪长岩吞噬和第四系覆盖。

（7）背斜 ⑮：位于大草湖 SWW16km，以奥吞布拉克组下亚组为核部，呈 N85°W 至近 EW，长近 11km，宽 1 ～ 2.8km，翼部及转折端隔断裂均为奥吞布拉克组上亚组。

（8）背斜 ⑯：位于真饮库图克 SWW6km，以奥吞布拉克组下亚组为核部，呈 EW 向，在本图幅内长近 5km，向西延伸达 55km，宽 4 ～ 5km，翼部及东部转折端均为奥吞布拉克组上亚组。

总体上看，以上 7 条主要褶皱从 NE 往 SW 相互错列，逐渐位移，共同组成呈左行雁行式排列的褶皱群。其波及范围由 NE 至 SW 长可达 42km，宽 6km 至 7 ～ 8km。

综上所述，以库尔中提布拉克南面为起点，以此向 SE 由 ①～ ⑦ 及 ⑧、⑨ 等褶皱组成 NW 向呈右行雁行式排列的褶皱群；以此向 SW，由 ①⑩⑪⑫⑬⑮ 组成 NE 向、呈左行雁行式排列的褶皱群。两者似呈对称状分布。

在汗戈尔乔克山南面，以汗戈尔乔克组为核部的复背斜，由三条次级背斜组成，其两翼及转折端均为下寒武统西大山组以假整合覆盖。由 NE 至 SW，为背斜 ⑱，近 EW 向，长大于 2km；背斜 ⑲，位于背斜 ⑱ 的 SW，呈 N75° ～ 80°W，长 2km。以上两条背斜，自 NE 而 SW，呈左行雁行式排列。背斜 ⑳，位于背斜 ⑲ 的 SE，呈 N65° ～ 70°W，长大于 2km。从 NW 往 SE，⑲⑳ 两条背斜，呈右行雁行式排列。

库鲁克塔格地区西段北缘铜矿山 SE21km，以上震旦统为槽部的向斜 ⑪，呈簸箕状，开口指向 N55°E，长 18km，翼部为下震旦统。兴地 NWW33km，以青白口系为槽部的背斜 ⑫，呈 N20°E，长 14km，宽 3～5km，翼部为下震旦统。翼部、槽部两者间为不整合接触。此背斜北端转为呈近 EW 向，长约 3km，被第四系覆盖。铜矿山 SW30km，以上震旦统为槽部的向斜 ⑬，呈 N65°E，长 10km，翼部为下震旦统。此外 ⑪⑫⑬ 三条 NE 向褶皱，为中—新元古代晚期近 EW 向顺时针向扭应力作用下形成的。

库尔勒市 SEE6～90km 古元古代斜长花岗岩、花岗闪长岩，呈 N65°W，长 15km、30～40km，宽 5～6km，由 NWW 至 SEE 其中岩体(5)与（71）（12），（2）（3）与（10），似呈右行雁行式排列。中元古代花岗岩（16）与（72）呈右行雁行式排列。

综合上述中—新元古代 NEE 向呈左行雁行排列、NWW 向呈右行雁行排列的褶皱群，均为 NS 向地应力作用下形成的。而 ⑪⑫⑬ 三条 NE 向褶皱，则为中—新元古代晚期近 EW 向顺时针向扭应力作用下形成的。

辛格尔南面，南雅尔当山及其以北的新元古代花岗岩（20）（21）主体，虽然形态不规则，又有部分地段被海西中期花岗岩吞噬及第四系覆盖，但其长轴仍以 N30°E 为主，长 45km，宽 25～26km，侵入达格拉格布拉克群、兴地塔格群。兴地 SE10～15km 侵入兴地塔格群及长城系的新元古代钾长花岗岩、辉长岩的岩株（31），长 15km，宽 3～5km，呈 NE—NEE 向。这些情况与星星峡地区白玉山至红柳河新元古代花岗岩（24）（23）（22）分布的情况类似。其形成时均受到近 EW 的顺时针向扭压应力作用。兴地东 21～75km 的新元古代花岗岩（22），其 SN 两侧分别被第四系覆盖、近 EW 向断裂切错、海西中期的花岗岩吞噬，总体上看仍以 NWW 至近 EW 向为主。

三、加里东期褶皱及其侵入岩

（一）库鲁克塔格东段 SE 缘

自陷车泉 NE21km 至楼兰遗迹北 36km，自 NEE 而 SWW，有如下褶皱：

（1）背斜 ⑬：位于陷车泉 N25°E 约 20km，以下寒武统为核部，似呈鼻状倾伏端指向 S13°E，长大于 4km，宽约 3km，翼部为中寒武统。此背斜北端被 NEE 向断裂切错。

（2）背斜 ⑭：位于陷车泉 N10°E 约 10km，呈鼻状倾伏端指向 SSE，核部为中寒武统，长约 6km，宽 1.5～4km，翼部为上寒武统—下奥陶统。

（3）背斜 ⑮：位于陷车泉北西 18km，核部为上震旦统，呈 N35°W，长约 10km、宽 4km，翼部为下寒武统，翼部与核部地层呈角度不整合。

（4）向斜 ⑯：位于陷车泉西 15km，以上寒武—下奥陶统为槽部，呈 N40°W，翼部为中寒武统。该向斜宽约 5km，中段至 SE 端均被第四系覆盖，故出露长度仅 4.5km。

（5）向斜 ⑰：位于南雅尔当山东 50km、库鲁克塔格南缘，以志留系为槽部，呈 N10°W，长大于 12km，宽大于 10km。该向斜西翼为中奥陶统，与志留系呈角度不整合；东翼亦为中奥陶统，与其志留系整合。

总体上看，上述五条褶皱以 NNW 向为主，其形成时曾遭受加里东早—中期近 EW 的反时针向挤压应力作用。

（6）背斜 ⑱：位于赛马山 SE21km，以寒武系上统—奥陶系下统为核部，呈 EW 向，长 12km，宽 1.8km，翼部为奥陶系中统。

（7）背斜 ⑲：位于赛马山 SSW33km，其组成及延伸与上述背斜 ⑱ 同，仅其长约 24km，宽 9km。该背斜西段被 NNW 向断裂切错，最西端下降。

以上两条褶皱自 NEE 至 SWW，呈左行雁行式排列，是加里东晚期 SN 方向挤压应力作用下形成的。

（二）库鲁克塔格西段北缘大草湖—东大山南西

有下列褶皱：

（1）向斜 ⑲：位于克根库都克 SE，以寒武系上统—奥陶系下统突尔沙克塔格群为槽部，呈 N70°W，长 7km，宽 0.2km，翼部及转折端为寒武系中—上统莫合尔山组。

（2）向斜 ⑳：位于向斜 ① 的 SWW 大草湖南 6km，以莫合尔山组为槽部，呈 N70°W，长大于 6km，宽 0.2～0.8km，翼部为寒武系下统西大山组，NW、SEE 两个转折端处，均被 NW 向断裂切错。

以上 ⑲⑳ 向斜，从东往西呈左行雁行式排列。其波及范围东西长 20km，宽 6km。

（3）向斜 ㉑：位于西大山一带，以突尔沙克塔格群为槽部，呈 N45°～50°W，长大于 10km，宽不足 3km，翼部及转折端处为莫合尔山组。

（4）向斜 ㉒：位于向斜 ㉑ 的西面汉戈尔乔克山一带，以突尔沙克塔格群为槽部，呈 N65°～70°W，长大于 8km，宽 2～4km，翼部及 SE 转折端为莫合尔山组。

（5）背斜 ㉓：位于向斜 ㉒ 的西面，以莫合尔山组为核部，呈 N60°W，长 6km，宽 0.6km，突尔沙克塔格群为翼部。其 NE 翼被 NW 向断裂切错，NW 转折端被第四系覆盖。

上述 ㉑㉒㉓ 褶皱呈左行雁行式排列，似等间距分布。其波及范围 EW 长大于 20km，SN 宽 7～8km。

（6）向斜 ㉔、背斜 ㉕、向斜 ㉖：位于莫合尔山西约 8～14km，为以突尔沙克塔格群为槽部，莫合尔山群为翼部，由呈簸箕状的开口指向 SE 的向斜 ㉔ 及次级背斜 ㉕㉖ 组成的裙边式褶皱，呈 N40°～60°W，长 2～3，宽不足 1km。

（7）向斜 ㉗：位于乌里格米孜塔格 SW4km，以奥陶系中统却尔却克组为槽部，呈 N60°W，长 7km，宽 0.6km，SW 翼及 NW 转折端为突尔沙克塔格群，NE 翼及 SE 转折端均被 NW 向断裂切错。

以上 ㉔㉕㉖ 和 ㉗ 四条褶皱，均呈 NW 向，位于同一纬度线上，具左行雁行式排列，为加里东早—中期 EW—近 EW 反时针向扭应力作用下形成的。其波及范围东西长 25km，宽 6km。此外，在真饮库图克南 4 ~ 7km，以莫合尔山组、突尔沙克塔格群为槽部的两条向斜 ㉘㉙，均呈簸箕状开口指向 SEE 或东，长约 3km，宽 1km。上述 2 条褶皱，与库鲁克塔格东段南东缘 ⑱⑲ 两背斜类似，是加里东晚期 SN 方向挤压应力作用下的产物。

综合上述加里东早—中期以 NNW—NW 至 NWW、呈左行雁行式排列的褶皱构造为主，表明其形成时遭受近 EW 向反时针向扭应力作用下形成的。

库鲁克塔格东端 SE，陷车泉 NNW27km、NW30km、NWW40km 的三条加里东晚期花岗岩枝、岩基（34）（35）（75），其长轴均为 NEE，由 NE 至 SW 呈左行雁行式排列。只有赛马山东约 10km 的加里东晚期花岗岩小岩株（37），呈 SN 向，且其南段被 NEE 向断裂切错。

四、海西期褶皱及其侵入岩

库鲁克塔格—星星峡地区海西期褶皱，主要位于 NE 段明水—星星峡一线并向 SWW 延伸 130km。

（1）明水南西向斜 ⑳：以下石炭统为槽部，呈 NEE，长大于 45km，宽近 20km，SSE 翼隔 NEE 断裂为蓟县系，NWW 翼被海西中期钾长花岗岩、闪长岩等侵吞。

（2）向斜 ㉑：位于红柳河以西 10 ~ 90km，以下二叠统为槽部，呈 N70°E，长大于 90km，NEE 段延入甘肃，SWW 端被青白口系，第四系覆盖。NW 翼的 SW 段隔断裂为青白口系，NE 段以角度不整合覆盖在长城系上；SE 翼隔断裂或不整合为青白口系。

上述两条向斜，自北东而南西，呈左行雁行式排列，主要是 NS 向地应力作用下形成的。

库鲁克塔格—星星峡地区，海西期侵入岩，以其中的花岗岩、钾长花岗岩分布最广、数目最多，所占面积最大，现将其延伸方向、形态特征，排列方式等，概述如下。

海西中期花岗岩、钾长花岗岩、碱性或碱长花岗岩、闪长岩，主要分布于库鲁克塔格—星星峡地区东段，由 NEE 明水向 SWW 经尾亚—阿拉塔格至陷车泉 NE40km，大岩基长 40 ~ 50km，呈 N70°E 至近 EW，宽 7 ~ 8km 至 20 ~ 30km。从 NEE 往 SWW，（56）（88）（89）与（91）、（90）与（92）、（93）与（94）、（66）（99）与（101）（103），呈左行雁行式排列。库鲁克塔格 NW，库尔勒 NW 至博斯腾湖南、博斯腾湖至赛马山、觉洛塔格山至 1432 高地以东深断裂，海西中期花岗岩、钾长花岗岩呈 N70°W，长 40km 至 60～70km，宽 6～7km 至 15km。从 NWW 至 SEE，（60）与（79）呈右行雁行式排列。库鲁克塔格中心的海西中期花岗岩（74）位于辛格尔南，呈 NNW—近 EW，长约 45km，宽 20～35km。此岩体（74）的长轴似乎受辛格尔深断裂与库尔勒深断裂组成菱形四边形的长对角线的控制。

综上所述，库鲁克塔格—星星峡地区古元古代晚期辛格尔运动，主要使分布在库鲁克塔格中部的达格拉格布拉克群，形成近 SN 向复式褶皱带 ①。嗣后又出现了近 EW 的略向北凸弯曲的辛格尔 SE 背斜 ②。中—新元古代塔里木运动使库鲁克塔格—星星峡地区东段，从 NE 向 SW 沙泉子—尾亚 SWW 形成的 NEE 向 ①② 褶皱，呈左行雁行式排列。使库鲁克塔格 SE 陷车泉 NW 至南雅尔当山以东、NEE 向的 ③④⑤、⑥⑦ 褶皱，呈左行雁行式排列。库鲁克塔格西段、库尔勒—兴地之间 NWW 向的 ⑧⑨⑩ 三条褶皱，呈右行雁行式排列。嗣后又有 NE—NNE 向 ⑪⑫⑬ 褶皱出现。加里东运动主要使库鲁克塔格南东缘早古生界地层形成 NNW—近 SW 向的 ⑬⑭⑮⑯⑰ 褶皱，使库鲁克塔格中段北侧西大山南面也出现三条 NW—近 SN 向的褶皱。上述塔里木运动、加里东运动形成的褶皱构造延伸方向、形态特征、排列方式在大草湖—东大山一带非常清楚。海西运动在星星峡地区东段 SE 明水—星星峡—红柳河 SW 形成 NEE 向的 ⑳㉑ 向斜，呈左行雁行式排列。总体情况表明，库鲁克塔格—星星峡地区辛格尔期、塔里木期、加里东期、海西期四期运动形成的主要褶皱构造（含部分相关侵入岩），其延伸方向、形态特征、排列方式具有"隔期相似，临期相异"的特征。

第二节　天山地区

天山地区主要褶皱构造及其侵入岩的分布，主要受博罗科努—阿其克库都克超岩石圈断裂、即天山主干大断裂，尼勒克深断裂，那拉提深断裂，哈尔克山—包尔图深断裂，辛格尔深断裂控制。

一、中—新元古代褶皱及其侵入岩

南天山地区元古界地层主要分布于南北两带。北带夹持于天山主干大断裂与尼勒克深断裂北西段之间。北带 NW 段位于别珍套北麓、赛里木湖 EW 两侧至科古琴山，由 NWW 至 SEE，长约 200km，宽 22～27km。

南天山地区 NW 端的褶皱有：

（1）别珍套东背斜①：核部为古元古界上部温泉群，呈 EW 向，长

60～70km，宽大于15km，北翼（隔第四系）为中、上泥盆统，仅在西端以角度不整合覆盖，中东段均为第四系；南翼SE侧及中端为中、上泥盆统及下石炭统，以角度不整合覆盖，其余大部地段为NWW向断裂切错。

（2）赛里木湖—科古琴山向斜②：上震旦统为槽部，呈N75°W，长100km，宽6km，南北两翼均为青白口系，主要地段为NWW向断裂切割，仅局部地段可见槽部与翼部呈不整合接触。上述两褶皱从NW往SE，呈右行雁行排列。

南天山地区南带从汗腾格里峰—哈尔克山北麓向东经那拉提山、小尤路都斯、巴仑台、天格尔山至觉洛塔格山，EW长780km，宽10～20km，呈向北凸出弯曲的弧形褶皱构造，断续分布。此处，在哈尔克山SW麓、霍拉山SE段的NE麓、SW麓，亦有分布。

南带西段特克斯SE30～40km③④两条褶皱可见。大哈拉军山—恰西一带，EW长60～70km，SN宽16～20km地段，由下列主要褶皱组成：

（1）主背斜①：位于克提萨那苏、哈拉安特苏北面，相当于背斜③，以长城系特克斯群泊仑千布拉克下亚组为核部，呈近EW向，长约30km。该背斜东段北侧及转折端SE等地，大部分被古元古代斜长花岗岩吞噬，南翼为泊仑千布拉克中亚组、西段倾伏端为泊仑千布拉克中亚组、上亚组和莫合西萨依组。

此背斜向西延伸的倾伏端的SW，克提萨那苏西段NW6km，呈鼻状倾伏端指向南西的小背斜⑤，以长城系特克斯群泊仑千布拉克上亚组为核部，呈N45°E，长大于1km，翼部为特克斯群莫合西萨依组。哈拉安特苏北，呈簸箕状开口指向SW的小向斜⑥，呈N50°～55°E，槽部为长城系特克斯群泊仑千布拉克组中亚组，翼部为泊仑千布拉克组下亚组。

（2）主向斜②：位于大哈拉军山以东、喀拉卓恩以西，相当于向斜④，以青白口系库什太群为槽部，呈N70°～80°W，长近30km，最宽处大于10km。其南翼西段为蓟县系科克苏群，与库什太群呈假整合；北翼西段隔断裂为上第三系，再往北为长城系珠玛汁萨依组，东段隔断裂为第四系。更往北为长城系泊仑千布拉克组中亚组。其核部中段被上第三系覆盖。该向斜西段南侧，依地层产状可划分出与其平行的小背斜③、小向斜④，与主向斜②的西段呈右行雁行式排列。主向斜②东段北侧、阿克塔斯以西，由青白口系库什太群地层产状确定的次级向斜⑦，呈簸箕状开口指向S15°W，长3km。

恰西西面，特克斯群珠玛汁萨依组混合岩化片理，呈N70°～80°E。由于其N、E、SE三面被上第三系覆盖，SW又遭海西中期花岗岩类侵吞，此混合岩化片理仅可见长10km，宽3～4km。

总体上看，NWW向主向斜②与NEE向恰西东的混合岩化片理共同组成大哈拉军山—喀拉卓恩—恰西，长大于60km的近EW向、略向南凸出弯曲的弧形构造。

上述混合岩化片理与喀拉卓恩之间，依地层接触界线及其产状，可划分两条次级褶皱。由西向东，依次为呈簸箕状的开口指向 SW 的向斜⑧、呈鼻状的倾伏端指向 SW 的背斜⑨，长 3～4km。该两褶皱，呈右行雁行式排列。

综合上述，特克斯县 SE、大哈拉军山—恰西一带褶皱，主要由克提萨那苏、哈拉安特苏近 EW 向主背斜①、大哈拉军山—喀拉卓恩主向斜②及恰西以西的混合岩化片理组成，并包括与其相伴的断裂，主要是在近 NS 向挤压应力作用下形成的。主背斜①与主向斜②由 NE 向 SW，呈左行雁行式排列。NE 或 SW 向次级褶皱，呈鼻状的背斜⑤⑨、呈簸箕状的向斜⑥⑦⑧，均受近 EW 向顺时针向扭应力，即北面向东、南面向西的地应力作用的控制。新元古代钾长花岗岩（2）（3）、花岗岩（4）（5），主要分布在霍拉山 SE 段的 NE、SW 两侧及 SE 端，侵入古元古界上部，呈 N55°～73°W，长 13～60km，宽 3～4.5km，与呈 NWW 略向 NE 凸出弯曲的大断裂近于平行。

二、加里东期褶皱及其侵入岩

南天山地区下古生界主要分布在两个地带：

（一）那拉提深断裂 SE

由汗腾格里峰 SW，经哈尔克山至大尤路都斯、霍拉山 NW 山脚，地层以志留系为主，自 SWW 至 NEE，长 386km，宽 37～45km 至 68km 的主要褶皱：

（1）浩腾萨拉达坂 SE 向斜⑤：以上志留统为槽部，呈 N75°E，长约 40km，NW、SE 两翼隔断裂为中—下志留统。此向斜东端隔断裂为中石炭统。

（2）哈尔克山 NE—大尤路都斯 SW 背斜⑥：核部为下—中志留统，约呈 N70°E，长大于 100km，宽 15～45km。该背斜呈鼻状，倾伏端指向 S75°W，NNW、SSE 两翼隔断裂为上志留统。此背斜中段夹持着浩腾萨拉达坂南西背斜，以上奥陶统为核部，呈 N70°E，长 15km，宽 9km，翼部为下—中志留统。上述⑤⑥两褶皱，从 NE 向 SW，呈左行雁行式排列。

（3）铁里买德达坂西向斜⑦：以上志留统为槽部，呈近 EW 向，长大于 50km，翼部隔断裂为中—下志留统。

（4）背斜⑧：以上奥陶统为核部，呈 EW 向，长大于 16km，两翼隔断裂为志留系。

上述⑤⑥⑦⑧四条褶皱，按其分布情况表明它们形成时，经受了 SN 向地应力作用，⑤⑥、⑦⑧两组褶皱均具左行雁行式排列。

铁里买德达坂 NW20～30km，总体上呈 NEE 向延伸的志留系岩层、地层界线，由于其弯曲形成呈鼻状、倾伏端指向 SE 背斜②、⑥、⑧，呈簸箕状开口指向 SE 的向斜①、③、④、⑤、⑦、⑨，长 1～2km。克其克库勒 NW2km，由 SW 向 NE，背斜⑪、向斜⑩，其倾伏端、开口均指向东。以上次褶皱均显示，在其形成时遭受了北面向西、南面向东的反时针向扭应力作用。

铁里买德达坂 NW40 ～ 100km，从 SE 向 NW 有：

（1）合同沙拉背斜 ⑨：核部为合同沙拉群下组，呈 N57°E，长 12km，宽 6km，NW 翼及 SW 倾伏端为合同沙拉群中组。

（2）穹库什太向斜 ⑥：槽部为穹库什太组第三亚组，呈 N65°E，至 NE 端向斜 ⑦ 转为 N75°W，长 19km，宽 5 ～ 8km。此向斜由弯库什太组第三亚组地层产状弯曲判定。上述 ⑨、⑥ 两条褶皱，主要是 SN 向地应力作用下形成的。

（3）背斜 ①②、向斜 ③④⑤：呈鼻状倾伏端指向 NW 的背斜 ①②，呈簸箕状开口指向 NW 的向斜 ③④⑤，长 2 ～ 3km，由穹库什太组、合同沙拉群不同亚组地层界线岩层弯曲显示的次级裙边式褶皱，是近 EW 向反时针向扭应力作用下形成的。

（二）天山主干断裂 SW 及尼勒克深断裂 NE

由觉洛塔格向 NWW，经阿拉沟、依连哈比尔尕山、博罗科努山至赛里木湖南，总长大于 700km，宽 20 ～ 30km。按下古生界地层分布，自 SEE 至 NWW 可分为三段：

（1）从大热泉子西至河源峰西 60km，呈 N65°W，长 345km，宽 15 ～ 30km。

（2）依连哈比尔尕山至博罗科努山东段，呈 N60°W，长 150km，宽 15 ～ 30km。

（3）博罗科努山西段南坡至赛里木湖 SW，呈 N75°W，长 180km，宽 15 ～ 30km。前两者为志留系，后者为奥陶系、志留系。由于上古生代沉积覆盖，岩体侵吞以及多次断裂错移，使其褶皱分布情况不甚明显，但若从地层总体分布概况，仍然可以看出具有左行雁行式排列的趋势。根据大比例尺地质资料，尚可近一步分析。从 SEE 至 NWW，由以下地段褶皱组成：

1. 博尔托乌附近褶皱

（1）博尔托乌背斜 ⑤：位于库米什 NNE31km，以阿哈布拉克群下亚组为核部，呈 N75° ～ 80°W，长大于 30km，宽 4 ～ 6km，翼部为该群中亚组。其 NE 翼东段被海西期花岗岩吞噬。

（2）背斜 ①：呈 N65°W，长 4km，由阿哈布拉克群下亚组组成核部，翼部该群中亚组。

（3）向斜 ②：槽部为阿哈布拉克群中亚组，呈 N65°W，长 2km，呈簸箕状开口指向 SE，翼部阿哈布拉克群下亚组。

（4）背斜 ③：由阿哈布拉克群下亚组产状变化组成，呈 N65°W，长 10km。

（5）向斜 ④：槽部为阿哈布拉克群中亚组，呈 N77°W，长 3km，翼部为阿哈布拉克群下亚群。以上 4 条褶皱，①②、③④ 均呈左行雁行式排列。

2. 乌拉斯台褶皱

位于巴仑台 NE40km 自 SEE 而 NWW 为：

（1）乌拉斯台向斜③：以志留系上统阿河布拉克组第三亚组为槽部，呈N70°W，略向NE凸出弯曲，长大于19km，宽大于1.5km，翼部为阿河布拉克组第二亚组。

（2）霍尔哈提郭勒西向斜④：以阿河布拉克组第四亚组为槽部，呈N75°W，长大于20km，宽1～4km，翼部为阿河布拉克组第三亚组。

此外，在乌拉斯台向斜③的NE，有一次级向斜①，呈簸箕状开口指向SE，长5km，宽约1km。该向斜NWW，又有一次级向斜②，以阿河布拉克组第三亚组为槽部，呈N75°W，长大于3km，宽1km，翼部为阿河布拉克组第二亚组。以上所述主向斜③、④、次级向斜①、②，均呈左行雁行式排列。

3. 阿拉司多达坂附近褶皱

位于查干诺尔达坂NW9～18km：

（1）向斜①：以阿河布拉克组第三亚组为槽部，东段完整，呈N75°W，总长4km，翼部为其第二亚组，NW端被第四系租盖。

（2）向斜②：由其最西端阿河布拉克组第三亚组灰岩片理、转呈向NWW凸出弯曲的弧形组成，呈N75°W。由SEE至NWW，向斜①②呈左行雁行式排列，表明其形成时曾受近EW的反时针向扭应力的作用。

4. 博罗科努山西段南侧褶皱

（1）向斜①：位于此山峰西段南侧，以上志留统尼勒克组为槽部，呈EW向，长大于55km，宽5km，北翼为博罗霍洛山组，南翼为库茹尔组，其槽部、翼部间地层呈角度不整合。

（2）向斜②：位于该向斜①西段北翼，由于其尼勒克组、博罗霍洛山组地层接触面弯曲形成，呈簸箕状开口指向S68°E，其长为6km，宽约1km。

（3）背斜③：呈鼻状倾伏端指向S68°E，核部为志留系上统博罗霍洛山组，翼部为尼勒克组，其长度与向斜②同。

上述②、③两条褶皱，呈左行雁行式排列。

5. 赛里木湖南褶皱群

位于赛里木湖南岸，自西而东有如下4条褶皱：

（1）向斜①：以奥陶系下—中统新二台群为槽部，呈N60°W，长8km，宽1～2km，翼部为寒武系。

（2）背斜②：以上震旦统—中奥陶统为核部，呈N25°～30°W，长大于l0km，宽3km，翼部为上奥陶统—中志留统。①、②两褶皱，由东向西，呈左行雁行式排列。

（3）向斜③：以上志留统博罗霍洛山组为槽部，近EW向，略向北呈凸出弯曲，长大于10km，宽0.5～1.5km，翼部为上奥陶统—中志留统。

（4）向斜④：由奥陶系上统—志留系中统组成，依地层产状确定，呈EW向，长约5km。该处③、④两向斜，位于①、②两褶皱的SE侧，为EW—近

EN 褶皱，是 SN 向地应力作用下形成的。

综合上述加里东早—中期形成的 NW—NWW 向、呈左行雁行式排列的褶皱群，主要是近 EW、反时针向扭应力作用下形成的。

加里东晚期花岗岩，主要分布在：

（1）别珍套山北麓，近 EW 向，长 405～525km，宽 7～8km，呈岩基状（6）、（7）两岩体，侵入于温泉群。

（2）哈尔克山 NW 麓，主要侵入于下元古界上部那拉提群，以 NEE—近 EW 向为主。库什太 SW 的花岗岩（13），呈 N70°E，长 34km，宽 1.5～3km。往 SWW，最大的花岗岩（12），长 52.5km，宽 4.5～7.5km，近 EW 向。再往 SWW，尚有（49）（10）（9）三条岩体，规模较小，长 20～30km，宽 3～5km 不等，长轴仍以近 EW 向为主。总体上看，上述岩体由 NEE 至 SWW，呈左行雁行式排列，主要是在 SN 向地应力作用下形成的。

四、海西期褶皱及其侵入岩

天山地区海西期褶皱可分为如下地带：（1）库尔勒深断裂中—西段以北，辛格尔深断裂以北；（2）那拉提深断裂 NW，天山主干超岩石圈深断裂西段 SW；（3）尼勒克深断裂与天山主干超岩石圈断裂 NW 段夹持地段；（4）天山主干超岩石圈断裂中东段北侧。

（一）那拉提深断裂 SE

哈尔克山—包尔图深断裂 SW，辛格尔深断裂以北地区。

该地区中西段从阿合奇 NW，向 NEE 经铁里买德达坂，在大尤路都斯转呈 EW、抵额尔宾山转为 SEE，经和静、焉耆、阿拉塔格，直达辛格尔深断裂北侧、1432 高点以东深断裂北西侧，总长 1110km，一般窄处 30～40km，宽处 80～90km。

1. 西段

本地区西段即 SW 部，英阿特 NW 至英阿特以西，靠近边界地区长 113km，宽大于 30km 的地段，有以下褶皱：

（1）向斜 ⑪⑫：均以上石炭统为槽部，呈 N40°E，长大于 30km，宽大于 3km，与其下伏中石炭统呈角度不整合。此两条向斜，自 NNE 至 SSW，呈左行雁行式排列。更往 SW，阿合奇以北 20～40km 的两条褶皱，自 NNE 至 SSE：

（2）倒转背斜 ⑬：位于阿合奇以北 40km，由中泥盆统组成，其轴呈 N55°E，向 SE 倒转，向 NW 倾斜，长 24km，宽 4km。

（3）向斜 ⑭：位于阿合奇以北 20km，中—下石炭统为槽部，以角度不整合覆盖在中泥盆统之上，呈 N55°E，长 21km，宽大于 4km。该两条褶皱，呈左行雁行式排列。

萨瓦甫齐北东、南西两条褶皱：

（1）向斜⑨：以上石炭统为槽部，呈 EW 向，长大于 7.5km，宽大于 2.25km，翼部为下—中石炭统。

（2）背斜⑩：核部为上石炭统，呈近 EW 向，长 4.5km，宽大于 1.5km，翼部为下二叠统。以上两褶皱，槽部、核部与翼部间地层，均为不整合；且自北东而南西，呈左行雁行式排列。

上述呈左行雁行式排列的⑪⑫、⑬⑭、⑨⑩褶皱构造，主要是海西早—中期 NS 向地应力作用下形成的。

海西晚期褶皱：

（1）向斜⑯⑰：位于萨瓦甫齐西 20km，至其北面边界，均以上石炭统为槽部，长者长 12～16km，宽 4km，短者仅长 7km，宽 2km，翼部为中—下石炭统。

（2）背斜⑱：以中—下石炭统为核部，呈 N15°W，长大于 9km，宽约 5km，翼部为上石炭统。

（3）向斜⑲：位于萨瓦甫齐 NEE60km，槽部为下二叠统，呈 N35°E，长大于 7km，宽约 5km；翼部为上石炭统。以上⑯⑰⑱⑲四条褶皱，由 SWW 至 NEE 以呈右行雁行式排列为主，为海西晚期近 EW 顺时针扭应力作用下形成的。

2. 中段

大尤路都斯以南，拜城—库尔勒市以北，略向北凸出弯曲的海西期弧形褶皱带，可分为东、西两段。西段邻近大尤路都斯复式褶皱⑲。

（1）向斜①：位于西北段，由泥盆系中统阿拉塔格组第二亚组产状变化形成，呈 N70°E，长 6km。

（2）背斜⑦：位于向斜①南 6km，由石炭系中统虎拉山组第三亚组产状变化形成，呈 N80°E，长 7km。①、⑦两褶皱相互平行，呈左行雁行式排列。

（3）背斜②⑤：位于阿尔沙夏特 NW，由石炭系中统虎拉山组第一亚组、第二亚组的界线揉肠状非常明显弯曲组成，从 NNE 至 SWW 形成了呈鼻状倾伏端指向 NWW—近 EW 的背斜，长 4～8km，宽 0.1～2km。

（4）向斜④⑥：为呈簸箕状开口指向 NWW—近 EW 的向斜，与背斜②⑤相伴，其组成亦相同，长 4～8km，宽 0.1～2km。上述②④、⑤⑥褶皱，与①⑦褶皱类似，均组成呈左行雁行式排列褶皱群。

中段南侧拜城—阳霞与黑英山附近，有两条褶皱，自东而西：

（1）背斜⑳：位于阳霞 NWW70km，以下石炭统为核部，呈 N73°E，长约 15km，宽大于 3km，翼部为中石炭统。该背斜南翼被 NEE 向断裂切割，隔断裂为第四系。

（2）向斜㉑：位于黑英山西约 40km，以上二叠统为槽部，呈 N80°E，长约 14km，宽大于 3km，翼部为下二叠统。该两褶皱核部、槽部与翼部地层均为角度不整合。

3. 东段

有四条褶皱：

（1）向斜 ㉔：位于大尤路都斯 SE40 余千米，槽部为中—上石炭统，呈 N75°W，长约 38km，其北东翼隔 NWW 断裂为中—上志留统，南西翼隔断裂为下石炭统。

（2）向斜 ㉕：位于霍拉山主峰，以中—上石炭统为槽部，呈 N75°W，略向北东凸出弯曲，长大于 100km，宽大于 12km。该向斜 NE 翼隔 NWW 向断裂为古元古界上部及新元古代钾长花岗岩（3），南西翼主要为下石炭统，局部地段隔 NWW 向断裂为古元古界上部及新元古代钾长花岗岩（2）。上述两条褶皱 ㉔㉕ 与前述复式褶皱 ⑲，从 NWW 至 SEE，呈右行雁行式排列。

（3）背斜 ㉒：位于额尔宾山脊南西麓，由中泥盆统组成，呈 N82°W，略向北凸出弯曲，长大于 30kn。

（4）向斜 ㉓：位于松树达坂 SE，以中—上石炭统为槽部，呈 N70°W，略向北东凸出弯曲，长大于 60km，宽约 4km。该向斜北东隔断裂为古元古界上部及中泥盆统，南西翼隔断裂为古元古界上部。上述两条褶皱，自 SWW 而 SEE，呈右行雁行式排列。

位于大尤路都斯 SEE40 ～ 50km，自 NWW 而 SEE，沿着乌兰格林 SW，呈 N60°W 向的中泥盆统萨阿尔明组上亚组下段、下亚组上段大理岩、凝灰研、岩夹层，转呈 S55°W 延伸 2km 后，又转呈 S65°E，故依次形成了呈簸箕状开口指向 NWW 的向斜⑥⑧，呈鼻状倾伏端指向 NWW 的背斜⑦⑨。以上 ⑥⑦、⑧⑨ 褶皱均呈右行雁行式排列。

位于松树达坂 SEE 约 40 余千米，由中石炭统卡拉达坂组下亚组、上亚组延伸、弯转及形成褶皱的情况与前者完成相似，向斜 ② 与背斜 ③、卡拉达坂 SE 的背斜 ④ 与向斜 ⑤，均为 NWW 向延伸，呈右行雁行式排列。

黑英山 NW 的海西晚期石英正长岩（123）、钾长花岗岩（125）岩株，以呈 NEE 为主。铁里买德达坂以南大于 20km，海西早期花岗闪长岩、闪长岩（58），海西中期花岗岩（65）、钾长花岗岩（64）、超基性岩（66），均以呈 EW 向为主。

铁里买德达坂至霍拉山，海西中期超基性岩（67）（70）（73），花岗岩（72）（78），钾长花岗岩（71）（76）（77），以呈 NWW 向为主，局部地段具右行雁行式排列。

4. 博斯腾湖以东，辛格尔深断裂以北地区

有两组褶皱。自西而东第一组：

（1）阿拉塔格向斜 ㉓：以下石炭统为槽部，呈 N60°W，长 30km，翼部为中泥盆统。槽部与翼部地层呈角度不整合。该向斜 NW 端被 NE 向断裂切错，SE 端被第四系裙盖。

（2）破城子北向斜 ⑭：槽部为下石炭统，呈 N70°W，长大于 10km，宽约 2.5km，翼部为上泥盆统。

（3）向斜 ⑮：位于辛格尔北东 20km，以石炭系下统为槽部，呈近 EW 向，略向北凸出弯曲，长 48km，宽 2～3km；翼部为上泥盆统。

（4）向斜 ⑯ 西：槽部为下石炭统，呈 N80°W，长 10km，宽大于 1.5km。该向斜北翼为上泥盆统，南翼隔断裂为青白口系，东端被第四系覆盖。

（5）向斜：位于向斜 ⑯ 的 SEE 以上泥盆统为槽部，呈 N65°W 长大于 14km，宽大于 3km。NE 翼为中—上志留统，SW 翼隔断裂为青白口系。上述五条向斜，波及范围自 NWW 至 SEE 长约 170，宽 10～30km，槽部与翼部呈角度不整合，并具有右行雁行式排列的特征。

第二组：

（1）向斜 ㉒：位于克孜勒塔格 NEE30 余千米，以下石炭统为槽部，呈 N80°W，长 15km，北翼为上泥盆统，南翼隔断裂为第四系。

（2）向斜 ㉓：位于向斜 ㉒SEE16km，以下石炭统为槽部，呈 N80°W，长 22km，宽 2km。北翼及东部倾伏端为长城系，南翼隔断裂为中泥盆统，西部转折端为上泥盆统。

（3）向斜 ㉔：以下石炭统为槽部，呈近东西向，长大于 13km，宽 6km，翼部为中泥盆统及海西中期花岗岩。上述三条褶皱，NWW—SEE，长大于 30km，宽 3～8km，槽部与翼部地层呈角度不整合。此处三条褶皱 ㉒㉓ 与 ㉔，呈右行雁行式排列。

详情可见库米什南东 20～35km 硫黄山北西，由中泥盆统阿拉塔格组下亚组不同岩层界线组成裙边式褶皱显示的呈鼻状倾伏端指向 NWW 的背斜，与呈簸箕状的开口指向 NWW 的向斜，可分为东西两组。东组从 NW 至 SE，为 ① 向斜、② 背斜、③ 向斜，长 3～5km，宽 2km；西组为 ④ 背斜、⑤ 向斜、⑥ 向斜、⑦ 背斜，以及其西南的 ⑧ 向斜、⑨ 背斜，长 1.5～2km，宽小于 1km。上述各组，均呈右行雁行式排列，为 NS 向挤压应力作用下形成的。

库米什以东 80～90km，背斜 ① 东部转折端的南侧，以中泥盆统阿拉塔格组下亚组为槽部，下泥盆统阿尔彼什麦布拉克组上亚组为翼部的向斜 ④②、③⑥，均为 NEE 向，呈右行雁行式排。向斜 ② 南侧，以下泥盆统阿尔彼什麦布拉克组中亚组为核部、呈鼻状倾伏端指向 NNE 的背斜 ⑤，与 ④②、③⑥ 向斜，亦呈右行雁行式排列的褶皱，其形成时均遭受近 EW 的顺时针向扭压应力作用。

总体上看，海西早期花岗岩、斜长花岗岩基（28）（34）（40）（47）、（39）（46）（53）、（56）（52）（58），主要分布于小尤路都斯以东，库米什以西，长轴呈 N75°W，大者长 60～100km，宽大于 15km，具有右行雁行式排列特征。

（二）那拉提深断裂 NW

科古琴山、博罗科努山、依连哈比尔尕山 SW 地区，位于形似开口指向西、顶端指向东的牛角状，中间包括近 EW 向的乌孙山、伊犁盆地、特克斯盆地、巩乃斯谷地等，可称伊宁牛角状谷地。

毗邻那拉提深断裂 NW，自 NEE 至 SWW 有以下褶皱：

（1）向斜 ㉖：位于巩乃斯 N60°W22km，上二叠统以角度不整合覆盖在下石炭统中—上组之上的界线波状弯曲形成的小向斜，呈簸箕状，开口指向东，长 3km，宽 2km。

（2）背斜 ㉗：位于新源南 27km 塔斯巴山 NW 段，以下石炭统中—下组为核部，呈近东西略向南凸出弯曲，长大于 67km，宽大于 6km。该背斜北、南两翼隔断裂为下石炭统中—上组，西端被第四系覆盖，东端被老第三系覆盖。

（3）背斜 ㉘：位于塔斯巴山 SE 段，其组成、延伸及长度等均与背斜 ㉗ 相似。

（4）向斜 ㉙：位于科克铁热克 SEE，以下石炭统中—下组为槽部，呈 N75°E，长 12km，宽 4km，翼部为元古界上部及海西中期钾长花岗岩。

（5）裙边式褶皱群 ㉚：位于科克铁热克 SW27km，东部为下石炭统中—下组，西部为下石炭统中—上组，两者为角度不整合。其两组地层界线弯曲形成的一条背斜，呈鼻状、倾伏端指向西；两条向斜呈簸箕状开口指向西，长度均为 3～5km。总体上看 ㉖ 与 ㉗㉘、㉙ 与 ㉚ 五条褶皱，从 NEE 向 SWW，呈左行雁行式排列。

（6）阿克苏南西背斜 ㉛：位于阿克苏 SW15～30km，核部为下石炭统中—下组，东段呈 N60°E，西段呈 N60°W，共同组成向南凸出弯曲的弧形，长大于 27km，翼部为下石炭统中—上组。

（7）向斜 ㉝：以下石炭统下—中组为槽部，呈 N55°W，长近 6km，翼部为古元古界上部那拉提群。该向斜槽部与翼部地层呈角度不整合。

（8）背斜 ㉜：紧靠背斜 ㉛ 北面，以古元古界上部为核部，呈东西向，长 7.5km，宽 2.4km，翼部为下石炭统中—下组及中—上组。该背斜核部与翼部地层呈角度不整合，翼部地层间也呈角度不整合。

上述褶皱由 NEE 至 SWW 组成呈左行雁行式排列的褶皱群，表明其形成时经受了由北向南的挤压作用。

该地段海西期侵入岩，以靠近那拉提深断裂北西侧，夹持于两条断裂之间。海西早期侵入岩：

（1）斜长花岗岩基（42）：位于其中段，呈 N80°E，略向 NW 凸出弯曲，长 120km，宽 6～15km.

（2）花岗闪长岩基（18）：位于科克铁热克南 20km，侵入下元古界上部，形态不甚规则，但长轴近东西向，长 75km，宽 7～8km。海西中期侵入岩，位于塔斯巴山至阿克苏 SE，以 EW 向为主，由 NEE 至 SWW：

（1）钾长花岗岩（86）：位于特克斯 SEE18～68km，长 48km，宽

6～9km，侵入于长城系、蓟县系。

（2）钾长花岗岩（46）：位于库什太 SW 至阿克苏 NE33km，形态极不规则，长75km，宽9km.

上述四条岩体（42）与（18），（86）与（46）及其所夹持的小岩体，呈左行雁行式排列。

上述详情可见新源 SW12～30km，新源林场附近的下石炭统卡可布组及其各亚组褶皱极为发育。根据地层产状，可以划分三级褶皱，前两级呈左行雁行式排列，第三级褶皱呈右行雁行式排列。

一级褶皱群：

（1）向斜①：位于东段 f_3 断裂北侧，槽部为石炭系下统卡可布组第四亚组产状变化组成，长近 20km，呈 NWW—近 EW，具波状弯曲。

（2）背斜②：位于中段 f_3、f_4 断裂之间，核部为卡可布组第四亚组砂砾层弯曲变化组成，长近 20km，呈 NEE—近 EW，具波状弯曲，其西段被 f_3 断裂切错。

（3）背斜③：位于 SW 端阿恩巴以南，核部为卡可布组第三亚组、第四亚组接触面弯曲及产状变化组成，呈近 EW 向，轴长 15～16km。上述三条褶皱，由 NEE 至 SWW，首尾错列，共同组成呈左行雁行式排列的褶皱群，其波及范围 EW 长近 50km，SN 宽大于 10km。

二级褶皱群，位于新源林场 NW、塔斯玛脚塔北，由下石炭统卡可布组产状变化形成，按其产状，从东向西可以划分出三条褶皱，即（1）背斜④，（2）向斜⑤，均为 N70°～80°W 或近 EW，长 4～6km，呈左行雁行式排列。

塔斯玛脚塔南，由下石炭统卡可布组第二亚组产状变化形成的二级褶皱：（1）向斜⑥、（2）背斜⑦，为近 EW 向，长约 3km，呈左行雁行式排列。卡特巴阿苏 NE6～13km，f_4 断裂两旁的向斜⑧、背斜⑨，向斜⑩、背斜⑪、向斜⑫，均呈 N70°～80°E，长 4～6km，由卡可布组第三亚组、第四亚组产状变化形成，呈左行雁行式排列。

上述不同规模 NEE—近 EW 向的褶皱、以及由它们组成的褶皱群，均为海西早—中期近 NS 向挤压应力作用，以及由此导致的北面向西、南面向东的扭压应力作用下形成的。

三级褶皱群，位于 f_1 断裂北面，下石炭统卡可布组中次级褶皱，均为 NE 向，从西向东、依次为向斜⑬、向斜⑭、背斜⑮、向斜⑯，长 2～3km 或 3～4km，共同组成呈右行雁行式排列的褶皱群。据此可以推断，它们是海西晚期 f_1 断裂北盘向东、南盘向西顺时针向扭应力作用下形成的。

（三）博罗科努—阿其克库都克超岩石圈断裂 NW 段与尼勒克深断裂夹持部位

由 NW 向 SE，有如下褶皱：

（1）向斜 ㉞：位道剃西 15km，以下石炭统中—上组为槽部，呈 N85°W，长大于 15km，宽 3km，翼部为中泥盆统。

（2）向斜 ㉟：位于道剃 SEE27km，以下二叠统为槽部，呈东西向，长 17km，宽约 10km，南翼隔断裂为蓟县系，北翼为海西晚期花岗岩，东面转折端外缘为下石炭统中—上组。以上两向斜，槽部与翼部地层为角度不整合，且自 NW 而 SE、呈右行雁行式排列。

（3）向斜 ㊱：位于别珍套山中段，槽部为下石炭统中—上组，呈东西向，长 14km，宽大于 3km。其北翼为古元古界上部，南翼隔断裂为中泥盆统。

（4）背斜 ㊲：位于上述向斜 SE30km，赛里木湖 NW 岸，以下石炭统中—上组为核部，呈 N80°W，长近 15km，翼部为上石炭统及下二叠统。此背斜翼部与核部地层呈角度不整合，其西段被海西中期花岗斑岩侵吞及雪线覆盖。

上述 ㊱㊲ 两条褶皱，共同组成呈右行雁行式排列的褶皱群。

（5）向斜 ㊴：位于温泉南东 30km，以下二叠统为槽部，呈 N85°W，长 9km，宽 8km，翼部为上石炭统，两地层间为角度不整合。

（6）向斜 ㊵：位于博乐南西 30km，其组成与向斜 ㊴ 同。该向斜被北西向断裂、北东向断裂切隔错移，推测其长可达 18km，宽约 9km。

（7）向斜 ㊶：位于科古琴山中段南侧 12 ～ 13km，以下石炭统中—上组为槽部，近 EW 向，长大于 9km，宽大于 3km，翼部为下石炭统下—中组。该向斜槽部、翼部地层呈角度不整合，NW 端被第四系覆盖。

（8）向斜 ㊷：位于科古琴山东段南东 15km，槽部为下石炭统，以角度不整合覆盖在上奥陶统之上，呈 EW 向，长 4km，宽 1.5km。

（9）向斜 ㊸：位于尼勒克 NNE20km，以石炭系下统上组—中统下组为槽部，呈 N80°W，长大于 12km，宽大于 4km，翼部为下石炭统中—上组。该向斜 SW 侧隔断裂为第四系。

以上所述 ㊶㊷㊸ 三条向斜，由 NW 至 SE，呈右行雁行式排列。

（10）向斜 ㊹：位于精河 SSE30km，以中石炭统为槽部，呈 N60°W，长 10km，宽约 1.5km，翼部为中泥盆统。该向斜仅 SE 段完整，NW 段的 NE 侧隔断裂为中泥盆统，SW 侧隔断裂为下石炭统。

（11）背斜 ㊺：位于乌拉斯台北 33km，核部为中泥盆统，呈近 EW 向，长大于 15km，翼部为中石炭统。

（12）背斜 ㊽：位于阿吾拉勒山东段北侧 15km，核部为中泥盆统，呈 N70°W，长 13km，宽约 5km，翼部隔断裂为下石炭统中—上组。

（13）向斜 ㊻：紧靠阿吾拉勒山脊东段北侧，上述背斜 ㊽ 南 10km，槽部为中石炭统中—上组，呈 N70°W，长 14km，宽大于 5km。此向斜 NE 翼为下石炭统中—上组，与槽部地层间为角度不整合。南东翼隔断裂为海西晚期石英二长岩。

上述 ㊹㊺㊽㊻ 四条褶皱，从 NW 向 SE，呈右行雁行式排列。

（14）背斜 ㊼：靠近向斜 ㊹ 东 5km，其组成、形态与背斜 ㊺ 类似，呈 N65°W，长 28km，翼部为海西中期花岗岩，仅 NW 段 SW 翼为中石炭统，与核部中泥盆统是角度不整合。

（15）向斜 ㊾：位于巩乃斯东 25～40km，槽部为中石炭统，呈东西向，长 18km，宽大于 8km，翼部为下石炭统中——上组，两地层间呈角度不整合。该向斜 NWW 翼隔断裂为下二叠统。

以上 ㊼㊽㊾ 三条背、向斜自 NWW 至 SEE，呈右行雁行式排列。

上述 15 条褶皱，自 NWW 至 SEE，总长 450km，宽 52km；共分出五组呈右行雁行式排列的褶皱群。此外，还有三条 NE 向褶皱：

（1）向斜 ㊿：位于赛里木湖西 20km，槽部为下二叠统，呈 N45°E，长大于 12km，宽 6～8km；翼部为蓟县系，且与槽部下二叠统为角度不整合。

（2）背斜 51：位于博乐市南西 18km，核部为下石炭统中——上组，呈 N35°E，长 7km，宽 2.5～3km；翼部为上石炭统，与核部为角度不整合。

（3）向斜 52：位于乌拉斯台北 28km，槽部为中石炭统，呈 N55°E，长 7km，宽 6km；翼部为中泥盆统，与槽部呈不整合。此处三条 NE 向褶皱为海西晚期近 EW 顺时针向扭应力作用下形成的。

天山主干断裂 NW 段 SW 侧，尼勒克深断裂 NE 侧，NNE 地区海西期主要侵入岩按早晚分为三期。

海西早期花岗岩（16）：位于科古琴山的 SE，呈 N75°W，长 38km，宽 6km，侵入上奥陶统。

海西中期：

（1）花岗岩（39）：位于赛里木湖 SWW30km，呈东西向，长 38km，宽 12～15km，侵入蓟县系和下石炭统。

（2）花岗岩（40）：位于霍城 NE45km，呈 N70°W，长 44km，宽 10km，侵入上奥陶统、中志留统。上述（39）、（40）两岩体，呈右行雁行式排列。

（3）花岗岩（46）：位于博罗科努山主脊北坡，主体呈 N70°W，长 60km，宽 15km，侵入于中泥盆统。

（4）花岗岩（31）：位于博罗科努山脊南侧及依连哈比尔尕山 NW 段，主体呈 N70°W，长 135km。上述（46）、（31）两条花岗岩，其 NWW 段，最宽处呈菱形，长对角线呈 N70°W，长 60km，短对角线呈 N30°E，长 30km；SEE 段，长 75km，宽 9km。侵入于上志留统。上述（46）、（31）两岩体，即呈右行雁行式排列，又共同组成呈 NW 向的菱形。

海西中期：

（1）钾长花岗岩（41）：位于科古琴山北 22km，呈 N75°W，长 17km，宽 3～6km，侵入于上泥盆统及下石炭统。

（2）钾长花岗岩（43）：位于科古琴山东端，呈 N75°W，长 18km，宽 5km，侵入于上奥陶统、上泥盆统及下石炭统。

（3）钾长花岗岩（44）：位于乌拉斯台 NNW40km，呈 N80°W，长 27km，宽 12km，侵入于中石炭统、中泥盆统。

（4）钾长花岗岩（48）：位于乌拉斯台 N85°E40km，呈 EW 向，长约 30km，宽 1.5km，侵入于下石炭统及海西中期花岗岩。上述四岩体，由 NW 向 SE 呈右行雁行排列。

海西晚期：

（1）花岗岩（84）：位于别珍套山 SW，呈 N85°E 至近 EW，长大于 30km，宽 3 ～ 4km，侵入中泥盆统、下石炭统、下二叠统。

（2）花岗岩（85）：位于赛里木湖 NWW33km，呈 N85°E 至近 EW，长 15km，宽 3km，侵入于下石炭统。

（3）花岗岩（107）：位于伊宁 NE22 ～ 60km，呈 N80°E，长 48km，宽 16 ～ 18km，侵入于蓟县系、中上志留统及下石炭统。以上三条岩体，呈右行雁行式排列。

（四）伊宁牛角状谷地海西期褶皱

位于尼勒克深断裂 SW，新源—特克斯—昭苏、即特克斯河 NW。

1. 特克斯河北西

向斜 ㊼：位于特克斯 SW20 余千米，槽部为下石炭统中—上组，呈 N85°E，长大于 15km，翼部为下石炭统下—中组。下石炭系中—上组与下—中组呈角度不整合。

阿登套复背斜位于向斜 ㊼ 的南侧，从 NE 向 SW，主要褶皱有四条：

（1）向斜 ①：以石炭系下统阿克沙克组上亚组为槽部，呈近 EW 向，长 14km。其翼部为大哈拉军山组，且与槽部地层呈角度不整合。

（2）背斜 ②：核部为石炭系下统大哈拉军山组，呈近 EW 向，长大于 12km，翼部为阿克沙克组上亚组。

（3）向斜 ③：槽部为阿克沙克组上亚组，呈 NWW—近 EW，长 8km，翼部为大哈拉军山组。

（4）背斜 ④：核部为大哈拉军山组，呈 NWW—近 EW，长约 9km。翼部为阿克沙克组上亚组，与大哈拉军山组间呈角度不整合。上述 ①②③④ 四条褶皱是 NS 向地应力作用下形成的，由于受 NE 向特克斯河断裂的控制，呈左行雁行式排列。

向斜 ① 北翼东段、由于地层弯曲显示的呈簸箕状开口指向 SW 的向斜 ⑤，与呈鼻状倾伏端指向 SW 的背斜 ⑥，彼此相邻；南翼西段 ⑦⑧ 两褶皱与 ⑤⑥ 类似，只是背斜 ⑦ 倾伏端、向斜 ⑧ 开口均为指向 NE。背斜 ④ 的北翼东段，呈鼻状倾伏端指向 NE 的背斜 ⑨⑪，中间夹着一条呈簸箕状开口指向 NE 的向斜 ⑩。

综上所述，EW—近 EW 向的褶皱 ①②③④，由 NE 向 SW，呈左行雁行式排列，组成阿登套复背斜主体，是 NS 方向地应力作用下形成的。向斜①NE、SW 两侧的次级褶皱，背斜④NE 侧的次级褶皱，是阿登套复背斜形成后，又遭受海西晚期近 EW 向顺时针向地应力作用的结果。

2. 乌孙山附近褶皱

（1）乌孙山背斜㊾：以下石炭统下—中组为核部，呈 EW 向，长大于 25km，宽大于 15km。翼部为中石炭统及上二叠统。此背斜为海西早—中期 NS 向地应力作用下形成的。

（2）向斜㊿：位于琼博拉 SE12km，槽部为中石炭统，呈簸箕状开口指向 NE，长 8km，翼部为下石炭统中—上组。

（3）向斜㊶：位于乌孙山背斜㊾SW 侧，以下石炭统中—上组为槽部，呈 NNE—近 SN，略向东波状弯曲，翼部为下石炭统下—中组。

（4）向斜㊤：位于乌孙山背斜㊾与向斜㊿间，以上二叠统为槽部，呈簸箕状开口指向 N50°E，长大于 33km，翼部为下石炭统中—下组、中—上组。

（5）向斜㊷：乌孙山背斜㊾SE 端，其组成与向斜㊤同，呈 NEE—近别，长大于 15km。

上述㊿㊤㊶㊷四条向斜，均为海西晚期近 EW、顺时针向扭应力作用下形成的。

更往北西，琼博拉南西 20km 处，下石炭统大哈拉军山组、阿克沙克组下亚组、上亚组。由于波状弯曲形成的呈鼻状倾伏端指向 NNE 的背斜①③⑤、呈簸箕状开口指向 NNE 的向斜②④⑥，其长度均 2km，呈右行雁行式排列。

3. 尼勒克深断裂 SW 侧褶皱

（1）向斜㊳：位于伊宁 NNE30km，以中石炭统为槽部。呈 N75°W，长 10km，宽 3km，翼部为下石炭统，与中石炭统为角度不整合。

（2）背斜㊿：位于铁木尔里克 NWW 约 40km，核部为中石炭统，呈近 EW 向，长约 30km，北翼隔断裂为下二叠统。

（3）乌拉斯台 SW 背斜㊾：位于乌拉斯台 SW20km，核部为下二叠统，呈 N70°W，长大于 10km，翼部为上二叠统，与下二叠统呈角度不整合。

上述㊳㊾或㊳㊿褶皱，由 NW 向 SE 呈右行雁行式排列，是 NS 向地应力作用下形成的。

（4）尼勒克向斜㊱：槽部为上二叠统，呈 N60°E，长 22km，宽 12km，翼部为下二叠统与上二叠统角度不整合。此向斜㊱是海西晚期近 EW、顺时针向扭应力作用下形成的。

尼勒克向斜㊱南东翼，阿吾拉勒山西段，为下二叠统乌郎组下亚组，近 EW 向，延伸约 50km，宽 2～4km。其中部及南北两侧，被近东西向 f_1 及 f_2 断裂切错；往 N—NNW 为乌郎组中亚组、上亚组，上述三个亚组共同组成近 EW 向复式单斜。该单斜的明显特征是其西段，以乌郎组中亚组为核部、上亚组为翼部的背斜，其北南两翼却由呈鼻状倾伏端指向 NE、SW 的背斜 ①③⑤、呈簸箕状开口指向 NE、SW 的向斜 ②（乌郎达坂 NNE）④⑥ 组成，长 3～5km，宽 1～2km。有些海西晚期花岗斑岩（1）、石英斑岩（2）岩枝，呈北东向，靠近北东向褶皱轴部。该处 NE 向次级背、向斜及 NE 的岩枝，均为海西晚期近 EW 顺时针向扭应力作用下形成的。

在伊宁牛角状谷地顶端，那拉提 NEE20～34km 的三条海西晚期正长岩（114），呈 N10°E，长 13km，宽 1.5～5.5km，其排列形式与上述尼勒克向斜 SW 海西晚期花岗斑岩分布情况类似，均呈 NE—NNE 向。

新源 NEE50km，阿吾拉勒山主脊，石炭系中统吐尔拱河组砾岩夹层、底砾岩与下石炭统阿吾拉勒组第四亚组界线及产状变化，显示的呈鼻状背斜，呈簸箕状向斜，从西往东：由第三砾岩层弯曲组成的向斜 ⑧、背斜 ⑨、向斜 ⑩、背斜 ⑪，长约 2km，向斜开口、背斜倾伏端均指向西，从 NNW 至 SEE 呈右行雁行式排列。由第二砾岩层弯曲组成的向斜 ⑫、背斜 ⑬，及底砾岩与下石炭统阿吾拉勒组第四亚组界线弯曲组成的向斜 ⑭、背斜 ⑯，向斜开口、背斜倾伏端亦指向西，呈右行雁行式排列。东端的向斜 ⑰、⑲，背斜 ⑳，呈 EW 向，长约 2km，由 NW 至 SE 呈右行雁行式排列。阿吾拉勒山 SW 坡，泥盆系中—上统坎苏组组成的褶皱，背斜 ①、向斜 ②、向斜 ④，长 3～4km，呈 NWW，具右行雁行式排列。综合上述，阿吾拉勒山主脊的 EW—近 EW 呈右行雁行式排列的次级褶皱，是 NS 向地应力作用下形成的。

（五）北天山地区南缘

该地区位于天山主干断裂以北，即从精河向 SE 经阿拉沟口、阿齐山南转向东，抵雅满苏转向 NEE，直到新疆、甘肃相交之处。

1. 天山主干断裂中西段北缘的主要褶皱

从 NWW 向 SEE 有：

（1）背斜 ⑥⑴：从博罗科努山东段北侧向 SEE 经河源峰至后峡，以中泥盆统为核部，呈 N75°W，长约 252km，宽大于 15km，翼部隔 NWW 向断裂为中石炭统。海西中期超基性岩枝，分布于该背斜 NE 侧，主要受 NWW 向断裂控制。

据 1∶20 万地质资料，该背斜 NW 段，其核部 ①② 呈 N70°W，位于依连哈比尔尕山 NW 段以北 23km，为中泥盆统拜辛德组第一亚组。其 NE 翼隔断裂为石炭系中统巴音沟组中亚组，SW 翼隔断裂为拜辛德组第二亚组。该背斜 NWW 端 NE 翼、SEE 段 SW 翼，各有一片石炭系上统沙大王组地层，与拜辛德组第一亚组呈角度不整合。依沙大王组地层产状分布及其与拜辛德组下亚组不整合线的弯曲，可以划分出两条呈簸箕状开口指向 NEE、SWW 的向斜，即 ③ 乌兰萨德克 NWW 向斜，④ 亚马特达坂 NWW 向斜。背斜核部中段，按地层产状，可划分出 ⑤、⑥、⑦ 三条褶皱轴指向 NE—NEE 的背、向斜。此处以 NEE、SWW 为主的 ③④⑤⑥⑦ 褶皱，为海西晚期近 EW、顺时针向扭应力作用下形成的。

（2）向斜①：位于大热泉子 N50°W30km，以中石炭统为槽部，呈 N55°W，长 7km，宽 4～5km，翼部为下石炭统中组，且与槽部呈角度不整合。该向斜呈簸箕状开口指向 NWW。

（3）向斜②：位于大热泉子 SE，槽部为上二叠统，长 9km，宽 3km，翼部为下二叠统。

上述三条褶皱⑪与①②，由 NWW 至 SEE，呈右行雁行式排列。

（4）向斜③：位于大热泉子 SEE60km，槽部为二叠系，呈 N60°W，长约 14km，宽 6km，翼部为下石炭统上组，两者呈角度不整合。

（5）向斜④：位于大热泉子北 22km，由中石炭统产状变化组成，呈 N85°W，长 24km。

（6）背斜⑤：位于大热泉子 NE20km，核部为下石炭统中组，呈近 EW—N75°E，略向 SE 凸出弯曲的弧形。NW 翼及 SE 翼为中石炭统，与核部地层呈角度不整合。

（7）背斜⑥：位于背斜⑤SEE60km，以下石炭统中组为核部，呈 N85°E，略向南凸出弯曲，北翼为中石炭统，南翼隔断裂为下石炭统上组。

以上④⑤⑥三条褶皱，从 NW 向 SE 呈右行雁行式排列。

（8）向斜⑦：位于上述⑤⑥两褶皱间，由中石炭统与下石炭统中组不整合界线裙边式弯曲显现的向斜，呈簸箕状，开口指向 N35°E，长 10 余千米。该向斜⑦与背斜⑤⑥的 NE 端，均为海西晚期近 EW 顺时针向扭应力作用下形成的。

大热泉子 NE，④⑤两条褶皱 SW，海西中期花岗岩（4）（6）间的石英斑岩，其主轴以近 EW、NEE 为主，大者长 28～33km，宽 3～7km，与褶皱构造类似，亦呈右行雁行式排列。阿齐山西面海西中期岩基，长 17～20km，宽 7～8km。花岗闪长岩（19）（62），呈近 EW、似椭圆状。其边缘为花岗岩环绕，从南向北（18）（20）、（110）（13）（11），恰似一棵塔松。

2. 天山主干断裂东段北缘的主要褶皱

由 NEE 向 SWW 有：

（1）向斜⑧：位于梧桐大泉 N60°E90km，以下石炭统中组为槽部，呈 N80°E，长 34km，宽 6km。该向斜翼部为中泥盆统，且大部分被海西中期花岗岩吞噬。

（2）背斜⑩：位于梧桐大泉 N70°E80km，核部为下泥盆统，呈 N85°E，长约 30km，两翼遭 NEE 向断裂切错，隔断裂为下石炭统中组、中石炭统。

（3）向斜⑫：位于雅满苏南至沙泉子西，以下二叠统为槽部，呈 N80°E，长约 60km，宽大于 6km，翼部隔 NEE—近 EW 向断裂为下石炭统上组。该向斜东部转折端被第四系覆盖，西部转折端被上第三系下统—下第三系上统角度不整合覆盖。

（4）向斜⑫：位于南湖戈壁滩中段南 50km、阿拉塔格北 15km，核部为中石炭统，呈 N80°E，长 80km，宽大于 6km，北翼及北西转折端外缘为石炭系下统上组—中统下组，南翼隔 NEE 向断裂为下石炭统。该向斜西端转呈 N55°W，总体上看西段略向南，东段略向北呈波状弯曲。

上述 ⑧⑩⑫⑫ 四条褶皱，由 NEE 至 SWW，呈左行雁行式排列。其间的海西中期花岗岩（30）（32），钾长花岗岩（31）（34）（37），长轴为 NEE—近 EW，长 10km 至 20～30km 不等，宽 3～5km 至 10km，呈左行雁行式排列。

上述 ①②③ 及 ④⑤⑥、呈右行雁行式排列褶皱群与 ⑧⑩⑫⑫、呈左行雁行式排列的褶皱群之间，即阿齐山东、阿拉塔格北 15km、天山主干断裂东段，为略向北凸出弯曲的向斜 ⑭。其槽部为中石炭统，位于阿齐山东，黄石山北，长 63km，宽 3～4km，西段呈 N60°E，东段呈 N65°W，中段呈东西向，故可称黄石山北向斜。此向斜北翼及东部转折端外缘为石炭系下统上组—中统下组，槽部与翼部地层呈角度不整合。南翼隔向北凸出弯曲的断裂为海西中期黄石山花岗闪长岩基（63）。该岩基（63）总体上呈 EW 向，局部略向北凸出弯曲。岩基西段两条海西中期钾长花岗岩（26）枝，长轴为 N72°E，长 14～22km，宽 1.6～4.5km，由 NE 向 SW，呈左行雁行式排列。黄石山北向斜 ⑭，北 20～35km 的海西中期花岗岩（16）、钾长花岗岩（15）（27），西段的花岗岩（13）、长轴呈 N55°E，东段的花岗岩（16）、钾长花岗岩（27）、长轴呈 N70°W。以上（15）（16）（27）岩体共同组成总体上排列成向北凸出弯曲的弧形。

（六）北天山地区东段

位于吐鲁番—哈密盆地北缘，乌鲁木齐以东博格达山、巴里坤山、哈尔力克山等地。

1. 乌鲁木齐以东，博格达峰—七泉湖一带主要褶皱

（1）博格达峰背斜 ⑯：位于博格达峰北，由中石炭统产状变化组成，核部西段 N70°E、东段 N75°W、中段近东西，共同组成呈向北凸出弯曲的弧形，长 52km。

（2）向斜 ⑰：位于达坂城 NE38km，槽部为下二叠统，呈 N70°W，长约 85km，宽 15km。该向斜北翼为上石炭统、与槽部地层呈角度不整合，南翼被第四系覆盖。

（3）向斜 ⑱：位于向斜 ⑰ 东部转折端 S65°E7～30km，槽部为上石炭统，呈 N70°W，略向 NE 凸出弯曲，长 27km，宽 7.5km，翼部为中石炭统。

（4）向斜 ⑲：位于七泉湖 N55°W15km，槽部为上石炭统，呈 N60°W，长约 20km，宽 3km，翼部为中石炭统。

以上四条褶皱从 NW 向 SE，呈右行雁行式排列。

（5）向斜 ⑳：位于半截沟 SW15km，槽部为上石炭统，呈 N80°E，略呈向北凸出弯曲的弧形，长 15km，宽 5km，翼部为中石炭统。

（6）向斜 ㉑：位于七泉湖 NE15km 至 NEE67km，以上石炭统为槽部，西段

长 27km，呈 N72°W，东段长 45km，呈 N75°E，总体上组成向南凸出弯曲的弧形，翼部为中石炭统。

以上 ⑳㉑ 两条向斜，呈左行雁行式排列。

详细情况从 NW 向 SE：

（1）背斜 ①：位于博格达峰北 5km，似环绕博格达山脉 NW 端的北坡，核部为中石炭统柳树沟组，长约 42km，呈 N70°W，略向 NEE 凸出弯曲，翼部为中石炭统祁家沟组。

（2）向斜 ②：位于博格达山脉中段主脊 NE 坡，槽部为祁家沟组，长约 30km，呈 N70°W，略向 NE 凸出弯曲，翼部为柳树沟组。

（3）背斜 ③：位于博格达山脉主脊中段 SW 侧，核部为柳树沟组，长 80km，呈 N60°～70°W，略向 NE 凸出弯曲，翼部为祁家沟组，与柳树沟组平行不整合。

（4）向斜 ④：以二叠系芨芨槽子群为槽部，长约 40 余千米，中—西段呈 N70°W，东段呈 N75°E，总体上似略向南凸出弯曲的弧形，翼部为上石炭统奥尔吐组。以上四条褶皱从 NW 向 SE，延伸 150km，宽约 15～25km，呈右行雁行式排列。

（5）背斜 ⑤：位于博格达山脉 SE 段的 NE 坡，以柳树沟组为核部，长约 15km，呈 N70°W，略向 SW 凸出弯曲，翼部为祁家沟组。此背斜 ⑤ 与向斜 ④ 亦呈右行雁行式排列。

上述 ①②③④⑤ 五条褶皱，为海西早—中期 NS 向挤压应力作用下形成的。博格达山脉 SW 坡及 SW 端 NE 侧，有三条呈簸箕状开口指向 SW 的向斜：

（6）向斜 ⑥：以祁家沟组为槽部，呈 S60°W，长约 3km，翼部为柳树沟组。

（7）向斜 ⑦：以二叠系芨芨槽子群为槽部，呈 S60°W，长 3km，翼部为石炭系上统奥尔吐组。

（8）向斜 ⑧：位于博格达山脉东端北坡，以上石炭统奥尔吐组为槽部，长 3km，翼部为中石炭统祁家沟组。其形态与 ⑥⑦ 两向斜相似，均为呈簸箕状开口指向 SW 的向斜。

上述 ⑥⑦⑧ 三条向斜，均为海西晚期近 EW 顺时针向扭应力作用下形成的。

2. 东泉向 SW

经大石头、七角井、高泉达坂至七泉湖，主要褶皱有：

（1）背斜 ㉒：位于东泉 SE12km，呈鼻状倾伏端指向 N85°E，核部为下石炭统中组，长 12km，宽 6km，翼部为下石炭统上组。

（2）背斜 ㉓：位于红井子东 30km，以下泥盆统为核部，呈 N85°E，长约 15km，宽大于 8km，翼部为中泥盆统。此背斜北翼隔 NEE 断裂为中泥盆统，南翼为第四系覆盖，东段被海西中期钾长花岗岩吞噬。

以上 ㉒㉓ 两条背斜，自 NE 而 SW 呈左行雁行式排列。

（3）向斜 ㉔：位于大石头 NEE55km 至东泉 SWW33km，槽部由中石炭统组成，西段呈 N70°E，东段呈 N65°W，共同组成向南凸出弯曲的弧形，翼部隔断裂为下石炭统上组。

（4）背斜 ㉕：位于大石头东 15km 至红井子 NWW15km，核部为下石炭统上组，由 SWW 至 NEE，呈 N65°N 至近 EW，总长大于 60km，宽大于 9km，两翼隔断裂为中石炭统。

（5）背斜 ㉖：位于七角井 NW12km，核部为下石炭统上组，呈 N70°E，长48km，宽10km。两翼隔断裂为中石炭统。

以上 ㉔㉕㉖ 三条褶皱，自 NE 向 SW，呈左行雁行式排列。

（6）向斜 ㉘：位于木垒哈萨克自治县 SE8km，以中石炭统、上石炭统为槽部，呈 N75°E，长 24km，宽约 3km，翼部为中石炭统。此向斜由地层产状变化确定，略向北凸出弯曲。

（7）向斜 ㉙：位于高泉达坂西 30km，槽部为上石炭统，长约45km、宽3km，呈 N75°W，北翼为中石炭统，南翼隔断裂为下石炭统上组。

（8）向斜 ㉚：位于七泉湖 NE20km，槽部为上石炭统，近 EW 向，长 60 余千米，略呈向南凸出弯曲的弧形，北翼及转折端为中石炭统。

以上三条褶皱由 NE 向 SW，呈左行雁行式排列

分布在背斜 ㉕㉖ 间及其 SW 的海西中期辉绿岩—辉绿玢岩株（68）（65），长轴呈 N70°E，长短轴 1.5～3km，亦呈左行雁行式排列。

3. 东泉 SE 主要褶皱

本区经巴里坤哈萨克自治县、大黑山、哈尔力克山直抵中蒙边界，长300km，宽75km。

主要褶皱有：

（1）背斜 ㉛：位于东泉 S75°E60km，以下石炭统中组为核部，长27km，宽大于 3km，西段呈 N85°E，东段呈 N50°W，组成向 NE 凸出弯曲的弧形。其 SW翼为下石炭统上组，NE 翼隔断裂为下石炭统上组。

（2）背斜 ㉝：位于大黑山南 48km，核部为中泥盆统，呈 N75°W，长 15km。北北东翼隔断裂为下石炭统上组，南南西翼仅其中段隔断裂为下石炭统中组。

上述两条背斜由 NW 向 SE，呈右行雁行式排列。

（3）背斜 ㉞：位于大黑山东 30km，核部为下石炭统下组，呈 N65°W，长大于 33km，宽大于 12km，SW 翼隔断裂为下石炭统中组，NE 翼的 NW 端隔以角度不整合覆盖的上第三系为下石炭统中组，其余大部地段为第四系覆盖。

（4）向斜 ㉟：位于伊吾 N30°W30km，槽部为下石炭统中组，呈 N70°W，长30km。其翼部仅见 SE，即伊吾 NE13km，为下石炭统下组与槽部为角度不整合。

（5）向斜 ㊱：位于伊吾 S55°E30km，以下二叠统为槽部，呈 N65°W，长约18km，SW 翼隔 NWW 向断裂为下石炭统中组，NE 翼为第四系覆盖。以上所述

㉛㉝、㉞㉟㊱褶皱分两组呈右行雁行式排列。

（6）巴里坤南东向斜㉜：位于巴里坤哈萨克自治县SSE24km，槽部为中石炭统，呈N70°W，长大于40km，仅在其SE局部见翼部为下泥盆统，与中石炭统呈角度不整合。该向斜与红井子东30km的背斜㉓，似呈右行雁行式排列。巴里坤向斜槽部地层，即石炭系中统居里德能组，按不同亚组接触界线和其产状，可以划分出两条褶皱：

（1）巴里坤塔格SW背斜①：以石炭系中统居里德能组第一亚组为核部，SE翼为居里德能组第二亚组，从SE向NW由N45°W转为N85°W，并略呈向NE凸出弯曲的弧形，长22km。

（2）塞大坂SE背斜②：其组成及形态与背斜①同，长大于16km。从NW至SE，背斜①②呈右行雁行式排列。背斜②的NW、SE，由君里德能组第一亚组、第二亚组界线弯曲及地层产状变化形成的背斜③、向斜④，长约4km，夹持于背斜①②之间，其产状与①②背斜类似。

该地段红井子附近及其以东66km的海西中期钾长花岗岩（74）（75），花岗岩（71），闪长岩（73），辉长岩（72）等，长轴NEE—近EW向，呈左行雁行式排列。大黑山NW、SE的海西中期花岗岩（77）（78）、（80）（81），长轴N55°W，前两条呈右行雁行式排列，后两条呈左行雁行式排列。巴里坤哈萨克自治县SW30km，花岗岩（85）及辉长岩枝，呈近EW向。巴里坤哈萨克自治县至沁城150km，宽20～30km地带，海西中期花岗岩基（87）（90）（38），闪长岩（86）（89）、（91）（93），长轴为N45°W，呈右行雁行式排列。下马崖—沁城SE45～60km的花岗岩东段岩枝或小岩基，长轴以N70°E为主，西段的大岩基（40）（94），长轴近东西向，均呈左行雁行式排列。与前述天山主干断裂东段北缘（博格达峰—七泉湖）的四条褶皱⑯⑰⑱⑲间的海西中期岩体的呈右行雁行式排列，其形成时所受地应力作用完全一致。

综上所述，南天山地区中—新元古代褶皱主要分布在西段南北两带，北带由NW至SE，别珍套背斜①、赛里木湖—科古琴山向斜②，呈右行雁行式排列；南带那拉提深断裂SW段的NW背斜③、近EW向，向斜④、NWW向，呈左行雁行式排列。以上褶皱及其排列均为NS向地应力作用下形成的。

南天山地区那拉提深断裂SE的加里东晚期褶皱，NEE向的浩腾萨拉达坂向斜⑤，哈尔克山NE—大尤路都斯SW背斜⑥，呈左行雁行式排列。铁里买德达坂西向斜⑦，为近EW向。此处⑤⑥⑦三条褶皱，为SN向地应力作用下形成的。然而铁里买德达坂NW20～30km，由志留系地层及其灰岩夹层裙边式弯曲显示的次级褶皱①②③④⑤⑥⑦⑧⑨，均呈NW。铁里买德达坂NW40～100km，由志留系地层及其灰岩夹层组成的次级褶皱①②③④⑤，均呈NW向。天山主干断裂SW及尼勒克深断裂NE，以加里东晚期褶皱为主，呈断续分布。由SE至NWW为：

（1）库米什 NNE31km，NWW 向的主背斜⑤，其 NE 的次级褶皱①②、③④，与主背斜⑤平行，呈左行雁行式排列。

（2）巴仑台 NE40km，呈 NWW 的主向斜③④、次级向斜①②，均呈左行雁行式排列。

（3）查干诺尔达坂 NW9～18km 阿拉司多达坂向斜①，与其 SWW 的向斜②，均为 NWW 向，呈左行雁行式排列。

（4）呈近 EW 向的博罗科努山南主向斜①，其西段北翼的 NWW 向次级褶皱②③，呈左行雁行式排列。

（5）赛里木湖南，①②两褶皱均为 NWW 向，呈左行雁行式排列，③④两向斜呈 NWW—近 EW。总之南天山地区上述地段加里东期，主要形成了 NWW 向、呈左行雁行式排列的褶皱群，经受了近 EW 向反时针向扭压性地应力作用。

南天山地区海西期褶皱分为四个地带：

（1）库尔勒深断裂中西段北侧，那拉提深断裂 SE。向北凸出弯曲的库尔勒深断裂 SW 段的 NW 侧，即阿合奇—乌什—拜城 NW，⑨⑩向斜为 EW 向，呈左行雁行式排列；NE 向的⑪⑫、⑬⑭褶皱，呈左行雁行式排列。上述褶皱均为 NS 向地应力作用下形成的。⑯⑰、⑫⑮褶皱同为 NE 向，但却呈右行雁行式排列，是近 EW 顺时针向地应力作用下形成的。库尔勒深断裂中段霍拉山 NE，NWW—近 NW 向的㉔㉕向斜，㉒㉓背、向斜，均呈右行雁行式排列。库尔勒深断裂东段北面，即辛格尔深断裂以北、博斯腾湖以东，NWW—近 EW 的㉓㉔㉕㉖向斜，呈右行雁行式排列。

（2）那拉提深断裂 NW，科古琴山、博罗科努山、依连哈比尔尕山 SW，㉖㉗㉘㉙㉚褶皱，由 NEE 向 SWW，呈左行雁行式排列。背斜㉛呈近 EW 向，略向南凸出弯曲，背斜㉜为近 EW 向。

（3）天山主干断裂 NW 段与尼勒克深断裂夹持部位，由 NW 至 SE㉞㉟、㊱㊲、㊴㊵、㊶㊷㊸、㊹㊺㊻㊽、㊼㊽㊾共 16 条褶皱，分为六组呈右行雁行式排列的褶皱群。

（4）伊宁牛角状谷地海西期褶皱，特克斯河 SW 向斜㊼与阿克苏 SW 的背斜㉜、背斜㉛，似呈左行雁行式排列。乌孙山背斜㊾呈近 EW 向。尼勒克深断裂 SW 侧向斜㊳、背斜㊿，为 NWW—近 EW，呈右行雁行式排列。

北天山地区，天山主干断裂中西段北缘，海西期褶皱，从 NWW 至 SEE，㊽①②褶皱、呈右行雁行式排列，④⑤⑥三条褶皱、呈右行雁行式排列。天山主干断裂东段北缘，从 NEE 至 SWW⑧⑩⑫㊽4 条 NEE 向褶皱，呈左行雁行式排列。北天山地区东段博格达山—七泉湖一带，⑯⑰⑱⑲四条 N60°～70°W 的褶皱，呈右行雁行式排列。东泉 SW 经大石头、七角井、高泉达坂至七泉湖㉒㉓、㉔㉕㉖、㉘㉙㉚N70～75°E 至近 EW 的褶皱，呈左行雁行式排列。东泉 SE 经大黑山、哈尔力克山㉛㉝、㉞㉟㊱褶皱，均为 NWW—近 EW，呈右行雁行式排列。海西早—中期褶皱主要是受 NS 向挤压应力作用下形成的，嗣后海西晚期又经历近 EW 向顺时针向水平扭应力作用。多处或绝大多数地区海西期褶皱带，均有 NE 向次级褶皱。

　　总之，天山地区中—新元古代、加里东期、海西期主要褶皱与库鲁克塔格—星星峡地区的主要褶皱类似，均具有"隔期相似，临期相异"的特征。只是由于没有古元古界沉积地层分布，"隔期相似，临期相异"的特征不甚完善。

第四章　大别山北东麓褶皱构造

大别山北东麓褶皱带夹持于六安深断裂，磨子谭（昆仑—秦岭南缘）深断裂之间，呈 NWW 向，长 140km，宽约 30km。北淮阳及其邻区的褶皱、形变及侵入岩形态特征，从老至新依次分述如下。

第一节　中太古代末蚌埠期构造变形

磨子谭深断裂东端的南侧下盘，大别山群刘畈组混合片麻岩片理，呈近东西向。由此往西，在卢镇 SW—SWW，以英山沟组为核部的背斜，长约 17km，最宽处 7km。其轴部走向 N60°W，略呈向 SW 凸出弯曲的弧形，翼部为水竹河组、文家岭组。该背斜，尤其是 NE 翼，上述地层界线及片麻岩片理，由东而西走向为 NWW—NW。总体上看，毗邻磨子谭深断裂东段下盘的大别山群，片麻岩片理略呈向南凸出弯曲的弧形。

北淮阳地区北面 60～80km，分布在怀远、蚌埠、凤阳、五河地区的新太古界五河群注入混合岩，其片理、片麻理呈近 EW 向，且略向南凸出弯曲。

综合上述，北淮阳地区南北两侧，由中太古界大别山群、五河群混合岩、注入混合岩中的褶皱、片理、片麻理，均呈 NWW 至近 EW，略具向南凸出弯曲的弧形，显示出其形成时遭受到蚌埠运动，以由北向南的挤压应力作用为主。

第二节　古元古代末浠河期构造变形

组成舒城隆起的古元古界卢镇关群，其片麻岩中的片理，均以呈 N40°～55°W 为主。霍山南东，佛子岭—毛坦厂北面小溪河组中的片理，呈左行雁行式排列；佛子岭—毛坦厂南 5～7km，小溪河组中的片理，尤其是该组与仙人冲组界线显示的褶皱，为呈簸箕状的向斜②、呈鼻状的背斜①，其开口、倾伏端均指向 NW。上述情况表明，古元古代末期的浠河运动以呈北面向西、南面向东的反时针向扭应力为主，其所形成的褶皱、片理，均以 NW—NWW 向为主，呈左行雁行式排列。

第三节　新元古代皖南（二幕）期褶皱

北淮阳地区西段，由青白口系不同组组成的褶皱，有三条。自 NW 至 SE 有：

（1）金寨—龙门冲向斜③：位于金寨—龙门冲之间，以青白口系诸佛庵组为槽部，呈 N55°～60°W，长 7～8km，宽 1～2km，翼部为潘家岭组。该向斜由于受金寨深断裂控制，因此可以向 NWW 延伸 5～7km。

（2）金寨南东背斜④：位于金寨南约 6～7km 至龙门冲南东 4km，长 35km，由青白口系潘家岭组片理产状变化组成，呈 N65°～75°W。该背斜 SE 段 SW 翼为诸佛庵组。

（3）佛子岭向斜⑤：西段以诸佛庵组为槽部，自油店南东 7km，呈 N65°～70°W，经诸佛庵至佛子岭长近 30km；东段以祥云寨组为槽部，呈近 EW，长约 23km。该向斜西段最宽处可达 4km，东段最窄处仅 1km；翼部均为潘家岭组。此向斜在佛子岭西侧，被 NW 向断裂切割错移。

上述 3 条褶皱轴，其后者西段或中西段呈 NWW 向，东段呈近 EW 向，虽然略具弯曲，然而总体上看呈右行雁行式排列，为 NS 向断裂切割错移。

总之，大别山北东麓、即北淮阳地区南北两侧中太古界大别山群、五河群混合岩、注入混合岩中的褶皱、片理、片麻理，呈 EW 至近 EW，所经受的蚌埠运动以 NS 方向挤压为主。下元古界卢镇关群小溪河组中的片理，以 NWW 向为主；小溪河组、仙人冲组界线裙边式弯曲显示的鼻状背斜①倾伏端、簸箕状向斜②的开口，均指向 NW，呈左行雁行式排列；显示浯河运动，以近 EW 的反时针向扭应力作用为主。北淮阳地区西段，从 NW 至 SE，③、④、⑤3 条褶皱呈右行雁行式排列，显示新元古代皖南（二幕）运动，以 NS 方向挤压为主。

以上情况表明，北淮阳地区蚌埠运动、浯河运动、皖南（二幕）运动形成的片理、片麻理和褶皱构造，具有"隔期相似，临期相异"的特征。只是由于该地区缺失早古生代海相沉积，没有形成加里东期褶皱，"隔期相似，临期相异"的特征，表现得不够完善。

第五章　豫西南地区褶皱构造及其岩浆岩

豫西南地区褶皱构造位于栾川—确山—固始深断裂带以南，西南部木家垭—内乡—桐柏—商城深断裂带将该地区褶皱构造两分，其 NNE 为北秦岭褶皱带、SWW 为南秦岭褶皱带。

第一节　古元古代末中条期褶皱及其混合花岗岩

古元古代末中条期褶皱分布在北秦岭带中西、北东两段。

中西段褶皱，位于朱阳关—夏馆—大河深断裂带与西官庄—镇平—龟山—梅山深断裂带之间，由 SEE 往 NWW 有三条褶皱。

（1）郭庄背斜①：位于郭庄—马山口一带，以秦岭群郭庄组为核部，呈 N55°W，长约 16 ～ 17km，宽 3km。翼部为雁岭沟组，且与下伏郭庄组呈角度不整合。

（2）米心寨东—雁岭沟南向斜②：槽部为陶湾组，长近 30km，翼部为宽坪组。该向斜中段至 NW 段宽 7 ～ 8km，其轴呈 N55°W；SE 段宽 1km，呈 N75°W。总体上此向斜 NW 宽、SE 窄，似呈反 S 形。

（3）德河南向斜③：位于德河南面，紧靠西官庄—镇平深断裂带西段，以陶湾组上部为槽部，其轴部 SE 段呈 N65°W，NW 段呈 N45°W，总长约 30km，似呈向 SW 凸出弯曲的弧形，翼部为宽坪组。该向斜 SE 转折端被西官庄—镇平深断裂带切错，NW 延伸跨越省界。

上述 ①②③ 三条褶皱，自 SE 至 NW 呈左行雁行式排列。

NE 段褶皱，位于栾川—确山—固始深断裂带与瓦穴子—鸭河口—明港深裂带夹持部位的 SE 段，有三条褶皱，由东往西：

（1）交口东—四里店 NE 背斜 ⑥：以秦岭群陶湾组为核部，呈 N40°W，长大于 10km，宽 2 ～ 3km。该背斜多处被 NW 向断裂切错。翼部为中元古界熊耳群，仅在 NW 端 SW 侧、SE 段 NE 侧可见其与核部地层呈不整合。

（2）杨树坪—四里店 NW 背斜 ⑦：核部为宽坪组，呈 N60° ～ 70°W，并略向 NE 凸出弯曲，长大于 20km，宽约 2km。该背斜两翼多处被新元古代晋宁期花岗斑岩、燕山晚期第一次花岗岩侵吞，仅在 SE 端 SW 侧见陶湾组。

（3）云阳 NW—维摩寺东向斜 ⑧：槽部为秦岭群陶湾组，自 SE 而 NW，呈 N50°～70°W，略具向 NE 凸出弯曲的弧形，长 40km，宽 5～7km。翼部为宽坪组，多处与槽部呈断裂接触，仅在 NW 段北侧呈整合接触 3 上述三条褶皱，呈左行雁行式排列。

杨树坪—交口以西，为中条期伏牛山混合花岗岩，从 SEE 至 NWW 可分为三部分。

（1）杨树坪北至交口南岩体（1）：由 SE 至 NW 呈 N55°W 转 S85°W，长 25km，宽 5km，似呈向 NNW 凸出弯曲的钝角形。

（2）杨树坪至二郎庙岩体（2）：呈 N65°W，长 25km，宽 13～14km，似呈长方形。

（3）石人山岩体（3）：呈 N75°W，长 40 余千米，宽 13km，似呈 NNE 缩短，NWW 伸长的菱角状。

上述岩体，自 SE 而 NW 依次衔接，呈左行雁行式排列。其混合花岗岩片麻理走向为 N60°～65°W，亦呈左行雁行式排列。

南秦岭褶皱带的东段，淅川附近毛堂大断裂 NE 有两条背斜：

（1）田关北西背斜 ④：核部为陡岭群瓦屋场组，长 5～6km，宽大于 1km，呈 N65°W，翼部为毛堂群姚营寨组。

（2）淅川北东背斜 ⑤：位于淅川 NE7.5km，核部为陡岭群大沟组，呈 N50°W，长 7km，宽 0.5km，翼部为姚营寨组。

以上两背斜，均为倾伏端指向 SE 的鼻状背斜，亦呈左行雁行式排列。

第二节　新元古代澄江期褶皱及其侵入岩浆岩

南秦岭地区毛堂群下部姚营寨组，上部马头山组，两者呈不整合接触。缺失下震旦统，上震旦统陡山沱组以角度不整合覆盖在毛堂群上。南秦岭地区晋宁运动发育较好。

在香炉山—毛堂之间，自 NW 而 SE 有 3 条褶皱：

（1）背斜 ①：以毛堂群姚营寨组为核部，呈 NWW 至近 EW，长 7～8km，宽约 3km，南翼及西部转折端外缘，均为震旦系上统陡山沱组及马头山组，北翼及东部转折端被晋宁期花岗闪长岩吞噬。

（2）向斜 ②：以陡山沱组为槽部，呈 N80°W，长约 12km，翼部为马头山组。

（3）背斜 ③：以马头山组为核部，长约 16km。其轴部西段呈 N80°W，略向南凸出弯曲，东部呈 N70°W，略向 NE 凸出弯曲，翼部为陡山沱组。

以上三条褶皱，由 NWW 至 SEE，共同组成呈右行雁行式排列的褶皱群。

南秦岭地区邻近木家垭—内乡—桐柏—商城深断裂带，侵入陡岭群的两条晋宁期石英闪长岩自 NEE 至 NWW 依次为：甘沟岩体（4）、三坪沟岩体（5），由 N65°～70°W 转向 N75°～80°W，长 25～27km，宽约 2km 至 5～6km，呈左行雁行式排行。靠近毛堂群，并侵入陡岭群、毛堂群的晋宁期岩体也有两条，自 SEE 至 NWW 为上张营石英闪长岩体（6），呈 N45°W，长 5km、宽 3km；封字山花岗闪长岩（7），呈 N70°W，长大于 25km，宽 3～5km。此处（6）（7）两岩体，总体上呈左行雁行式排列。

在淅川东 14km，一石英钠长斑岩枝（8），呈 N45°W，长约 5km，宽 1km，侵入姚营寨组；姚营寨南西 1.5km，一石英钠长岩枝（9），呈 N65°W，长略大于 1km，宽 0.5km，侵入马头山组。以上两岩枝，自 NW 而 SE，呈右行雁行式排列。

据此可以推断，北秦岭地区中—新元古界地层未见，南秦岭地区仅有新元古界毛堂群及震旦系上统。晋宁期主要侵入岩呈左行雁行式排列，受中条期断裂控制。淅川南东，侵入毛堂群的石英钠长斑岩呈右行雁行式排列，主要受少林期断裂活动控制。

北秦岭地区东段，杨树坪—四里店 NW 背斜 ⑦，云阳 NW—维摩寺东向斜 ⑧ 之间晋宁期潜花岗斑岩脉，呈 N50°～70°W，长 10～35km，宽 1～2km，往 NWW 延伸至马市坪附近，仍有出露。总体上看，自 SEE 至 NWW 上述四条岩脉，呈左行雁行式排列。

上述中条期、晋宁期褶皱构造，可以在它们的 NE，与其相距 200km 的嵩箕地区找到相对应的褶皱构造。嵩山—登封—颍阳一带，大金店—大峪店之间，古元古界嵩阳群组成的倒转向斜 ⑨⑩⑪⑫⑭，呈 SN 向，与由古元古界秦岭群组成褶皱构造相似，都是在近 EW 向挤压应力作用下形成的。只是后者（即秦岭群）由于受着 NW—NWW 向深断裂这个边界条件的制约，形成了呈左行雁行式排列的褶皱群。在嵩箕地区近 SN 向褶皱的北侧，有汝阳群、洛峪群地层以角度不整合覆盖在褶皱了的嵩阳群、登封群之上，形成了近东西向褶皱。嵩山以西地区，寒武系以平行不整合覆盖在汝阳群、洛峪群之上，与毛堂群（姚营寨组、马头山组）、震旦系陡山沱组、灯影组形成的褶皱构造相似，均为近 NS 向挤压应力作用下形成的。后者也是由于受 NW—NWW 向深断裂边界条件的制约，形成了 NWW 向的呈右行雁行式排列的褶皱群。

第三节　加里东期褶皱及其岩浆岩

北秦岭地区瓦穴子—鸭河口—明港深断裂带与朱阳关—夏馆—大河深断裂

带之间，下古生界二郎坪群地层自东而西，长近90km，宽20～30km，有3条向斜：

（1）乔端东—南召SW向斜⑩：以大庙组为槽部，呈N55°～60°W，略向NE凸出弯曲，长约20km，宽大于1.5km。该向斜槽部变质岩片理主体呈N60°W，倾向NE、倾角56%其NE翼隔NWW向断裂为宽坪组。

（2）牧虎顶北—南河店西背斜⑪：核部为大庙组，自SE而NW呈N55°W至N70°W，略呈向NE凸出弯曲的弧形。长约40km，SE段宽3km，NW段宽窄仅1km。NW段SW翼为火神庙组，NE翼由片理、片麻理产状倾向NE判定。

（3）桑坪北—二郎坪南向斜⑫：以子母沟组为槽部，呈N55°W，长约40km，宽1～2km。该向斜NE翼为小寨组，SW侧隔朱阳关—夏馆—大河深断裂带为秦岭群雁岭沟组。

以上所述⑩⑪⑫三条背、向斜自SE而NW，呈左行雁行式排列。

北秦岭地区夹持在瓦穴子—鸭河口—明港深断裂带与朱阳关—夏馆—大河深断裂带间，侵入二郎坪群的加里东晚期侵入岩有5条，自SEE而NWW为：

（1）板山坪闪长岩（10）：主体位于漆树沟—皇路店一带，长60km、宽10～20km，自SE而NW，由呈N60°W转为N70°W，略向NE凸出弯曲。

（2）川心垛斜长花岗岩（11）：位于漆树沟NE，呈N70°W，长7～8km，宽4km。且有枝权向SE延伸，并略向SW凸出弯曲。

（3）闪长岩（12）：呈N70°W，长大于20km，宽0.5～1km，由4条脉状岩枝组成。

（4）满子营—洞街花岗岩（15）：SE段呈N75°W，NW段呈N55°W，长60余千米，最宽处约7km，在大庙附近呈向SW凸出弯曲的弧形。

（5）张家庄斜长花岗岩（16）：呈N55°W，长25km，宽5km。

以上5条岩体，自东而西，闪长岩（10）、斜长花岗岩（11）与闪长岩（12），满子营—洞街花岗岩（15）与张家庄斜长花岗岩（16），呈左行雁行式排列。

朱阳关—夏馆—大河深断裂带与西官庄—镇平—龟山—梅山深断裂带夹持部位的NW段，由SEE向NWW有两条加里东晚期岩体：

（1）漂池花岗岩（17）：主体呈N50°W，长35km，NW段宽5km，SE段分成近平行枝权，总体上看略呈反S形。

（2）灰池子花岗岩（18）：呈N45°W，位于狮子坪SW，紧靠豫陕边界，长近20km，宽10km，恰似长轴指向NW的菱形。以上所述（17）（18）两条花岗岩，亦呈左行雁行式排列。

南秦岭地区毛堂大断裂SW侧有两条背斜：

（1）内乡NWW背斜⑬：位于内乡NWW15km，呈鼻状，倾伏端指向S45°E，长宽均不足1km，核部为震旦系上统陡山沱组、灯影组，翼部为寒武系。

（2）淅川 NW 背斜 ⑭：位于淅川 NW6km，呈鼻状，倾伏端指向 S60°E，长 1.5km，宽 1km，其组成与背斜 ⑬ 同。⑬、⑭ 两背斜呈左行雁行式排列。

往 NW 延伸，紧靠毛堂 NW 的加里东早期鹰爪山闪长玢岩体（1），呈 N50°W，长 10km，宽 1.5～2km。大陡岭 SEE9～18km，加里东早期皇路庙沟石英闪长岩体（2），呈 N60°W，长 10km，宽大于 1.5km。此处（1）（2）两岩体与前述 ⑬⑭ 两褶皱相同，亦呈左行雁行式排列。

第四节　海西期褶皱及其岩浆岩

豫西南地区，上古生界仅见于南秦岭、淅川 SW，最宽处仅 10km 左右，长 70km，为一条略向 NE 凸出弯曲的向斜，槽部为石炭系下、中、上三统，翼部为泥盆系中—上统白山沟组、王冠沟组、葫芦山组。其范围过小，找不出海西期褶皱构造的排列方式。西官庄—镇平—龟山—梅山深断裂带 NW 段，其 SW 侧信阳群南湾组中褶皱比较发育。西坪镇西、淇河西岸，铁锤柄所示为小背斜轴面，走向 N70°W，倾向 NNE，倾角 80°～85°，核部宽约 2.5m。沿路南行 200m，南湾组石英云母片岩及其层理所夹石英脉组成的褶皱，有右行雁行式排列的趋势。此上两条褶皱，均为 NS 向挤压应力作用下形成的。

北秦岭地区，夹持于瓦穴子—鸭河口—明港深断裂带、朱阳关—夏馆—大河深断裂带间的二郎坪群，其 SE 段为海西中期黄龙庙—四棵树花岗岩体（19），呈 N60°W 延伸，长 60～70km，宽约 25km。此岩体 NW 段与二郎坪群小寨组相交处的界线，似呈 Σ 形。此岩体中段南侧与雁岭沟组的界线，亦呈 Σ 形。上述两处岩体边缘的弯曲界线，均为其岩浆侵入时经受了 NS 向挤压应力作用。黄龙庙—四棵树岩体（19）SE 的二龙花岗岩，虽多处弯曲，主体亦呈 N60°W，长约 30km，宽 1～3km。这两条岩体似呈右行雁行式排列。

朱阳关—夏馆—大河深断裂带与西官庄—镇平—龟山—梅山深断裂带夹持部位，其中段米心寨 NW 的两条海西中期花岗岩（20），呈 N55°W 的脉状，长 10km，宽 0.5～1.5km。米心寨 SE7km 的海西中期花岗岩（21），呈 N60°W，长约 18km，宽 0.5～1.5km。（20）与（21）脉状花岗岩，均侵入秦岭群宽坪组，自 NW 而 SE 呈右行雁行式排列。

南秦岭地区木家垭—内乡—桐柏—商城深断裂带（下盘）南侧，自 NWW 至 SEE 分布的海西中期的斜长花岗岩（22）、花岗岩枝（23），均呈 NWW 延伸，长 7～10km，宽 1～2km，侵入元古代晋宁期石英闪长岩及陡岭群瓦屋场组。此两岩体亦呈右行雁行式排列。

综合上述，中条期在北秦岭带中西段、NE 段，使秦岭群地层形成 ①②③、⑥⑦⑧ 褶皱，均为 NW—NWW 向，呈左行雁行式排列。在南秦岭带东段，使陡岭群形成④⑤褶皱，为 NW 向，呈左行雁行式排列。加里东期在北秦岭中段，使二郎坪群地层形成⑩⑪⑫褶皱，为 NWW 向，呈左行雁行式排列。加里东期褶皱与中条期褶皱类似，均为近 EW 向反时针向地应力作用下形成的。新元古代澄江期在南秦岭东段，使毛堂群及上震旦统陡山沱组形成 NWW 至近 EW 的①②③褶皱，呈右行雁行式排列。海西中期在北秦岭中段米心寨 NW 的两条花岗岩（20），米心寨 SE 的花岗岩（21），均呈 N55°～60°W，右行雁行式排列。南秦岭地区，海西中期斜长花岗岩枝（22）、花岗岩枝（23），亦呈右行雁行式排列。海西中期花岗岩与澄江期褶皱类似，均为 NS 向地应力作用形成的。

　　总体上看，豫西南地区中条期、澄江期、加里东期、海西中期形成的褶皱构造及岩浆岩，具有"隔期相似，临期相异"的特征。

第六章 西秦岭地区褶皱构造及其侵入岩

西秦岭地区褶皱构造，位于甘肃省 ES 部 NWW 走向的宗务隆山—梅山深断裂南面。宗务隆山—梅山深断裂与临潭—商城深断裂、大桥—江洛镇—两当北断裂带之间为北秦岭褶皱带。益哇—舟曲断裂带与昆仑—秦岭南缘深断裂之间为南秦岭褶皱带。南、北秦岭褶皱带之间，为以三叠系中—下统为主的中秦岭褶皱带。西秦岭山脉位于益哇—舟曲断裂带以北，呈 NWW 至近 EW 向。

第一节 中—新元古代时期褶皱

（一）长城纪末武陵期

在南秦岭褶皱带中—东段外缘，康县—文县南东的碧口群，自 NEE 而 SWW，有两条褶皱。

1. 半山—老鱼山倒转向斜 ①

西起白马经郎卜山、口头坝、秧田坝到白雀寺以东，总体走向 N60°E，其两端呈近 EW 走向，轴面倾向 SE，长 170km，宽约 28km。其 SW 端被白马弧形构造带所切割，NE 端在白马寺附近圈闭。该向斜槽部为碧口群秧田坝组，翼部为白杨组。北西翼遭白马—贾昌—临江—康县断裂带切割，并被震旦系不整合覆盖，南翼向 NW 倒转。

2. 碧口—太平川倒转背斜 ②

位于碧口—阳坝一线，西入四川，东抵陕西，在甘肃省内呈 N85°E 至近 EW。其核部为碧口群阳坝组，翼部为白杨组，轴面 SE 倾，为一向 SE 倾向，向 NW 倒转的复式背斜。长 140km，宽 10～25km。该背斜 SW 端，在四川为震旦系以角度不整合覆盖。

总体上看，上述两条褶皱及与其 SW 端相连的四川境内的 NEE 至近 EW 的震旦系地层组成的褶皱，共同组成呈左行雁行式排列的褶皱群。

（二）澄江期

白依背斜位于南秦岭褶皱带西段的震旦系白依沟群，出露在牙相至尼亚隆一带，为白依背斜核部 ①，呈带状分布，走向 N80°～85°W，长 15km，中部最宽处 2.5～3km，两端变窄，直至抵达倾伏端处尖灭，翼部为寒武系太阳顶组以角度不整合覆盖。该背斜北翼西段清晰地显示出两条呈簸箕状开口指向 NE 的向斜 ②③。背斜南翼西段牙相附近，灰绿色砂岩走向 N80°W，倾向 SSW，倾角 45°。此岩层上有一组劈理，走向 N70°W，与岩层走向近于平行，倾向 SSW，倾角 18°。另外该岩层上还有一组微小褶皱，其轴面走向 NE。此微小褶皱使该层及劈理发生了同步的挠曲变形。显然该处岩层中的劈理是伴随岩层褶皱（即白依背斜主体形成）而出现的压性劈理；NE 向微小褶皱是其主体背斜 ① 形成之后，又经受北面向东、南面向西相对扭动作用的产物。此处微小褶皱，应是呈簸箕状的开口指向 NE 向斜 ②③ 在白依背斜南翼的缩影。

第二节　加里东晚期褶皱及其侵入岩

加里东晚期褶皱，位于南秦岭褶皱带中—西段，自南东东至北西西，有四条背斜：

（1）武都—两河口东背斜 ③：以迭部群为核部，长约 50km，宽 2～4km，NE 翼为志留系中—上统舟曲群—白龙江群。SW 翼隔 NW 向断裂，其 NW 段为舟曲群—白龙江群，SE 段及中段为泥盆系中统鲁热组。该背斜总体呈 N50°W，略具反 S 型。

（2）两水北西—巴藏背斜 ④：位于两水 W 约 15km 至巴藏 SE，以迭部群为核部，长 70 余千米，其中段最宽处可达 5～6km，北西、南部近倾伏端处宽仅大于 4km。NW、SE 两端翼部为舟曲群—白龙江群，SE 段及中段的 SW 翼亦为舟曲群—白龙江群，NE 翼隔 NW 向断裂为舟曲群—白龙江群或泥盆系下统。NW 段 NE 翼为舟曲群—白龙江群，SW 翼隔断裂为泥盆系下统及泥盆系下—中统。该背斜中段被 N70°～80°E，长 17～20km 的三条断裂切割，自 SE 向 NW，其各段均向 SW 位移，故将其连接后，此背斜轴呈 N50°W 向。

（3）花园南西背斜 ⑤：以迭部群为核部，长大于 35km，宽大于 3km，其 NE、SW 两翼隔 NW—NWW 向断裂为舟曲群。该背斜自 SE 至 NW 呈 N50°～70°W，略具向 NE 凸出弯曲的弧形。

（4）旺藏背斜 ⑥：位于迭部 SE，以迭部群为核部，长约 35km，宽大于 30km。其 NNE 翼隔断裂为舟曲群，SSW 翼隔断裂为石炭系中统岷河组。该背斜自 SE 至 NW 为 N55°W 至 75°W，呈向 NE 凸出弯曲的弧形。

上述四条背斜，自 SEE 的武都至 NWW 的迭部，长近 180km，宽 10～20km，共同组成呈左行雁行式排列的褶皱群，尤其是后两者略具向 NE 凸出弯曲的弧形。

位于两水北西—巴藏背斜 ④NW 段 NE 翼的加里东晚期花岗岩（1），呈椭圆形的岩株，其长轴为 SN 向。

第三节　海西期褶皱及侵入岩

一、海西早—中期褶皱及其侵入岩

（一）北秦岭海西早—中期裙皱及其侵入岩

1. 北秦岭中—西段褶皱

有 9 条褶皱，由 NWW 向 SEE 概述如下：

（1）母太子山南裙边式褶皱 ㉞：位于北秦岭褶皱带西段北缘母太子山南 8～11km，从 NW 至 SE 依次为呈鼻状的倾伏端指向 SEE 的背斜，呈簸箕状的开口指向 SEE 的向斜，长 4km，宽 1～5km。其背斜核部为泥盆系上统大草滩群，翼部为二叠系下统大关山组；向斜槽部大关山组，翼部为大草滩群，且被 NWW—近 EW 向断裂切错。

（2）完尕滩东—四族背斜 ㉟：位于北秦岭褶皱带西段中部完尕滩东—四族 NW，以上泥盆统大草滩群为核部，二叠系下统大关山群为翼部。此背斜轴部 NW 段位于冶力关一下拉地一线以西，呈 N60°W，长约 70km，宽 20 余千米；SE 段位于冶力关—下拉地以东，呈 N75°～80°W，长 70 余千米，宽大于 10km。该背斜 NE、SW 两翼大部分被 NNW 向断裂切割，仅 NE 翼的 NW、SE 局部地段，与大关山组、石炭系中统等呈角度不整合。

（3）扎麻树背斜 ㊱：位于北秦岭褶皱带西段 SE，以泥盆系中统为核部，呈 N55°W，长大于 18km，宽 2～3km，翼部为大草滩群。该背斜 SE 倾伏端清晰，NW 倾伏端被下二叠统以角度不整合覆盖。

（4）禾驮 SW 背斜 ㊲：以中泥盆统为核部，呈 N55°W，长约 14km，宽大于 3km。翼部为大草滩群。该背斜 NW 倾伏端清晰，SE 倾伏端的 NE 侧被 NW 向断裂切错。

（5）背斜 ㊳：位于禾驮 SE15km，核部为中泥盆统，呈 N55°W，长 8km，宽小于 2km，SW 翼隔断裂为大草滩群，NE 翼为二叠系下统大关山群，与其呈角度不整合。

（6）间井 SW 向斜 ㊴：以大草滩群为槽部，呈 N80°W，长大于 10km，宽大于 2km。其 SN 两翼隔断裂为泥盆系中统，NWW 转折端外缘为大关山群，以角度不整合菹盖；SEE 转折端被印支期间井花岗岩（16）吞噬。

（7）宕昌 NE 背斜 ㊵：位于宕昌 NE14km，核部为泥盆系中统，呈 N50°W，长 10 余千米，宽大于 2km，NE 翼为大草滩群，SW 翼隔断裂亦为大草滩群。

上述 7 条褶皱，由 NWW 至 SEE，㉞㉟㊱、㊲㊵、㊳㊴ 呈右行雁行式排列。孔格赫、下拉地（12）、武山北韩家院等地的海西晚期超基性岩小岩株、长轴均为 NWW 向，亦呈右行雁行式排列。教场坝 SW（13）、丑其沟西（14）的闪长岩株，以呈 EW 或近 EW 向为主。

（8）礼县 NW 向斜 ㊶：礼县 NW 石炭系中统广泛分布，其走向均为 N70°W，仅因中间的一条断裂的 NE 地层倾向 SW、SW 的地层倾向 NE，故组成此向斜，长 10km，宽 6km。

（9）石堡镇 NW 向斜 ㊷：以石炭系中—上统为槽部，呈 N80°W，长约 5km，宽约 3km。该向斜 NE 翼及西部转折端隔 NWW 向断裂为中泥盆统；SW 翼被白垩系上统、东部倾伏端被下第三系以角度不整合覆盖。

上述 ㊶㊷ 两条褶皱，由 NW 向 SE，呈右行雁行式排列。

2. 北秦岭东段 NEE—近 EW 向褶皱群（有两组）

麻沿河 SW 褶皱，有两条：

（1）麻沿河向斜 ㉙：以石炭系中—上统为槽部，自 SWW 至 NEE，呈 N60°E 至近 EW，长近 25km，宽大于 4km。其 NW 翼隔断裂为泥盆系中统，SE 翼的南西段隔断裂为泥盆系上统铁山组，东段被印支期糜署岭花岗闪长岩体（21）吞噬。

（2）黄渚关 SW 背斜 ㉚：位于黄渚关 SW5～10km，核部为泥盆系下统，呈近 EW 向，长 20km，宽 2～4km。该背斜翼部及倾伏端均为泥盆系中统。

上述两条褶皱，自 NE 而 SW 呈左行雁行式排列。

陈家庄—洛峪褶皱，有三条：

（1）陈家庄向斜 ㉛：以石岩系中—上统为槽部，呈近 EW 向，长大于 18km。其 SN 两翼中—东段隔近 EW 向断裂为中泥盆统，东端隔断裂为中泥盆统，西段及转折端隔断裂为白垩系上统、下第三系，以角度不整合覆盖。

（2）西和 SE 向斜 ㉜：位于西和 SE10～23km，槽部为泥盆系上统铁山组，呈 N85°E，长大于 20km，宽 3km 至大于 5km，南翼及东部倾伏端外缘均为泥盆系中统，北翼隔近 EW 向断裂为泥盆系中统，西端为第四系。

（3）洛峪背斜 ㉝：位于洛峪 NE，此为一呈鼻状倾伏端指向西的背斜，核部为泥盆系中统，长约 25km，宽 3～5km，翼部为上泥盆统铁山组。

以上三条褶皱，自 NE 而 SW，呈左行雁行式排列。其褶皱群所分布的范围内，海西早期超基性岩、辉长岩，海西中期花岗闪长岩（11）、花岗岩，均为小的岩枝、岩株，其长轴以呈近 EW 向为主。

（二）南秦岭海西早—中期褶皱及其侵入岩

1. 南秦岭西段 NW—NWW 至近 EW 向褶皱

自下吾那北东至巴藏南，有 7 条

（1）下吾那 NE 向斜 ⑮：位于下吾那 NE7～8km，以泥盆系上统铁山群为槽部，长大于 11km，宽大于 1km，呈 N75°W，翼部为泥盆系中统，以角度不整合被其前者覆盖。该向斜西端被 NE 向裂切错。

（2）下吾那 SE 向斜 ⑯：位于下吾那 SE10 ～ 34km，槽部为泥盆系中统（含泥盆系下—中统当多组），呈 N65"W，长约 10km，宽大于 3km，NNE 翼隔断裂为志留系中—上统，SSW 翼隔断裂为下志留统。其 NW、SE 两端依次被 NE 向断裂切隔。

（3）迭部北向斜 ⑰：位于迭部北 7km，并向 SEE 延伸至尖尼南，以下泥盆统为槽部，呈 N80°W，长约 30km，宽大于 3km。其北翼隔 NNW 向断裂为下志留统迭部群，南翼隔 NWW 向断裂为舟曲群。

（4）尖尼 NWW 向斜 ⑱：以泥盆系中统为槽部，自 NW 而 SE 由 N70°W 转至近 EW，后又转为 N3（TW，长大于 15km，其南翼隔断裂为下志留统迭部群、志留系中—上统，北翼隔断裂为志留系中—上统。该向斜中段及西端均遭受 NE 向断裂切错。

（5）尖泥 SE 背斜 ⑲：以下泥盆统为核部，呈 N70°W，长约 5km，仅 SE 段的 NE 侧，隔断裂为中泥盆统。

（6）花园 NW 向斜 ⑳：位于花园 NW10 余千米，以泥盆系中统为槽部，呈 N50°W，长大于 20km，宽大于 1km。其 NE 翼隔断裂为志留系中—上统，SW 翼隔断裂为泥盆系下统。

（7）花园 NE 向斜 ㉑：以泥盆系下统为槽部，自 NW 至 SE，呈 N65°W 至 N40°W。NE、SW 两翼隔断裂为志留系中统或其中—上统。

以上 7 条褶皱，自 NW 至 SW，长 100 余千米，宽 12km 至 15km，向斜 ⑮⑯⑱、背斜 ⑲，呈右行雁行式排列；向斜 ⑰、背斜 ⑲，向斜 ⑳、向斜 ㉑，共同组成呈向 NE 凸出弯曲的弧形。

2. 南秦岭西段西端尕海—波海及其附近 NWW 至近 EW 向褶皱

（1）占洼 NW 向斜 ㉒：位于占洼 NW10 ～ 20 余千米，槽部为石炭系中—上统，呈 N70° ～ 80°W，长大于 18km，宽大于 1.5km，翼部隔 NWW 向断裂为泥盆系中统。该向斜东端被白垩系下统以角度不整合覆盖。

（2）波海 NW 向斜 ㉓：位于波海 NW5 ～ 6km，此为一呈簸箕状开口指向正西的向斜，槽部为石炭系上统尕海组，长 5km，宽 2 ～ 3km，翼部为石炭系中统岷河组及石炭系下统、且其北面下石炭统与泥盆系上统铁山群呈角度不整合。

（3）波海 SW 背斜 ㉔：位于波海 SW20km，核部为泥盆系下—中统当多组，呈 N85°W，长大于 5km，宽大于 1km，南翼及西部倾伏端外缘均为泥盆系上统，北翼隔近 EW 向断裂为泥盆系中统，东部倾伏端被下白垩统以角度不整合覆盖。

（4）大水北背斜 ㉕：位于大水北 7km，其组成与波海 SW 背斜 ㉔ 同，核部呈 N80°W，长大于 8km，宽大于 1km。

（5）玛曲 NE 背斜 ㉖：位于玛曲北东 30km，此为一呈鼻状倾伏端指向

N85°W 的背斜，长 11km，宽大于 2km，核部为铁山群，南翼及西部倾伏端外缘为下石炭统益哇组，北翼隔 N85°W 断裂为下二叠统大关山群。

以上 5 条褶皱，㉒㉓㉔㉕，自 NNE 至 SSW，呈左行雁行式排列；㉖㉕，自 NW 至 SE，呈右行雁行式排列。

南秦岭西段，海西中期尖尼—花园间的石英闪长岩（10）、降扎 SW、花园 NE 的花岗闪长岩（8）（9），均呈小岩株状，其长轴以 NE、NEE 向为主，偶有 NNW 或近 SN 向者。

3. 南秦岭东段武都—康县间的褶皱

自 NEE 的大南谷至 SWW 的白马庙，共有 5 条：

（1）大南谷 SW 向斜 ⑩：位于康县以北、大南谷 SW，以略阳组为槽部，呈 EW 向，长 20 余千米，宽大于 2km。该向斜北翼隔近 EW 向断裂为上奥陶统大堡组，南翼为泥盆系，与略阳组为角度不整合。向斜西端被 NNE 向断裂切错，其 NWW 盘为上志留统白龙江群。

（2）长坝南向斜 ⑪：位于长坝南 6～7km，槽部为下石炭统略阳组，长大于 8km，宽 4km。其北翼隔近 EW 向断裂为白龙江群，南翼为以角度不整合覆盖在泥盆系之上。该向斜西段，被白垩系上统以角度不整合覆盖。

（3）透防 NE 向斜 ⑫：位于透防 NE13～20km，槽部为石炭系中—上统，长 15km，宽大于 2km。其东段呈 N55°E，西段呈近 EW，总体上略向 SE 凸出曲的弧形。该向斜北翼隔断裂为志留系中—上统，南翼隔断裂为泥盆系。

（4）透防 NW 向斜 ⑬：槽部为石炭系中—上统，呈 N65°～70°E，长 10 余千米。该向斜 NW 翼隔断裂为泥盆系中—下统，SE 翼 NE 段隔断裂为泥盆系，SW 段被白垩系下统以角度不整合覆盖。

（5）白马庙 NE 向斜 ⑭：位于白马庙 NE10 余千米，以二叠系上统石关群为槽部，呈近 EW 向，长 30 余千米，宽大于 4km，北翼隔断裂为下石炭统略阳组及中—上石炭统，南翼以角度不整合覆盖在石炭系中—上统及泥盆系之上。

上述 5 条向斜，自 NEE 至 SEE，长 100 余千米，宽 5～10km，呈左行雁行式排列。

以上两组褶皱群间的海西早期闪长岩两条小岩株，位于大南谷—康县之间，长轴近 EW 向，自 NEE 至 SWW，呈左行雁行式排列。位于康县 SW 的海西中期花岗岩两条小岩株（4）（5），长轴呈 NEE，亦呈左行雁行式排列。武都东 12～15km 的两条海西中期花岗岩小岩株（6）（7），长轴呈 NEE，沿着志留系中—上统与泥盆系下统的界线分布。

4. 南秦岭东段南侧外缘

文县—康县断裂南侧，上古生界与碧口群接触附近，自 NEE 至 SWW 主要有 3 条向斜：

（1）康县 SE 向斜 ⑦：以下石炭统略阳组为槽部，呈近 EW 向，并略向北凸出弯曲，长大于 16km，宽大于 2km，北翼隔近 EW 向断裂为下泥盆统石坊群，南翼隔断裂为碧口群阳坝组及震旦系。

（2）刘坝向斜 ⑧：以下石炭统略阳组为槽部，中段至 NE 段呈 N50°E，SW 段呈 N75°E，长约 35km，宽大于 2km，并略具 S 型。该向斜大部地段均隔断裂为碧口群秧田组，仅最 NE 段槽部略阳组以角度不整合覆盖在秧田坝组之上。

（3）文县西向斜 ⑨：位于文县西 10km。该向斜为呈簸箕状开口指向正西的向斜，以略阳组为槽部，走向为 NEE 至近 EW，长 27km，翼部及东部转折端处，以其角度不整合覆盖在泥盆系之上。

以上三条向斜，自 NEE 至 SWW，呈左行雁行式排列。

二、海西晚期褶皱及其侵入岩

1. 北秦岭西段北缘呈簸箕状开口指向 NE 的向斜

自 NWW—SEE 主要有三条：

（1）孔格赫 NW 向斜 ㊸：位于孔格赫 NW8km，母太子山 SE 裙边式褶皱北东，以大关山群为槽部，开口指向 N60°E，长大于 1km，宽约 2km。翼部为石炭系上统东扎口组。

（2）莲花山向斜 ㊹：槽部为下二叠统大关山群，其开口指向 N60°E，长 8km，宽近 10km。翼部为上石炭统东扎口组，且以角度不整合覆盖在石炭系中统下加岭组之上。该向斜翼部地层产状，一般倾角 30° ～ 40°。紧靠其向斜 NW 翼，冶力关东河流北岸，东扎口组黑灰色粉砂岩（层厚 10cm）与黄褐色、铁锈色粗砂岩（层厚 10 ～ 15cm）互层，走向 NWW，倾向 NNE，倾角 20° ～ 30° 但其西面该岩层中小褶皱极为发育，褶皱轴走向均为 NE。更往东，在山脊上为东扎口组灰岩，亦有北东走向的褶皱显示。

（3）柳树湾向斜 ㊺：位于漳县南西田家湾—柳树湾—范家庄一带、大草滩 NE，以二叠系上统石关群、下统大关山群为槽部，长约 17km，宽 7 ～ 8km 至 10km。该向斜开口指向，从 SW 至 NE 为 N45°E 至 N10°E，翼部为大草滩群，与大关山群呈角度不整合。其槽部及两翼地层倾角均缓，一般 20° ～ 30°，个别可达 45° ～ 50°。

更小的呈簸箕状开口指向 NE 的向斜，见于柳树湾向斜 ㊺ 西翼，王家店—东扎口一带，它们的转折端均在 SW 向斜枢纽、向 NE 倾伏，倾角 10° ～ 20°。

2. 南秦岭西端

尕海 NE，有两条褶皱：

（1）背斜 ㉗：以石炭系下统为核部，呈 N25°E，长 1.5km，宽小于 1km，翼部为石炭系中—上统。此背斜南段被第四系覆盖，北段呈鼻状倾伏端指向 N25°E。

（2）向斜 ㉘：槽部为二叠系，呈 SN 向，长 3km，宽 1～1.5km，翼部为石炭系中—上统。这两条褶皱与西秦岭地区北带北缘 ㊸㊹㊺ 三条开口指向 NE 的向斜类似，与海西早—中期 NWW 向主褶皱有纵横交错之势。

海西晚期侵入岩有：

（1）下拉地南超基性岩（12）。

（2）印支期教场坝二长花岗岩（15）SW 侧的闪长岩（13）。

（3）印支期丑其沟花岗岩（19）西侧的闪长岩（14）。

此处（12）（13）（14）岩体，均为 NWW 至近 EW 向，似呈右行雁行式排列。

第四节　印支期褶皱及其侵入岩

西秦岭中带东段，即成县—凤县盆地东部，以下三叠统隆务河群为南北两翼，中三叠统古浪堤组为槽部，组成复向斜。该复向斜呈 EW 向，长 60 余千米，宽 15～16km，东端封闭，西端被第三系以角度不整合覆盖。在此复向斜南侧，站儿巷南东呈鼻状、倾伏端指向 N60°～70°W 的背斜 ㊻，与呈簸箕状、开口指向 N60°～70°W 的向斜 ㊼，长 4～5km，均由三叠系下、中统界线波状弯曲形成，呈左行雁行式排列。

紫柏山断裂北面，地层紧密倒转褶皱，从东往西，呈鼻状倾伏端指向 N60°～70°W 的背斜、呈簸箕状开口指向 N60°～70°W 的向斜，鳞次栉比。其长 2～4km，最长可达 6km。由 SEE 至 NWW：① 背斜，以石炭系中—上统上组为核部，翼部为二叠系十里墩组；② 向斜，以二叠系十里墩组为槽部，翼部为石炭系中—上统上组；③ 向斜，以三叠系下统留凤关群西坡组为槽部，翼部为二叠系十里墩组；④ 背斜，以二叠系十里墩组为核部，三叠系下统留凤关群西坡组为翼部。①②③④ 褶皱，从东向西，波及长 10km，宽 2～4km，呈左行雁行式排列。背、向斜 ⑤、⑥，尤其是 ⑦⑧、⑨⑩、⑪⑫，以灰岩夹层揉肠状弯曲显示出的褶皱，更明显呈左行雁行式排列。

紫柏山断裂南 4～5km，泥盆系中统韩城沟组、公馆组、猫儿川组，泥盆系上统铁山群之间的界线揉肠状弯曲显示的背、向斜 ⑬⑭、⑮⑯、⑰⑱，与前述紫柏山断裂北侧的背、向斜褶皱类似，亦为 NWW 向，呈左行雁行式排列。紫柏山断裂东段南侧，印支期花岗闪长岩、石英闪长岩，呈 N55°～60°W，长 4～5km，宽 1～3km。尤其是花岗闪长岩南侧西段的揉肠状弯曲，与地层界线弯曲类似，均为经受近 EW 向反时针向水平扭应力作用后形成的。

中带西段北翼，哈达铺 SW10km，隆务河群、古浪堤组界线波状弯曲组成两条裙边式褶皱，自东而西：

（1）背斜 (50)：以隆务河群为核部，呈鼻状倾伏端指向 NW，古浪堤组为翼部。

（2）向斜 (51)：以古浪堤组为槽部，呈簸箕状开口指向北西，隆务河群为翼部。

上述背斜 (50)、向斜 (51) 两者均为长 3km，宽 4km，且呈左行雁行式排列。

南翼宕昌 SWW15 ～ 20km，隆务河群、古浪堤组波状弯曲组成的两条裙边式褶皱，自 SEE 至 NWW 的背斜 ㊽、向斜 ㊾，其组成与前者相同，呈 N45°W，长 2 ～ 3km，只是弯曲程度略差，亦呈左行雁行式排列。

腊子口 NWW15km，由三叠系下中统灰岩夹层尖菱状弯曲显示的背、向斜，轴长 1 ～ 3km，呈 N50° ～ 60°W，①②③、④⑤、⑥⑦、⑧⑨、⑩⑪、⑫⑬，均呈左行雁行式排列。

更往西，下吾那 NNE10 余千米，三叠系下统灰岩夹层揉肠状弯曲显示的背斜 ①，呈鼻状倾伏端指向 N45°W，长 5km，宽 2km；向斜 ②，呈簸箕状，开口指向 N55°W，长 5km，宽 2km。总体上看两条褶皱呈左行雁行式排列。

加里东期的地应力作用不可能施加在上古生界地层上，海西早—中期构造运动则以 NS 向挤压为主，海西晚期以 EW 向顺时针扭动为主。因此西秦岭地区南带中西段南缘，泥盆系中统形成的褶皱与紫柏山断裂南侧的背、向斜类似，应当是印支期近 EW 的反时针向水平扭动的地应力作用下完成的。

南秦岭褶皱带中—西段，加里东晚期呈左行雁行式排列褶皱的 SW 侧，以泥盆系中统为槽部的向斜共有 (52)(53)(54)(55)(56)5 条，呈 N50°W，长者 30 多千米，短者仅 6km，宽 3 ～ 5km。SW 翼为泥盆系下—中统当多组，NE 翼隔 NW 向断裂为志留系下—中统、志留系下统迭部群。此五条褶皱的中段被三条 NEE 向断裂切割。若把可以对应的部分促使其沿着 NEE 向断裂顺时针向牵移连接起来，至少也可以剩下两条褶皱，呈左行雁行式排列。

在上述褶皱的 SW 侧，隔 NW 向断裂，自武都 SW 至花园 SE6 ～ 7km，有 (57)(58)(59)(60) 四条背斜，均以石炭系下统略阳组为核部，呈 N45° ～ 65°W，长 7 ～ 8km，宽 3 ～ 5km，最长的背斜 (60) 可达 40km，翼部为石炭系中—上统，亦呈左行雁行式排列。

南秦岭褶皱带中—西段北侧，腊子口—舟曲，有两条褶皱，自 SE 而 NW：

（1）舟曲 NE 向斜 (61)：位于舟曲 NE3km，以二叠系上统为槽部，呈 N50°W，长 40km，宽 1.5km，翼部为二叠系下统。该向斜 NW、SE 转折端均被 NWW 至近 EW 向断裂切错。

（2）腊子口 SW 背斜 (62)：位于腊子口 SW5km，以中泥盆统为核部，自 NW 而 SE、呈 N30° ～ 50°W，略向 SW 凸出弯曲呈弧形，长 23km，宽 3 ～ 4km，NE 翼隔断裂为二叠系下统、SW 翼隔断裂为下二叠统及中—上石炭统。上述二条褶皱，呈左行雁行式排列。

　　西秦岭地区印支期主要侵入岩，西段集中出现在北秦岭褶皱带中段甘谷—草坪一线 NW，漳县—宕昌一线以东；东段清水西—麻沿河一线以东，陇县—凤县一线以西。前者共有 6 个大岩基，总体上呈 N20°E，SEE 端最长达 85km，最宽处 55km。若详细观察，则可发现：NWW 端的教场坝二长花岗岩体（15），长轴呈 N60°E，长 19km，宽 9km；闾井花岗岩体（16），长轴呈 N30°W，长 18km，宽 10～13km。（15）（16）两岩体，确有构成向西凸出弯曲的弧形的趋势。柏家庄二长花岗岩体（17），NW 部主体呈 N70°E，长 18km，宽 8km；SW 部呈 N45°W，长 22km，宽 4～5km，故呈现向西凸出弯曲的弧形。碌础坝二长花岗岩（18）、石英闪长岩体，呈 NNE 向，长 23km，宽 8～15km；丑其沟花岗岩体（19），呈 NNE 向，长 18km，宽 16km；温泉花岗岩体（20），长 22km，宽 18km。此（18）（19）（20）三岩体，似呈 N20°E 向，一字排开，构成前述（15）（16）两岩体组成的向西凸出的弧形后面的弦。

　　后者连同北秦岭褶皱带东端北缘外侧清水 SE 岩体，大小共有 17～18 条。清水 SE12～25km 的两条花岗岩体，呈岩枝状，为 N70°W 延伸长几公里至 13～18km，宽大于 2km，自 SEE 至 NWW，呈左行雁行式排列。秦岭大堡花岗岩体（24），夹持于利桥北面两条 EW 走向，宽度达 18km 的断裂之间，侵入前长城系及海西中期闪长岩。其长轴近 EW，长可达 30～40km，一般宽 8～14km，东部最窄处可达 3～4km。麻沿河 SE，江洛镇—两当间的三条岩体，自东而西依次为：太白牙二长花岗岩（20），主体呈 N70°W，长 17km，宽 5km；糜署岭花岗闪长岩（21），呈 N70°～75°W，长 45km，宽 16～17km；黄渚关二长花岗岩（22），近 EW 向，略向北凸出弯曲，长 11km，宽 1～2km。上述三岩体，前两者（20）（21）及其中间所夹的花岗闪长岩枝，组成呈左行雁行式排列的岩群。

　　综合上述，南秦岭褶皱带西段澄江期形成的近 EW 向白依背斜①，北翼有呈簸箕状的开口指向 NE 的向斜②③；南秦岭褶皱带中—东段外缘，武陵期形成的呈左行雁行式排列的 NEE 向半山—老鱼山倒转向斜①，碧口—太平川倒转背斜②，均为经受了 NS 方向地应力作用。北秦岭褶皱带中—西段海西早—中期形成的㉞㉟㊱、㊲㊵、㊳㊴褶皱，均为 NWW 向延伸，呈右行雁行式排列；中—西段北缘有呈簸箕状开口指向北东的向斜㊸㊹㊺。北秦岭褶皱带东段，海西期麻沿河 SW 的㉙㉚褶皱，陈家庄—洛峪㉛㉜㉝褶皱，均为近 EW 向，呈左行雁行式排列。南秦岭褶皱带海西期褶皱，与上述褶皱类似，均为形成时期经受了 NS 方向地应力作用。嗣后澄江期白依背斜北翼，北秦岭褶皱带西段呈右行雁行式排列的海西期褶皱带北缘，均有呈簸箕状开口指向 NE 的向斜，显示出又经受了 EW 方向顺时针向水平扭应力作用。

　　因此，仅就褶皱构造延伸方向、形态特征、排列方式而言，海西早—中期褶皱与武陵期、澄江期褶皱相似。南秦岭褶皱带中段武都—迭部加里东晚期形成的

NW—NWW背斜③④⑤⑥，呈左行雁行式排列。中秦岭褶皱带东段成县—凤县盆地南缘，印支期褶皱㊻㊼，紫柏山断裂SN两侧的褶皱，①②、③④、⑤⑥、⑦⑧⑨⑩、⑪⑫、⑬⑭、⑮⑯、⑰⑱，均呈左行雁行式排列，中秦岭褶皱带中—西段，哈达铺SW10km，宕昌SWW15～20km，腊子口NWW15km，下吾那NNE10余千米等地，由三叠系下—中统、尤其是灰岩夹层裙边式弯曲组成的褶皱，均以呈鼻状倾伏端指向NWW、呈簸箕状开口指向NWW为主，呈左行雁行式排列。加里东晚期、印支期褶皱，均呈左行雁行式排列，是EW至近EW、反时针向近水平地应力作用下形成的，简言之可称"隔期相似"。综上所述，西秦岭及其邻区，中—新元古代武陵—澄江期、加里东晚期、海西早—中期、印支期形成的主要褶皱构造，具有"隔期相似、临期相异"的特征。

第七章 中昆仑地区褶皱构造及其侵入岩

昆仑山脉位于中国西部新疆、西藏毗邻地区。康西瓦超岩石圈深断裂，由谢依拉南向 SEE 经康西瓦北、慕士山南，逐渐转为 NEE，经喀什塔什山南，欲抵库牙克—阿尔金山南缘超岩石圈断裂南西段，总长逾 1000km。康西瓦深断裂北侧为西昆仑褶皱系。再往北，隔（苏纳克—米提孜以南的）柯岗深断裂，与塔里木地台 WS 缘的铁克里克断隆毗邻。康西瓦深断裂以南，由西向东及其东端外缘，依次为喀喇昆仑褶皱系、松潘—甘孜褶皱系、东昆仑褶皱系。以上三条亚一级构造单元之间，有三条断裂，依次显：（1）泉水沟深断裂，西起喀拉山野营地，往 SEE 经泉水沟、郭扎错、碱水湖南，抵玛尼。总长 900km，略呈波状弯曲，其西段 SWW 为喀喇昆仑褶皱系，NEE 为松潘—甘孜褶皱系。（2）大红柳滩超岩石圈断裂，呈 SEE 向，其 NEE 为东昆仑褶皱系，SWW 为松潘—甘孜褶皱系。（3）木孜塔格—鲸鱼湖超岩石圈深断裂，是昆仑—秦岭南缘深断裂的西延部分，西起伯力克 SE，向 NEE 经刀峰山南、明眉山南后转为近 EW 向。总长大于 800km，主体呈向南凸出弯曲的弧形，其 NWW 为东昆仑褶皱系，SEE 为松潘—甘孜褶皱系。

第一节 辛格尔期褶皱

西昆仑东段北侧铁克里克断隆中段，埃连卡特群紧密褶皱发育，由东向西有两条褶皱：

（1）向斜 ①：位于苏纳克 NE15km，呈 N60°W，长 25km。

（2）向斜 ②：位于苏纳克 NWW，呈 N70°W，长约 25km。

以上两条向斜，主要由地层产状变化确定，自东而西，呈左行雁行式排列。铁克里克西段的褶皱，逐渐转为 NW—NWW。据此推断，辛格尔期以 NWW 至近 EW 向反时针向地应力作用为主。

第二节　中塔里木期褶皱及其侵入岩

中塔里木期末的阿尔金运动形成的褶皱，主要分布在西昆仑褶皱带的中—东段，自 NW 而 SE 为：

（1）喀什塔什 SW 背斜 ③：位于喀什塔什 SW15km，核部为长城系赛拉兹塔格群，呈 N60°W，长大于 30km，宽约 5～6km，翼部为蓟县系阿拉玛斯群。该背斜核部与翼部直接接触，仅见于其 NW 端的 NE 侧；SW 翼隔中元古代花岗岩及 NWW 向断裂为蓟县系阿拉玛斯群。

（2）向斜 ④：西起慕士山以东，呈近 EW 向，往东延伸约 90km 后转向 N70°E，长 120km。该向斜总长约 210km，以蓟县系为槽部，两翼应为长城系，只因被断裂切错，延续较差，槽部也多处被中元古代花岗岩侵吞。

（3）向斜 ⑤：位于喀什塔什山西南段北西，呈 N60°～70°E，长 60km，以蓟县系为槽部，NW 翼及 SW 倾伏端外缘为长城系，SE 翼被石炭系、二叠系以角度不整合覆盖。

以上 3 条褶皱位于慕士山—喀什塔什山以北，共同组成西昆仑中—东段，长 270km，总体近 EW，且呈向南凸出弯曲的弧形。

西昆仑褶皱系中—东段元古代中期侵入岩，自 NW 而 SE 为：

（1）闪长岩（1）：呈 N75°W，长 36km，宽 6～8km。

（2）钾长花岗岩（2）：位于前述闪长岩的 SE，呈 N80°W，长约 60km，宽 6～8km，略具向北凸出弯曲的弧形。

（3）花岗闪长岩（3）：位于谢依拉 NE13km 至康西瓦 NW10～15km，总长大于 75km，宽 6～7km，且多处被终年积雪覆盖。

以上三条岩体，均侵入蓟县系及长城系，波及范围长 90km，宽 20～30km，且由 NW 向 SE，呈右行雁行式排列。

（4）钾长花岗岩（4）：位于上述钾长花岗岩（2）的东部，呈 N75°W，长大于 60km，宽 9～15km。

（5）钾长花岗岩（5）：位于萨特曼 NW15～50km，呈 N70°W，长 45km，宽 15km。

以上（4）（5）两条岩体，侵入蓟县系及古元古界喀拉喀什群，由 NW 向 SE 波及长 130km，宽 20～30km，呈右行雁行式排列。

西昆仑褶皱系东段，即喀什塔什山 NW，叶亦克—阿羌 SE，由 NEE 至 SWW，主要岩体有：

（1）闪长岩（6）：位于叶亦克南 15km，呈 N60°～70°E，长 60km，宽 4～5km。

（2）闪长岩群（7）：位于阿羌以东 15～45km，由四条小岩枝组成。最东端的岩枝呈 EW 向，长 12km，宽 3km。最西端的岩枝呈 N65°E，长 12km，宽 3km。EW 两端岩枝间夹持的两岩体，均呈 N65°E。自北而南依次长 5.5km、12km，宽 2km、4.5km。

（3）花岗闪长岩（8）：位于阿羌 SE20km，呈 N50°E，长 45km，宽 6km。

（4）钾长花岗岩（9）：位于博斯坦 SE30km，从 NE 至 SW 由 N50°E 转向 N75°E，略呈向 SE 凸出弯曲的弧形。

上述四条岩体，自 NEE 至 SWW，波及范围长 210km，宽 20km，侵入蓟县系及长城系。总体上看（6）（7）与（8）（9）岩体似呈左行雁行式排列，且略向 NW 凸出弯曲。

以上所述 NWW、NEE 两岩群之间，慕士山—喀什塔什山以西，长 150km，宽大于 20km 的地段，以花岗岩（11）（12）及花岗闪长岩（10）为主的侵入岩体，均为 EW 至近 EW，长 30km 至 50～75km，宽 3～6km，略具波状弯曲。

总之，西昆仑中—东段中元古代侵入岩，由 NWW 至 SEE，呈右行雁行式排列；东段由 NEE 至 SWW，呈左行雁行式排列。其两者之间的侵入岩，呈 EW 至近 EW，且具波状弯曲。因此，它们形成时期所受到的地应力作用，与相关褶皱构造主体一致，均经受 NS 向地应力的强烈作用。

中昆仑地区，下古生界不甚发育，且连续性差。加里东中期花岗岩（13）（14），仅出露于北西端的铁克里克断隆，因此加里东期褶皱构造及岩体分布的规律性不明显，不予叙述。

第三节　海西期褶皱及其侵入岩

（一）海西期褶皱

主要分布在西昆仑褶皱系东段、东昆仑褶皱系西段。与其毗邻的铁克里克断隆，亦有零星褶皱分布。现分 NW、SE 两部分概述如下。

1.NW 部分

（1）背斜⑥：位于和田市西约 60km，核部为下石炭统，长 5km，宽 1～2km，呈 N70°W，翼部为上石炭统，与下石炭统呈不整合接触。

（2）向斜⑦：位于喀什塔什 NW，为一呈簸箕状开口指向 SE 的向斜，槽部为上二叠统，翼部为中—上石炭统，槽部与翼部地层呈不整合。此向斜轴呈 N60°W，长大于 6km。

（3）向斜⑧：位于赛拉加兹北侧断裂西端南侧，以下石炭统为槽部，呈近 EW 向，长 15km，宽大于 4km，翼部为泥盆系上统。该向斜北侧被近 EW 向断裂切错，槽部与翼部地层呈不整合接触。

（4）苏纳克 NE 向斜⑨：以上二叠统为槽部，古元古界上部埃连卡特群为翼部，槽部地层与翼部地层呈不整合接触。该向斜总长大于45km，宽4～14km，可分为NW、SW两段。NW段呈N55°W，SE段呈N75°W。

以上4条褶皱，均分布于铁克里克断隆上，除苏纳克NE向斜⑨外，规模均较小。⑥⑦两条褶皱和⑧⑦两条褶皱，从NW向SE，似呈右行雁行式排列的特征。

西昆仑褶皱系东段至东昆仑褶皱系西段有两条褶皱：

（1）向斜⑩：位于苏纳克—米提孜南西，以中—上石炭统为槽部，夹持于铁克里克断隆与西昆仑褶皱系之间，翼部为古元古界喀拉喀什群、埃连卡特群、中元古界长城系、蓟县系。北翼及南东端可见中—上石炭系与埃连卡特群、长城系呈角度不整合。该向斜长约120km，宽约30km。自NW而SE，由呈N75°W逐渐转为N60°W，后又转为N75°W，略呈向NE凸出弯曲的弧形。

（2）向斜⑪：位于康西瓦东10km，经萨特曼呈N75°W，延伸180km，逐渐转为近EW向，长30～40km，至伯力克NW转呈N65°E，长40～50km。总体上看，该向斜似呈勺柄在NW、勺端在SE的勺形。该向斜槽部为中—上石炭统，NE翼隔断裂为蓟县系及喀拉喀什群，SW翼隔NW向断裂及三叠系上统，可见长城系。

以上两条褶皱，由NW向SW，波及400余千米，宽30余千米，呈右行雁行式排列。

2.NE 部分

东昆仑褶皱系西段库牙克—阿尔金山南缘超岩石圈断裂以南，海西期褶皱颇为明显，由NEE往SWW为：

（1）落雁山向斜⑫：位于落雁山SW，槽部为中—上石炭统，呈N75°E，长大于60km。其NW翼为下石炭统，SE翼隔断裂为上志留统。

（2）阿克塔格背斜⑬：位于耸石山NW30km至阿克塔格NW，以中泥盆统为核部，呈N80°E，长140km。NNW翼隔断裂为下石炭统、中—上石炭统，SSE翼隔断裂为下石炭统。

（3）向斜⑭：位于刀锋山SWW45km至乌孜塔格SW，以石炭系下统为槽部，呈近EW向，长大于60km。南翼隔断裂为中泥盆统，北翼隔断裂及中—下侏罗统，亦为中泥盆统。

以上⑫⑬⑭三条褶皱，自NE而SW波及长240km，宽30～40km，呈左行雁行式排列。落雁山向斜⑫轴两侧，以下二叠统上组为槽部的、长10km，宽4～5km的小向斜，亦有分布，呈NEE或NWW。槽部下二叠统与其下伏中—上石炭统呈角度不整合。

（4）喀什塔什山南东向斜⑮：位于喀什塔什山中—西段SE，以二叠系上统为槽部，呈N80°E，长90km，宽约7～8km，NNW翼为蓟县系，槽部与翼部地层呈不整合。SSE翼隔断裂为下石炭统。该向斜NEE转折端处，见有二叠系下统，与槽部上二叠统亦呈不整合。

（5）向斜⑯：位于向斜⑮的 SW 约 60km，槽部为中—上石炭统，呈 N80°E，长 80km。该向斜 NEE 段的 NNW、SSE 翼，隔断裂均为下石炭统及长城系。

以上⑮⑯两条向斜，自 NEE 而 SWW 波及范围长 130km，宽约 20～30km，呈左行雁行式排列。

综合上述，西昆仑褶皱系东段、东昆仑褶皱系西段，共同组成向南凸出弯曲的褶皱群。东段主要褶皱为 NEE 向，呈左行雁行式排列；西段主要褶皱为 NWW 向，呈右行雁行式排列；中段主要褶皱为近 EW 向，或呈向南凸出弯曲的弧形。

（二）海西期侵入岩

1. 东昆仑褶皱系的西段及毗邻的西昆仑褶皱系的末端

由 NEE 向 SWW，主要岩体有：

（1）落雁山北钾长花岗岩（15）：位于落雁山北 16km，由 SW 向 NE 呈 N70°E、延伸 90km，经近 EW 向转呈 S75°E，长 45km，宽仅为 2～4km。该岩体侵入下石炭统，总体上看，呈向北凸出弯曲的弧形岩脉状。

（2）脑齐东花岗闪长岩（16）：位于脑齐东 12km，呈近 EW 向，长 22km，宽约 5km，侵入于石炭系中—上统。

（3）脑齐西南闪长岩（17）：位于脑齐 SE6～20km，呈 N60°E，长约 20km，宽大于 6km，侵入下石炭统。

（4）阿帕东南闪长岩及钾长花岗岩、花岗岩（18）：位于阿帕 SE6～15km，呈 N65°E，长 22～30km，宽 2～6km，侵入下石炭统。其中闪长岩呈向 NW 凸出弯曲的弧形，花岗岩呈椭球状。

上述岩体由 NEE 至 SWW，总长 225km，宽 15km，呈左行雁行式排列。

（5）阿克塔格西花岗闪长岩（19）：位于阿克塔格西 15km，此岩体似呈底边较长的等腰三角形，底边呈 N30°E，长 21km，斜边长 15km。故其主体呈 N30°E，侵入中泥盆统、下石炭统。

（6）叶亦克南斜长花岗岩（20）：位于叶亦克 SWW21km，呈 N80°E，长 12km，宽 4～5km，侵入蓟县群。

（7）阿羌 SSE 辉长岩（21）：位于阿羌 SSE17km，呈近 EW 向，长 12km，宽 4～5km，侵入蓟县群。

（8）闪长岩（22）：位于辉长岩（21）SW45～60km，由 NE 向 SW 呈 N60°～75°E，长 25km，宽 3～4km，且略具向 SE 凸出弯曲的弧形。

上述（20）（21）（22）3 条岩体，从 NEE 往 SWW，长 150km，宽 20km，呈左行雁行式排列。

（9）花岗岩（25）：位于叶亦克南斜长花岗岩（20）SE15km，呈 N65°E，长 7.5km，宽 3km，侵入于上泥盆统及长城系。

（10）闪长岩及花岗岩（23）：位于上述闪长岩（22）的 SE3～4km，呈 EW 至近 EW 向，长 26～27km，宽 1.5～3km，侵入于长城系。该岩体可分为两段，中—东段为闪长岩，西段为花岗岩。

（11）花岗岩（24）：位于上述闪长岩及花岗岩（23）SWW10km，长大于15km，宽大于 6km，呈近 EW 向，侵入石炭系。

上述（25）与（23）（24）岩体，自 NEE 而 SWW，总长 180km，宽 15～20km，呈左行雁行式排列。

（12）钾长花岗岩及闪长岩（26）：位于岩体（24）SW18km，由北而南闪长岩，呈 NWW 至近 EW 向，长 22km，宽大于 3km。闪长岩的南侧，与其相邻的钾长花岗岩，呈 N75°W，长 45km，宽 8km。该岩体侵入中—上石炭统。

2.西昆仑褶皱系东段及毗邻的东昆仑褶皱系的西端

本区海西中期侵入岩，由 NW 至 SE 共有三条：

（1）他龙北东钾长花岗岩、闪长岩（27）：与闪长岩衔接，呈 N80°W，总长大于 85km，宽 6～15km。该岩体北侧侵入中—上石炭统，南侧侵入蓟县系。

（2）谢依拉北辉绿岩—辉绿玢岩（28）：呈 N80°W，并略向北凸出弯曲，长30km，宽 3～5km，侵入长城系，并与中元古代钾长花岗岩相伴。

（3）古里雅山口 NWW 闪长岩、钾长花岗岩、花岗岩群（29）：位于古里雅山口 N80°W130km。从 NW 往 SE 依次为闪长岩，呈 EW 向，长大于 50km，宽约 10～15km；花岗岩，位于闪长岩、钾长花岗岩南侧西藏境内，中—西段呈 N75°W，东段呈 N65°E，故中、东段衔接之处略具向南凸出弯曲的弧形，长26km，宽大于 6km。该岩群侵入南疆中—上石炭统、藏北石炭系古里雅群。

上述 3 条岩体由 NW 向 SE 长大于 200km，宽 15～50km，呈右行雁行式排列。

综合上述，西昆仑褶皱系东段，东昆仑褶皱系西段及其彼此毗邻地段，海西中期花岗岩、钾长花岗岩、闪长岩等的分布特征，与海西期褶皱构造相似。

第四节　印支期侵入岩

中昆仑地区中、下三叠统缺失，仅见上三叠统，其分布受松潘—甘孜褶皱系控制，故印支期褶皱构造分布的规律性不强。然而，主要侵入松潘—甘孜褶皱系北西段及喀喇昆仑褶皱系，分布在大红柳滩超岩石圈深断裂西南的印支期岩体，确有明显的规律性。

（1）泉水沟北东花岗岩（30）：位于泉水沟 NE10km，呈 N50°W，长 45km，宽约 10km，侵入中—上石炭统、上三叠统。

（2）大红柳滩花岗岩、闪长岩（31）：位于大红柳滩西 5～15km，从 NE 至

SW，花岗岩、闪长岩相伴分布，均呈 N60°W，依次长 9km、18km，宽 3km、3.5km，侵入于上三叠统。

（3）喀拉塔格花岗岩（107）：位于喀拉塔格山 NE 麓。该岩体 EW 两端均呈 N45°W，长 22 ～ 30km，宽 5 ～ 6km，中段呈近 EW 向，长约 30km，宽 10 ～ 12km，侵入上三叠统。

以上 3 条侵入岩，由 SE 向 NW 波及范围长 330km，宽近 30km，呈左行雁行式排列，其形成时期主要经受了近 EW 反时针向扭应力作用。

第五节　燕山期褶皱及其侵入岩

燕山期褶皱分布在西昆仑褶皱系、东昆仑褶皱系以南，受松潘—甘孜褶皱系、喀喇昆仑褶皱系控制。喀喇昆仑褶皱系内燕山期 NW 向褶皱构造发育，由 NW 向 SE，主要有：

（1）乔尔天向斜⑱：以中侏罗统为槽部，呈 N55°W，长 55km。其 NE、SW 两侧均被断裂切错，仅在 SE 段可见中侏罗统与翼部下二叠统下组、中三叠统呈不整合接触。

（2）团结峰南西向斜⑲⑳：以中侏罗统及上侏罗统为槽部，呈 N55°W，长大于 45km。该向斜被 NW 向断裂切错，NE 翼为中三叠统下组，SW 翼为中三叠统下组，均可见槽部与翼部地层呈不整合接触。

（3）碧龙潭西向斜㉒：以上侏罗统为槽部，呈 N75° ～ 80°W。SW 翼为中侏罗统，NE 翼隔第四系亦为中侏罗统。此向斜中间被第四系覆盖，分为 NW、SE 两段，总长 90km。

以上三条褶皱由 NW 至 SE，波及范围长 200km，宽 30km，呈右行雁行式排列。

NE 向褶皱，主要分布在东昆仑褶皱系中段南侧松潘—甘孜褶皱系中明眉山—刀峰山—黄羊岭一带，由 NE 往 SW 有：

（1）耸石山南背斜㉓：位于耸石山南 15km，以中—下侏罗统为槽部，呈 NEE 至近 EW 向，长 18km，宽 5 ～ 6km，翼部为上侏罗统。

（2）刀峰山南西向斜群㉔：位于刀峰山 S70°W30 ～ 60km。两条向斜、均以中—下侏罗统为槽部，呈近 EW 向，长 12 ～ 15km，宽 1 ～ 2km。其西北的向斜，翼部为下石炭统。东南的向斜，翼部为中—下侏罗统。

以上两条褶皱，从 NEE 向 SWW 波及长 160km、宽约 15km。总体上看，呈左行雁行式排列。

（3）明眉山向斜㉕：位于明眉山南，以上侏罗统为槽部，呈 N85°E，长 45km，翼部为下—中侏罗统，与槽部地层呈角度不整合。

（4）黄羊岭—黑山向斜 ㉖：以下—中侏罗统为槽部，东段呈 N75°E，中—西段呈近 EW 向，西端呈 NWW 向，长大于 180km，宽 3～9km，翼部为下二叠统上组，与槽部地层呈角度不整合。此向斜略呈波状弯曲。

上述 ㉕㉖ 两向斜，由 NEE 至 SWW，波及范围长近 300km，宽 20～30km，与 ㉓㉔ 两向斜类似，亦呈左行雁行式排列。

藏北邦达错南 30km—土则岗 NE60km 至色玛岗喀日南 75km，长约 500km、宽 3～4km 的范围内，以中侏罗统雁石坪群为槽部的向斜 ③⑥⑤⑦，西段为近 EW 向至 N80°E，东段 N75°W，共同组成向北凸出弯曲的弧形，总长约 400km。该向斜南翼为中石炭统、下二叠统吞龙共巴组、下三叠统肖茶卡群；北翼隔断裂为中—下侏罗统巴工布莎群，上三叠统若拉岗日群。

燕山期侵入岩，主要分布在喀喇昆仑褶皱系、东昆仑褶皱系和松潘—甘孜褶皱系中，西部的侵入岩呈 NWW 向，主要侵入岩：

（1）谢依拉南钾长花岗岩（33）：位于谢依拉南 6km，以呈 N75°W 为主，长 28km，宽大于 6km，侵入上三叠统。

（2）大红柳滩 SW 钾长花岗岩（34）：位于大红柳滩 SW15km，呈 N65°W，长 60km，宽 5～18km，侵入上三叠统。

（3）南屏雪山钾长花岗岩、闪长岩（35）：主体钾长花岗岩呈 EW 向，长大于 20km，宽 9km。其南侧有闪长岩相伴。闪长岩亦呈 EW 向，长 30km，宽大于 6km。该两岩体侵入上三叠统及下志留统、长城系等。

（4）钾长花岗岩群（36）：位于南屏雪山钾长花岗岩、闪长岩 SEE30km，由三条小岩枝组成。西北端的岩枝呈 N50°W，长 9km，宽 2km，侵入上三叠统。东南的两岩枝，以呈近 EW 向为主，长 6km，宽 3km，侵入长城系。

（5）黑云母花岗岩群（37）：位于藏北郭扎错 NWW30km，有三条小岩枝。其中 NWW 向断裂北侧的两条岩枝，呈 NWW 至近向，长 4～5km，宽 2～3km，侵入石炭系古里雅群。NWW 向断裂南侧的岩枝呈 N25°E，长 5km，宽 3km，侵入上三叠统巴颜喀拉群上亚群。

以上 5 条侵入岩，由 NW 至 SEE 波及范围长 300km，宽 15～60km，呈左行雁行式排列。

东部的侵入岩，以 NEE 向为主，从 NEE 往 SWW，主要岩体有 3 条：

（1）明眉山 NE 石英斑岩（38）：位于明眉山 N70°E75km，呈近 EW 向，长 18km，宽 7～8km，侵入下石炭统、上石炭统。

（2）独高山东钾长花岗岩（109）：位于独高山东 60km，呈 N75°E，长 27km，宽 9km，侵入上三叠统。

（3）辉绿岩（40）：位于藏北羊湖 SSW50km，呈近 EW 至 NWW 向，长约 60km，宽 1.5～3km，侵入上三叠统若拉岗日群。

上述 3 条岩体，由 NE 往 SW，波及长 300km，宽 20～30km 的地域，呈左行雁行式排列。

　　综上所述，昆仑山地区铁克里克断隆中段古元古代末辛格尔期形成的①②两条向斜，均为 NWW 向，呈左行雁行式排列。中塔里木期阿尔金运动在慕士山西北—喀什塔什山北，形成由③④⑤三条褶皱组成，总体近 EW 向，并略呈向南凸出弯曲的弧形褶皱带。此褶皱带 NWW 段康西瓦超岩石圈深断裂北东，从 NWW 向 SE 有闪长岩（1）、钾长花岗岩（2）、花岗闪长岩（3）、钾长花岗岩（4）、（5），均为 NWW 向，呈右行雁行式排列。褶皱带的 NE 至 SW，闪长岩（6）、闪长岩群（7）与花岗闪长岩（8）、钾长花岗岩（9），均为 NEE 向，呈左行雁行式排列。海西期铁克里克断隆上形成⑥、⑦褶皱、⑧⑨⑦褶皱，呈右行雁行式排列。西昆仑东段、东昆仑西段，苏纳克 SW—萨特曼—伯力克北，⑩⑪向斜，呈右行雁行式排列；东昆仑西段落雁山—阿克塔格—喀什塔什山 SE、⑫⑬⑭褶皱、⑮⑯褶皱，呈左行雁行式排列。以上褶皱共同组成近东西，并向南凸出弯曲的弧形。海西中期侵入岩的分布，均与其褶皱类似。印支期大红柳滩超岩石圈深断裂西南，由 SE 向 NW 的（30）（31）（107）岩体，为 NW—NWW，呈左行雁行式排列。燕山期褶皱位于海西期褶皱的南侧，喀喇昆仑褶皱系内，由 NW 向 SE，⑱⑲、⑳㉒褶皱，呈右行雁行式排列；松潘—甘孜褶皱系中由 NE 向 SW、㉓㉔、㉕㉖褶皱，呈左行雁行式排列。燕山早期侵入岩的分布与其褶皱类似。总之，中昆仑地区印支期 NW—NWW 向侵入岩呈左行雁行式排列，与辛格尔期 NWW①②褶皱呈左行雁行式排列类似。燕山期形成的向南呈凸出弯曲的弧形褶皱带，NWW 段，褶皱轴呈右行雁行式排列；NEE 段，褶皱轴呈左行雁行式排列，与海西期褶皱带、中塔里木期褶皱带中褶皱的延伸方向、形态特征、排列方式类似。总之，中昆仑地区主要褶皱构造，亦具有"隔期相似，临期相异"的特征。只是由于中昆仑地区下古生界分布较少，加里东期褶皱及侵入岩不发育，"隔期相似，临期相异"的特征不够完善。

第八章 桂东地区褶皱构造及其侵入岩

桂东既是华南下古生界地层广泛分布，又是加里东早—中期与晚期褶皱构造纵横交错的地区。本章拟通过观察研究纵横交错的加里东期褶皱构造延伸方向、形态特征、穿插关系，并同豫西南、西秦岭、天山地区加里东早—中期、晚期，即主要褶皱构造进行对比，探索出桂东、抑或华南地区加里东早—中期、晚期前后两次构造运动形成的褶皱构造的延伸方向、形态特征、排列方式、控制因素及地应力作用方式。桂东既是华南上古生界地层发育最早最全的地区，也是南岭海西期纬向褶皱构造的西段起始区，南北两侧均有印支期褶皱。以下讨论南岭纬向带褶皱构造。

第一节 加里东期褶皱及其侵入岩

桂东北纬 23°40' ~ 24°00'，东经 110°00' ~ 112°00'，是华南下古生界寒武系、奥陶系及志留系地层广泛出露，加里东早—中期、晚期两个阶段褶皱构造划分最明显的地区。现依其延伸方向、形态特征、排列方式予以叙述。

（一）加里东早—中期褶皱

1. 加里东早—中期以 SN 向为主的褶皱

位于桂东加里东期褶皱构造中心昭平—藤县 SN 长 110km，EW 宽约 20km，由北而南：

（1）走马—昭平向斜①：位于走马 SW5km、昭平以东 7 ~ 8km，以寒武系小内冲组为槽部，呈 SN 向，长 20 余千米。此向斜主要由地层分布及产状判定，其中南段 EW 两翼均为培地组。

（2）昭平 SSE 背斜②：以培地组为核部，呈 SSE，并略向 NEE 凸出弯曲的弧形，长约 10km，宽 3 ~ 4km，翼部为小内冲组。

（3）昭平—天平背斜①：位于桂东加里东期褶皱构造中心、昭平—天平之间，以培地组为核部，呈 SN 向，长约 40km，宽 10 ~ 15km，翼部为小内冲组。此背斜 ① 的北段被 EW 向的向斜 ㊾ 横穿。

（4）古龙 SW 向斜②：位于古龙 SW15km，槽部为黄洞口组上段，呈 NNE

至近 SN，长大于 10km，宽 2km，翼部为黄洞口组中—下段。

（5）古龙—藤县西背斜③：以小内冲组为核部，呈 SN 向，南端转向 SW，长约 15km，宽 3～5km，翼部为黄洞口组。

（6）金鸡南向斜④：位于金鸡南 5km，以上奥陶统为槽部，呈 NNE 至近 SN 向，长大于 10km，宽 6～7km，翼部为中奥陶统。

以上 6 条呈 SN 至近 SN 的褶皱，均为 EW 方向挤压应力作用下形成的。

2.NE 向褶皱

位于桂东南胜州、岑溪、陆川、博白、合浦一带，主要受博白—梧州深断裂、陆川—岑溪断裂控制。自 SW 而 NE：

（1）向斜⑤：以下志留统灵山群中组为槽部，呈 N45°E，长于 17km，宽 3～4km，翼部为灵山群下组。此向斜⑤NE 段被上白垩统以角度不整合覆盖。

（2）背斜⑥：以寒武—奥陶系为核部，呈 SN 向，长 13km，宽约 4km，翼部为下志留统灵山群。

（3）背斜⑦：位于背斜⑥的 NE 侧，其组成与背斜⑥同，呈 N55°E，长 10km，宽 2～3km。

（4）向斜⑧：位于背斜⑥⑦的 SE，以志留系下统灵山群中组为槽部，呈 N45°E，长 38km，宽 1～2km，翼部为灵山群下组。

上述 ⑥⑦⑧ 三条褶皱，呈右行雁行式排列。

（5）背斜⑨：位于陆川 SW10km，以奥陶系为核部，由 NE 向 SW，呈 N50°～70°E，长 30km，宽 4～7km，翼部为下志留统灵山群。该背斜⑨中段被 NW 向断裂切割，与上述向斜⑤，呈右行雁行式排列。

（6）中庸岭背斜⑩：位于陆川 NE，以寒武系八村群下—中亚群为核部，呈 N15°E，长 50 余千米，宽 3～6km，翼部为八村群上亚群。此背斜 NE 端转呈 N60°E，并被 NW 向断裂切错。

（7）向斜⑪：位于谢仙嶂 NE10km，以八村群上亚群为槽部，呈 N15°E，长 20 余千米，翼部为八村群中亚群。此向斜 SW 端被 NW 向断裂切错并转呈 SW 向，与背斜⑩平行。

（8）糯垌西背斜⑫：以中奥陶统为核部，呈 N40°E，长约 37～38km，翼部为上奥陶统。此背斜⑫位于金鸡南向斜④东侧，并略呈向 SE 凸出弯曲的弧形，与向斜④均经受了 EW 向挤压应力作用。

3.NW 向褶皱

从桂东加里东期褶皱中心 NE 的培地背斜③，向 NW 经海洋山南段 NW 向褶皱抵桂林市北 NW，转呈 NNW，继续延伸转呈 NNE：

（1）培地背斜③：位于桂东加里东期褶皱构造中心、昭平—天平背斜① NE120～130km，以寒武系培地组为核部，南段呈 SN 向，中段转呈 N40°W，NW 段呈 N55°W，并略向 SW 凸出弯曲，总长大于 35km，翼部为小内冲组。

此背斜 NE 翼被加里东晚期花岗闪长岩侵吞、NW 端被印支期、燕山期花岗岩吞噬。

（2）大镜 SE 背斜 ㉝：位于海洋山南段、大镜 SE6km，核部及翼部均为寒武系边溪组，呈 N60°W，长大于 5km。

（3）向斜 ㉞：位于背斜 ㉝ 的南侧，槽部及翼部均为边溪组，呈 N60°W，长大于 5km。此向斜 ㉞ 与背斜 ㉝ 均由地层产状变化判定。

（4）背斜 ㉟：位于向斜 ㉞SW 侧，南坪 SE5km，核部为寒武系清溪组，呈 N60°W，长大于 20km，翼部为边溪组。

上述海洋山 SW 段 ㉝㉞㉟ 褶皱均未见倾伏端或转折端，其 NW、SE 均被下泥盆统以角度不整合覆盖。

（5）背斜 ⑳：位于海洋山 NE、灌阳以北，以上奥陶统为核部，呈 N10°E，长大于 8km，翼部为下泥盆统。

（6）背斜 ㉑：位于韭菜岭西 6km，核部为寒武系清溪组，呈 N25°E，长大于 10km，翼部为边溪组。

上述 ⑳㉑ 背斜，似呈右行雁行式排列。

4. 五通 NW 至八十里大南山 SSW 麓的褶皱

（1）向斜 ①：位于五通 NW 约 12km，以上奥陶统为槽部，呈近 SN 向，长 3km，翼部为中奥陶统。该向斜 ① 南段被下泥盆统以角度不整合覆盖。

（2）背斜 ②：位于宛田西 3km，核部为寒武系边溪组，呈 N15°E，长 3km，翼部为下奥陶统。此背斜为呈鼻状倾伏端指向 SSW 的背斜。

（3）背斜 ③：位于背斜 ②NE10km，以清溪组为核部，呈 N10°W，长 5km，翼部为边溪组。

（4）背斜 ④：其组成及长度均与背斜 ③ 同，呈 N15°W。以上两者均为呈鼻状倾伏端指向 SSE 的背斜。

上述褶皱 ①②、③④ 呈右行雁行式排列。

（5）龙胜背斜 ⑤：以上元古界丹洲群合桐组为核部，呈 N10°E，长 8km，翼部为丹洲群拱洞组。

（6）背斜 ⑥：位于背斜 ⑤ 的东侧，其组成与背斜 ⑤ 同，呈 N30°E，长 10km。

（7）泗水背斜 ⑪：位于泗水 NE，以下震旦统长安组为核部，呈 N15°E，长 13km，翼部为下震旦统富禄组。

上述 ⑤⑥⑪ 三条背斜，尤其是后两条，呈右行雁行式排列。

（8）向斜 ⑦：位于蚂蟥坪 SW5km，槽部为寒武系边溪组，呈 SN 向，长大于 10km，翼部为清溪组。

（9）蚂蟥坪向斜 ⑧：其组成与向斜 ⑦ 同，呈 N25°E，长约 10km。

上述向斜 ⑦⑧，位于湘桂交界之处八十里大南山南段西侧，由 SW 向 NE，呈右行雁行式排列。

（10）背斜⑨：以上元古界丹洲群拱洞组为核部，呈 N35°E，长约 10km，翼部为下震旦统。

（11）向斜⑪：槽部为下霖旦统，呈 N35°E，长约 10km，翼部为拱洞组。

上述⑨⑪两褶皱，依次为倾伏端指向 NE 的背斜、开口指向 NE 的向斜，相互靠近，呈右行雁行式排列。

5. 桂东北地区加里东早—中期 EW 向地应力作用下形成褶皱

（1）向斜⑫：位于苗儿山 SW 麓，以下奥陶统为槽部，呈近 SN 向并略向西凸出弯曲，长 8km，翼部为寒武系边溪组。

（2）背斜⑬：位于向斜⑫NE5km，核部为清溪组，呈 N15°E，长 7km，翼部为边溪组。该两褶皱⑬⑫，呈右行雁行式排列。

（3）黄隘 NE 向斜⑯：其组成与向斜⑫同，呈 N25°E，长 3km。

（4）背斜⑰：位于向斜⑯NE，以清溪组为核部，呈 N25°E，长 3km，翼部为边溪组。

（5）背斜⑱：其组成及走向与背斜⑰均同，长 2km。

上述⑯⑰⑱褶皱，均位于资源断裂 SW 段、越城岭的 SW 麓，为呈簸箕状开口指向 SW 的向斜、或呈鼻状倾伏端指向 SW 的背斜，⑯⑰、⑯⑱褶皱，呈右行雁行式排列。

（6）银顶山 SW 向斜㉔：呈 SN 向，长大于 9km。

（7）银顶山背斜㉕：呈 N20°E，长大于 8km。㉕㉔褶皱、即花山北侧④⑤褶皱、均由寒武系边溪组组成，由其地层产状变化推断，并呈右行雁行式排列。

（8）向斜⑲：位于海洋山 NE 段，以下奥陶统升平组为槽部，呈 N20°W，长 7km；翼部为下奥陶统黄隘组。该向斜 SW 翼完整，NE 翼被加里东晚期花岗岩吞噬。

（二）加里东晚期 EW 褶皱

1. 从桂东褶皱构造中心昭平—藤县 SN 向褶皱带的西侧

由南往北为：

（1）背斜⑦：位于昭平南 5km，核部为寒武系小内冲组，呈 N75°W，长 5km，翼部为黄洞口组。

（2）背斜⑧：其组成与背斜⑦同，呈 EW 向，长 8km。

（3）背斜⑨⑩⑪⑫⑭：位于昭平 NW 王村、临江至狮子岭之间，其组成与背斜⑧同，呈 N70°～75°W，从南向北，其长度均大于 5km。由于 NW、SE 两侧被下泥盆统地层以角度不整合覆盖，上述背斜不完整，即均呈鼻状倾伏端指向 NWW、或具有 SEE。

（4）向斜⑬：位于背斜⑫⑭之间，槽部为黄洞口组，呈 N75°W，长大于 10km、翼部为小内冲组。

（5）背斜⑮：位于蒙山北 8km，以培地组为核部，呈 N70°W，长 3km，翼部为小内冲组。

（6）向斜⑯：位于金银岭西 7km，槽部为黄洞口组，呈 N60°W，长 6km，翼部为小内冲组。

（7）背斜⑰：核部为小内冲组，呈 N65°W，长大于 10km，翼部为黄洞口组。

（8）向斜⑱⑳、背斜⑲㉑：位于猪头山、金银岭之间，均由寒武系小内冲组、黄洞口组界线揉肠状弯曲所形成，呈 N70°W，其长 10～15km 不等。

（9）向斜㉒：位于背斜⑭㉑NE，槽部为黄洞口组，呈 N60°W，长大于 20km，翼部为小内冲组。

（10）背斜㉓：位于狮子岭 SW7km，以小内冲组为核部，由 SE 而 NW，呈 N50°～70°W，似呈向 NE 凸出弯曲的弧形，长大于 30km，翼部为黄冲口组。

（11）蒙山 SW 向斜㉔：以黄洞口组为槽部，呈 N65°E，长大于 23km，翼部为小内冲组。

（12）背斜㉕㉗㉙、向斜㉖㉗NE：位于蒙山 SW，大瑶山 NE，均由小内冲组与黄洞口组界线揉肠状弯曲形成，呈 N65°E，长 10～20km 不等。

（13）背斜㉚：位于大瑶山南端，核部为培地组，呈 N55°E，长大于 7km，翼部为小内冲组。

（14）背斜㉛：位于大瑶山南段西侧，核部为培地组、小内冲组，呈 EW 向，长大于 7km，翼部为黄洞口组。

（15）背斜㉜：位于大瑶山 NW 麓，其组成与背斜㉛相似、呈 N60°E，长大于 10km。

2. 昭平—藤县 SN 向褶皱带的东侧

从南向北为：

（1）香炉岭西背斜㉝：核部为小内冲组，呈 EW 向，长大于 15km，翼部为黄洞口组。

（2）向斜㉟：槽部为黄洞口组，呈 N80°W，长小于 15km，翼部为小内冲组。

（3）背斜㊲㊳、向斜㊳：位于仙殿顶 SW，向斜㊳ 位于㊲㊳ 两背斜之间，槽部为黄洞口组、呈 N85°W，长大于 15km，翼部为小内冲组；背斜㊲㊳，依次呈 N80°W、N80°E，长大于 13km、8km，核部为小内冲组，翼部为黄洞口组。

（4）向斜㊶㊸㊹、背斜㊷㊸㊺：位于仙殿顶 NW，从南向北依次交替出现，其槽部、核部分别为黄洞口组、小内冲组，均呈近 EW 向，由于西段被 NEE 向断裂切割，东段下泥盆统以角度不整合覆盖，从南向北长度由大于 8km，减至大于 2km，其实上述背、向斜均可向西延伸。

（5）背斜㉞㊱㊵：从南向北依次靠近并穿插 SN 向走马—昭平向斜①，核部为培地组，呈 N80°W 至近 EW，长度依次大于 5km、10km、15km，翼部为小内冲组。

3. 凤翔—樟木以东的褶皱

由南向北为：

（1）背斜㊻、向斜㊼、背斜㊽：位于樟木东 10km，从南向北，背、向斜核、槽部依次为寒武系小内冲组、黄洞口组、小内冲组，呈 N80°W、N70°W，长大于 6、7、8km。

（2）背斜㊾、向斜㊿、背斜 (51) 北、向斜 (51) 南：位于大桂山 NW、㊻㊼㊽ 褶皱以东，两者间隔富川断裂，从南向北，其核部、槽部均为小内冲组、黄洞口组依次相伴，自西而东呈近 EW 至 N70°E，从南向北长度由大于 15km 至大于 7km。

（3）背斜 (52)：位于大桂山 NE，以小内冲组为核部，呈 N55°E，长大于 8km，翼部为黄洞口组。

（4）向斜 (53)：位于步头西 6 ～ 7km，槽部为黄洞口组，呈 N40°E，长大于 12km，翼部为小内冲组。

（5）背斜 (54)：核部培地组，由 NE 而 SW 呈 N55° ～ 80°E，长 12km，翼部为小内冲组。

（6）向斜 (55)：位于背斜 (54) 以北，槽部黄洞口组，呈 N55°E，为略向 SE 凸出弯曲，长大于 18km，翼部为小内冲组。

（7）背斜 (56)(57)(58)：位于古架顶南，从 SE 向 NW，三条背斜核部均为小内冲组，呈 N60° ～ 80°E，并略向 SE 凸出弯曲，长依次大于 15km、12km、10km，翼部为黄洞口组。

4. 步头以东的褶皱

从南向北为：

（1）背斜 (70)、向斜 (71)、背斜 (72)：核部、槽部及其翼部依次为寒武系小内冲组、黄洞口组、小内冲组，呈 N55°E，长大于 5 ～ 10km。

（2）向斜 (59)、背斜 (60)、向斜 (61)、背斜 (62)：由南向北其中背斜 (60) 紧靠榕树，四条背、向斜其组成与 (70)(71)(72) 褶皱同，呈 NN30°E，长大于 10km、5km。上述褶皱两端均被下泥盆统以角度不整合覆盖，或被断裂切错，故其长度均较小。

5. 桂北地区荔浦断裂、花山、姑婆山以北，加里东晚期 NS 向地应力作用下形成的褶皱构造

（1）驾桥岭 SE 背斜 (69)：其核部及翼部由寒武系边溪组产状变化组成，呈 N65°E，长大于 9km.

（2）头排北背斜㉔：位于头排北 10km，核部及翼部均由黄洞口组产状变化组成，呈 N60°E，长大于 3km。

上述 (69)㉔ 背斜，从 NE 向 SW 呈左行雁行式排列。

（3）龙围东背斜⑥：位于花山北，核部及翼部由边溪组产状变化组成，呈 N25°E，长大于 8km。该背斜⑥与其北面的背斜⑤呈左行雁行式排列。

（4）褶皱群从南向北依次为背斜㊿⑤⑥、向斜⑥⑥：位于城北—富川—红旗西、平溪河以东，均由边溪组产状变化形成，均呈 N15°E，其长度依次为 6km、8km、16km、10km、6km，从北向南呈左行雁行式排列。上述㊿⑤⑥⑥⑥5 条褶皱 EW 两侧，均被下泥盆统以角度不整合覆盖。

6. 海洋山附近加里东晚期 SN 向地应力作用形成的褶皱

从北向南为：

（1）向斜㉚㉛：位于宝界山以北，均由下奥陶统黄隘组产状变化判定，呈 N45°E，长大于 8 ～ 10km。

（2）向斜㉜：位于海洋山南段 NW 侧，由下奥陶统黄隘组产状变化形成，呈 N45°E，长大于 10km。

以上三条向斜，从 NE 向 SW 呈左行雁行式排列。

（3）观音阁东背斜㊷：位于观音阁东 10km，核部为寒武系清溪组，总体呈 N70°E，略向 SE 凸出弯曲，长大于 10km，翼部为边溪组。

7. 八十里大南山 SE 侧，五团—马堤—泗水—和平东面，加里东晚期 NE 向褶皱

（1）杨梅坳 SW 向斜㉖㉗：由寒武系清溪组与上震旦统界线揉肠状弯曲形成，槽部为清溪组，呈簸箕状开口指向 N40°E，长 2 ～ 3km，翼部为上震旦统。

（2）背斜㉘：位于泗水东 5km，核部及翼部均由丹洲群拱洞组产状变化形成，呈 N30°E，长 9km。

（3）背斜㉙：位于和平 NE7km，核部为合桐组，呈 N25°E，长约 10km，翼部为拱洞组。

上述㉖㉗㉘㉙四条褶皱，从 NNE 向 SSW，呈左行雁行式排列。

8. 昭平—天平背斜①西侧的褶皱

由黄村向 SSW 至麻洞长约 120km，宽 10 ～ 20km 内见有：

（1）向斜⑰：位于黄村 NE3km，槽部为寒武系黄洞口组，呈 EW 向，长大于 12km，翼部为小内冲组。

（2）背斜⑱：位于黄村 SWW，以小内冲组为核部，呈 N75°E，长 7km，翼部为黄洞口组。

（3）背斜⑲：位于黄村 SW，以寒武系培地组、小内冲组为核部，呈 N65°E，长大于 20km，翼部为黄洞口组。

（4）向斜⑳：以黄洞口组为槽部，呈 N75°E，长大于 20km，翼部为小内冲组。

（5）向斜㉑㉒㉓、背斜㉒西：均由黄洞口组下、中段界线揉肠状弯曲形成，呈近 EW 向，长大于 5km。

（6）背斜 ㊶、向斜：位于大安 NE20km，核部、槽部及翼部依次为奥陶系下统六陈组、黄隘组，呈 EW 向，长大于 20km。

（7）大安 SW 向斜 ㊸：以黄隘组为槽部，呈 N65°E，长大于 20km，翼部为六陈组。

（8）六陈 SW 向斜 ㊹：其组成与大安 SW 向斜 ㊸ 同，长大于 22km。

上述 ㊸㊹ 两向斜，自 NE 向 SW，呈左行雁行式排列。

9. 马练北向 SW 至镇龙长 140km，宽约 20 ～ 30km 的褶皱

由 NE 向 SW 为：

（1）马练北向斜 ㉖：位于马练北 12km，槽部为寒武系黄洞口组，呈 N60°E，长大于 20km，翼部为小内冲组。此向斜与其北面、蒙山 SW 的 ㉔㉕ 两向斜（前已叙述），组成呈左行雁行式排列的褶皱群。

（2）洪水顶向斜 ㉘：以黄洞口组上段为槽部，呈 N55°E，长大于 40km，翼部为黄洞口组中段。

（3）背斜 ㉙㉚㉛：位于洪水顶南至金田西 20km，由黄洞口组中段与上段界线揉肠状弯曲形成，核部为黄洞口组中段，背斜呈鼻状、倾伏端指向 N60°E，长 10km，翼部为黄洞口组上段。以上 ㉙㉚㉛ 背斜，呈左行雁行式排列。

（4）向斜 ㉜、背斜 ㉝：位于西山 NW20km，以黄洞口组中、上段组成背、向斜核部、槽部及其翼部，呈 N75° ～ 80°E，长大于 5km。

（5）背斜 ㉞：核部为黄洞口组下段，呈 N75°W，长大于 6km，翼部为黄洞口组中段。

（6）向斜 ㉟：位于石龙 NW5km，槽部为黄洞口组上段，呈 N75°E，长大于 10km，翼部为黄洞口中段。

（7）背斜 ㊱：位于向斜 ㉟SW，核部为黄洞口组下段，自 NE 而 SW，呈 N30° ～ 75°E，长大于 12km，翼部为黄洞口组中段。

（8）向斜 ㊲㊳㊴：位于莲花山 NW 麓、天平山以北，槽部均为黄洞口组上段，呈 N70°E，长由 NE 向 SW，依次大于 8、16、20km，翼部黄洞口组中段。上述褶皱，㉟㊲㊳㊴ 及 ㊱㊲㊳㊴，自 NE 而 SW，呈左行雁行式排列。

（9）镇龙背斜 ㊵：以小内冲组为核部，呈 N80°W，长大于 20km，翼部为黄洞口组。镇龙北 6km，还有一条背斜，其组成、延伸及长度均与镇龙背斜 ㊹ 相同，只是由于核部地层过窄，难以编绘。

10. 昭平—天平背斜 ① 东侧的褶皱

（1）向斜 ㊾：以小内冲组为槽部，呈 EW 向，长 9km，翼部为培地组。此向斜 ⑩ 横穿 SN 向昭平—天平背斜 ①。

（2）背斜 ㊼㊽：均以培地组为核部，呈 EW 向，长 6 ～ 7km，翼部为小内冲组。

（3）背斜 ㉖：其核部东段为培地组，西段为小内冲组，中间被 NE 向断裂切

割，呈 EW 向，长大于 20km，翼部依次为小内冲组、黄洞口组。

（4）向斜 ⑫：槽部为黄洞口组上段，呈 NW 向，长大于 20km，翼部为黄洞口组中段。

（5）背斜 ⑩：核部为黄洞口组中段，呈 N60°W，长大于 10km，翼部为黄洞口组上段。

（6）背斜 ⑬：核部为小内冲组，呈 N80°W，略向南凸出弯曲，长大于 45km，翼部为小内冲组。

（7）背斜 ⑮：位于梨埠西 10km，其组成与背斜 0⑬ 相同，呈 N65°W，长大于 25km。

（8）向斜 ⑭：夹持于 ⑬⑮ 两背斜东段之间，槽部为黄洞口组中段，呈 N75°W，长 12km，翼部为黄洞口组下段。

（9）背斜 ⑯：位于背斜 ⑮ 西端南侧，其组成与背斜 ⑮ 相同，西端呈 N40°W，中段呈 EW，长 5km。

（10）向斜 ⑰：以黄洞口组上段为槽部，呈 N70°W，长 16km，翼部为黄洞口组中段。

（11）背斜 ⑱：位于夏邦 NW15km，均以黄洞口组下段为核部，呈 N60°W，长 7～8km，翼部为黄洞口组中段。

（12）向斜 ⑲：槽部为黄洞口组上段，呈 N75°W，长大于 10km，翼部为黄洞口组中段。

（13）背斜 ⑳：核部为小内冲组、黄洞口组下、中段，呈 N60°W，长大于 30km，翼部为黄洞口组上段。

（14）背、向斜 ㉑：核、槽部为黄洞口组下、中段，呈 N70°E，长约 10km，翼部为黄洞口组中、上段。两条褶皱由 NW 向 SE，呈右行雁行式排列。

（15）背斜 ㉓：由黄洞口组中、上段界线弯曲而形成，核部为其中段，呈 N55°E，长约 4km。

（16）背斜 ㉓：核部为黄洞口组中段，呈 N75°W，长约 12km，翼部为黄洞口组上段。

（17）背斜 ㉔：其组成与背斜 ㉓ 同，呈 N80°W，长 5km。

11. 桂东边境及陆川—岑溪深断裂 NW、博白—梧州深断裂 SE

这一地区还有几条加里东晚期 SN 向地应力作用下形成的褶皱：

（1）梨埠向斜 ㉙：位于梨埠南 10km，槽部为黄洞口组上段，呈 EW 向，长 10km，翼部为黄洞口组中段。

（2）梧州 NE 背斜 ㉚：位于梧州 NE10km，核部为黄洞口组下段，呈近 EW 向，长约 10km，翼部为黄洞口组中段。

（3）诚谏西向斜 ㉜：位于诚谏西 12km，槽部为中志留统合浦群，呈 30°E，长 14km，翼部为下志留统灵山群。

（4）岑溪 SW 向斜 ⑧：以上奥陶统为槽部，呈 N60°E，长大于 20km，翼部为中奥陶统。

上述 ⑧⑧ 两向斜，呈左行雁行式排列。

（5）背斜 ⑧、向斜 ⑧：以下志留统灵山群下、中组依次为背斜核部、向斜槽部，从 SW 向 NE，呈 N45°～70°E，长 20～30km，翼部分别为灵山群中、下组。此处 ⑧⑧ 两褶皱呈左行雁行式排列。

综合上述，加里东晚期 EW 至近 EW 向、NEE 向呈左行雁行式排列的褶皱群，NWW 向呈右行雁行式排列的褶皱群，其形成时期均经受了 SN 向地应力作用。

加里东晚期侵入岩主要分布在桂东（大瑶山、大桂山）加里东期褶皱构造中心的外缘，SW 起自博白—梧州深断裂的 SW 段：

（1）常乐 SE 花岗混合岩体（1）：呈 N45°E，长约 30km，宽 4km，侵入下志留统灵山群。

（2）北界花岗岩体（4）：位于博白—梧州深断裂 SW 段的 SE，陆川 SE 的谢仙嶂以东，岩体长轴呈近 SN 向，最长者长 20 余千米，宽 2、3、5km 不等，与加里东期褶皱 ⑪ 大体平行。

（3）大宁花岗闪长岩体（2）：位于培地背斜 ③ 的 NE 侧，呈 N35°W，似豆荚状，长大于 44km，宽 5～10km 不等，由三节豆荚组成。其 SE 段夹持石英闪长岩，呈 SN 向、长 13km，宽 4km。

（4）海洋山北段花岗岩体（3）：呈 N30°E，似椭圆状，长径 30km，短径 20km。其 NW 外缘及 SW 外缘均有由奥陶系组成的褶皱与岩体（3）的边缘大体平行，SE 缘被下泥盆统以角度不整合覆盖。

（5）苗儿山花岗岩体（1）、越城岭花岗岩（2）：位于桂东北湘桂边界，呈 N25°E，在广西境内均长 70 余千米，宽 10～20 余千米。两岩体边缘均有由下古生界、上元古界震旦系、丹洲群组成的加里东早—中期褶皱。其延伸方向与花岗岩体大体平行。（1）（2）两岩体之间，夹持着 N30°E 的资源断裂。

总之，桂东地区加里东晚期花岗岩、花岗闪长岩体出露于其褶皱构造中心外缘，无论是 NE 向博白—梧州深断裂附近的花岗岩，或是 NW 向的大宁花岗闪长岩体（2）、N25°～30°E 的海洋山北段花岗岩体（3）、苗儿山花岗岩体（1）、越城岭花岗岩体（2），均与加里东早—中期褶皱构造大体平行。据此可以推断，上述加里东晚期花岗岩、花岗闪长岩岩浆主要是沿着加里东早—中期褶皱构造变形的主导方向侵入的。

第二节　海西期褶皱及其侵入岩

桂东地区海西期、印支期褶皱构造，主要位于以加里东期褶皱构造为主的大明山、莲花山、大瑶山、大桂山以北，四堡期褶皱构造（及花岗岩侵入体）形成九万大山以南，加里东早—中期褶皱及加里东晚期形成的苗儿山、越城岭以南，海洋山以西。桂东地区以海西早—中期褶皱构造为主，仅在宜山—柳城断裂带东段北侧有海西晚期褶皱。

（一）宜山—柳城弧（或 W）形褶皱带

分布于桂北南丹—河池—宜山—柳城—黄冕一带，受南丹—昆仑关断裂、宜山—柳城断裂带、龙胜—永福断裂等控制。自 NW 而 SE 为：

1. 宜山—柳城断裂带两端、南丹—昆仑关断裂 SW 侧的褶皱

（1）罗富 SE 向斜 ①：位于罗富 SE5km，以石炭系中—上统为槽部，呈 N40°W，长 2.5km，翼部为石炭系下统岩关阶、大塘阶。

（2）杨州向斜 ②：其组成与向斜 ① 同，由 NW 向 SE，呈 N20°～40°W，长 15km。

（3）背斜 ⑫：位于杨州向斜 ②SSE，核部为下石炭统，呈 N50°W，长 8km，翼部为中—上石炭统。此为呈鼻状倾伏端指向 NW 的背斜。

上述 ①② 向斜及背斜 ⑫，自 NW 而 SE，呈右行雁行式排列。

（4）背斜 ③：位于长红 NNE5km，以中泥盆统为核部，呈 N30°W，长大于 5km，翼部为上泥盆统榴江组。

（5）向斜 ④：位于长红东 4km，槽部为中—上石炭统，呈 N55°W，长 3km，NW 转折端及翼部为下石炭统岩关阶、大塘阶。

（6）尧迈东向斜 ⑤：其组成与向斜 ④ 同，呈 N50°W，长 4～5km。

（7）向斜 ⑥：位于河口 SW6km，槽部为上石炭统马平群，呈 N55°W，长 3～4km，翼部为中石炭统。

上述 ③④⑤⑥ 四条褶皱，呈右行雁行式排列。

（8）背斜 ⑦：位于龙根 NE10km，核部为石炭系下统，呈 N35°W，长 9km，翼部为中石炭统。

（9）下坳 NW 背斜 ⑧：位于下坳 NW7km，核部为下石炭统大塘阶，呈 N55°W，长 3km。

此为一呈鼻状倾伏 SE 的背斜，倾伏端外缘及翼部均为中石炭统。

上述背斜 ⑦⑧，呈右行雁行式排列。

（10）永顺 SE 背斜 ⑪：以下石炭统大塘阶为核部，呈 N55°W，长 15km，SE 转折端及翼部为中石炭统。

（11）背斜 ⑫：其组成与背斜 ⑪ 同，由 SE 向 NW，呈 N35°～55°W，长约

10km。

以上⑪⑫两背斜，从NW向SE，呈右行雁行式排列。

（12）杨州SW背斜⑨：位于杨州SW6km，其组成与背斜③同，呈鼻状倾伏端指向S20°～36°，长大于1km。

（13）背斜⑩：位于背斜⑨南8km，其组成与背斜③同，呈N20°W，长约5km。

（14）背斜⑪：位于平坎西10余千米，以下石炭统为核部呈N20°W，长6km，翼部为中石炭统。

上述背斜⑨与背斜⑩⑪，呈右行雁行式排列。

上述14条褶皱，从NW向SE，延伸130km，宽5～20km，它们形成时既经过NS方向地应力作用，又受着南丹—昆仑关断裂的控制。

2. 宜山—柳城断裂带西段（宜山NW）以北的EW向褶皱

由西向东为：

（1）向斜㊳：以石炭系下统为槽部，呈EW向，长近5km，宽2～3km，翼部为上泥盆统榴江组。

（2）背斜㊴：泥盆系中统东岗岭组为核部，呈EW向，长5km，翼部为上泥盆统榴江组。

（3）向斜㊵：位于六甲北3～4km，槽部为下二叠统栖霞组，呈EW向，长6km，翼部为上石炭统马平群。此向斜槽部与翼部地层呈假整合。

以上三条褶皱㊳㊴㊵分布在六甲以西、自西向东几乎是一字排开。

（4）东江向斜㊸：以下二叠统栖霞组为槽部，呈EW向，长约14km，翼部为上石炭统马平群。

（5）向斜㊹：位于德腾NW12km，上石炭统为槽部，呈EW向，长5km，翼部为中石炭统。

（6）河池背斜㊶：位于河池东5km，以下二叠统栖霞组为核部，呈EW向，长5km，茅口组为翼部。

（7）背斜㊷：位于河池（金城江）SW5km，核部为中泥盆统东岗岭组，呈EW向，长大于5km，翼部为上泥盆统榴江组。

上述㊶㊷两褶皱，呈右行雁行式排列。

（8）下河西向斜㊼：以中石炭统为槽部，呈EW向，长8km，翼部为下石炭统。

（9）高幕山向斜㊽：其组成与向斜㊼同，呈EW向，长9km。

（10）背斜㊾：核部为中石炭统黄龙组，呈EW向，长3km，其南翼及东部倾伏端外缘均为上石炭统马平群环绕。

上述㊼㊽㊾三条褶皱，从NWW至SEE，呈右行雁行式排列。

3. 桂林—来宾断裂带 SE 的褶皱

自 NE 而 SW 为:

（1）黄冕北向斜 ⑬:位于黄冕 NE15km,以下石炭统岩关阶为槽部,呈 N45°~55°E,长大于 3km,翼部为上泥盆统榴江组。

（2）背斜 ⑭:位于黄冕 SSE13km,核部为中泥盆统东岗岭组,呈 N45°E,长 2km,翼部为上泥盆统榴江组。

（3）向斜 ⑮:以下石炭统大塘阶为槽部,自 NE 而 SW,呈 N35°~55°E,长 5km,翼部为上泥盆统榴江组。

以上三条褶皱 ⑬⑭⑮,呈左行雁行式排列。

（4）寨沙西向斜 ⑲:以下石炭统大塘阶为槽部,呈 EW 向,长 8km,翼部为上泥盆统榴江组。

（5）黄腊 SE 向斜 ⑲:位于黄腊 SE8km,以中泥盆统东岗岭组为槽部,呈 N55°E,长 6km,翼部为下泥盆统。

（6）中渡东向斜 ⑯:位于中渡东 6km,以中泥盆统东岗岭组为槽部,呈 N45°E,长 20km,翼部为下泥盆统。

（7）向斜 ⑰:以下石炭统大塘阶为槽部,呈 N60°E,长 2km,翼部为下石炭统岩关阶。

以上三条褶皱 ⑲⑯⑰,呈左行雁行式排列。

（8）背斜 ⑱:位于黄冕 SW7km,两条背斜均由下石炭统岩关阶、大塘阶波状弯曲形成,岩关阶为核部、大塘阶为槽部,呈 N45°E,长 4km,具左行雁行式排列特征。

（9）十六中队南向斜 ⑳:位于十六中队南 17km,以下石炭统大塘阶罗城段为槽部,呈 N45°E,长大于 5km,翼部为大塘阶寺门段。

（10）雒容 SE 向斜 ㉑:位于雒容 SE5km,以下石炭统大塘阶罗城段为槽部,呈 N60°E,长 22km,北翼为寺门段,南翼隔 NEE 向断裂为上泥盆统榴江组。

上述 ⑳㉑ 两条褶皱,呈左行雁行式排列。

（11）背斜 ㉚:核部为上泥盆统榴江组,呈 N60°E,长 5km,翼部为下石炭统。

（12）背斜 ㉛:其组成与背斜 ㉚ 同,呈 N55°E,长 3km。

（13）长塘东背斜 ㉝:核部为下石炭统岩关阶,呈 N75°E,长 10km,翼部为大塘阶。

（14）背斜 ㉜:以下石炭统大塘阶黄金段为核部,呈 N70°E,长 6km,翼部为大塘阶罗城段。

上述 ㉚ 与 ㉛㉜ 褶皱呈左行雁行式排列。

（15）洛满北向斜 ㉞㉟:均以下二叠统为槽部,㉞㉟ 分别呈 EW 向、N75°W,长 3km、5km,翼部为上石炭统。

4.宜山—柳城断裂带中—东段附近的褶皱

河池（金城江）往东，经大阳山、北牙、宜山、柳城、中渡，主要褶皱伴随宜山—柳城弧（拉长延伸的 W）形断裂带，从西向东为：

（1）大阳山背斜⑩：核部为上泥盆统榴江组，呈 N50°W，长 3km，翼部为下石炭统岩关阶。

（2）龙头 NE 背斜⑨：为背斜⑩向 NW 延伸的部分，以大塘阶为核部，亦呈 N50°W，长 5km，翼部为中石炭统。

（3）大阳山东向斜⑥⑩：以中石炭统为槽部，呈 N80°W，长 2km，翼部为下石炭统。

（4）背斜⑥①：位于向斜⑥⑩以东 7km，核部为中泥盆统东岗岭组，呈 EW 向，长大于 2km，翼部为上泥盆统榴江组。此背斜西段被 NW 向断裂切错。

（5）北牙南背斜⑥②：位于北牙南 2km，核部为下石炭统，呈 EW 向，长 4km，翼部为中石炭统。

上述 ⑥①⑥② 背斜，呈右行雁行式排列。

（6）背斜⑥③：核部为中石炭统，由 NW 向 SE，呈 N60°～85°W，长约 5km，翼部为上石炭统马平群。

（7）背斜⑥④⑥⑤：位于石别 NW5～6km，以中石炭统黄龙组为核部，呈 N60°～85°W，翼部为上石炭统马平群。该处 ⑥④⑥⑤ 两背斜，是同一背斜被 NNE 向断裂切隔分开的，总长 9km。

上述 ⑥③ 与 ⑥④⑥⑤ 背斜，呈右行雁行式排列。

（8）怀远向斜㊺：以上泥盆统榴江组为槽部，呈 N50°W，长 3km，翼部为中泥盆统。

（9）矮山 NW 背斜㊻：位于矮山 NW7km，核部为上泥盆统融县组，呈 N45°W，长约 13km，翼部为下石炭统岩关阶。

以上 ㊺㊻ 两褶皱，由 NW 向 SE，呈右行雁行式排列。

综合上述，矮山、石别位于宜山—柳城弧形断裂带向南凸出弯曲的顶点，上述 ⑨⑩⑥①⑥②⑥③⑥④⑥⑤㊺㊻ 褶皱，均以 NW、NWW、呈右行雁行式排列为主。

5.中渡、沙埔、柳城、矮山、石别一带的褶皱

从 NE 往 SE 为：

（1）平山 SW 向斜⑥⑦：位于平山 SW10km，以中石炭统为槽部，呈 N80°E，长 8km，翼部为下石炭统大塘阶。

（2）向斜⑥⑧：位于沙埔东 5km，其组成与向斜 ⑥⑦ 同，呈 N65°W，长 8km。

以上两条向斜 ⑥⑦⑥⑧，紧靠宜山—柳城断裂带东段、向南凸出弯曲的弧顶北侧，与断裂近于平行。

（3）沙埔 SE 背斜⑦⑩：位于沙埔 SE8km，核部为下石炭统大塘阶黄金段，呈 EW 向，长约 5km，翼部为寺门段。

（4）柳城 SSW 背斜 (69)：位于柳城 SSW4km，核部为下石炭统大塘阶黄金段，呈 N70°W，长 2.5km，翼部为大塘阶寺门段。

（5）背斜 (51)：以下石炭统为核部，呈 N75°E，长 6km，翼部为中石炭统。

（6）背斜 (52)：位于背斜 (51)SW，其组成与背斜 (51) 同，呈 N75°E，长大于 3km。

（7）向斜 (53)(54)：位于六塘 NW7km，以上二叠统为槽部，呈 N80°E，其长均为 4km，翼部为下二叠统。

（8）矮山背斜 (58)：核部为上泥盆统融县组，呈 EW 向，并略向南凸出弯曲的弧形，长大于 15km，翼部为下石炭统。

以上 (51)(52)(53)(54)(58)5 条褶皱，位于宜山—柳城断裂带中部的东段 NW，长 50km，总体呈 N70°E，并略向 NW 凸出弯曲。此 5 条褶皱，由 NE 往 SW，呈左行雁行式排列。

（9）六塘北背斜 (55)：位于六塘北 3km，核部为下石炭统，呈 N76°E，略向 NW 凸出弯曲，长 30km，翼部为中石炭统。

（10）六塘向斜 (56)：以下二叠统为槽部，呈 N75°E，略向 NW 凸出弯曲，长大于 25km，翼部为上石炭统。

（11）洛东 SW 背斜 (57)：以中石炭统为核部，呈 N60°E，长约 6 ～ 7km，翼部为上石炭统。

（12）石别北背斜 (59)：核部为中石炭统黄龙组，呈 N60°E，长 5km，翼部为上石炭统。

上述 (55)(56)(57)(59)4 条褶皱，位于宜山—柳城断裂带中部东段北侧，自 NE 向 SW，呈左行雁行式排列。

6. 宜山—柳城断裂带东段北侧

有 8 条海西晚期褶皱，由 SWW 向 NEE 延伸：

（1）背斜 (71)：以中石炭统为核部，呈 N50°E，长 15km，略向 NW 凸出弯曲，翼部为上石炭统。

（2）背斜 (72)：其组成与背斜 (71) 同，呈 N60°E，长大于 7km。

（3）背斜 (73)：以下石炭统为核部，呈 N70°E，长大于 4km，翼部为中石炭统。

（4）洛崖西背斜 (74)：位于洛崖西 3km，核部、翼部均为下石炭统大塘阶，呈 N75°E，长 5km。

（5）洛崖 NE 背斜 (75)：其组成与背斜 (74) 同，呈 N55° ～ 80°E，略向 NW 凸出弯曲，长 6km。

（6）柳城 NE 向斜 (76)：以下二叠统为槽部，呈 N75°E，长约 6km，翼部为上石炭统。此为呈簸箕状开口指向 SW 的向斜。

（7）背斜 (77)：核部为中石炭统组成，呈 N75°E，长约 7km，翼部为上石炭统。

（8）沙埔北向斜 ⑦⑧：以中石炭统为槽部，呈 N75°E，长 4km，翼部为下石炭统。

上述 8 条褶皱 ⑦①⑦②⑦③⑦④⑦⑤⑦⑥⑦⑦⑦⑧，自 SW 而 NE，长约 70km，呈右行雁行式排列，是 EW 向顺时针向扭应力作用下形成的。

（9）黄腊 SE 向斜 ⑦⑨：以中泥盆统为槽部，呈 N35°E，长 6km，翼部为下泥盆统。此为呈簸箕状开口指向 SW 的向斜。

总而言之，上述 30 条褶皱，共同组成长约 220km、宜山—柳城断裂带两侧的主要褶皱群。宜山—柳城断裂带西段，EW、NW、NWW 向褶皱，呈右行雁行式排列；东段 NE、NEE 向褶皱，呈左行雁行式排列，均为海西早—中期 NS 向地应力作用下形成的。宜山—柳城断裂带东段北侧，NEE 向的 ⑦① ～ ⑦⑧8 条褶皱，组成呈右行雁行式排列的褶皱群，是海西晚期 EW 向顺时针向地应力作用下形成的。

7. 宜山—柳城断裂带南侧褶皱

（1）石别东背斜 ⑥⑥：位于石别东 7km，由中石炭统地层产状变化形成，呈近 EW 向，长约 10km。

（2）福塘 SW 背斜 ㊱：位于福塘 SW5km，以上泥盆统融县组为核部，呈 N55°E，长 6km，翼部为下石炭统。

（3）三都南背斜 ㊲：以下石炭统为核部，呈 N55°E，长 10km，翼部为中石炭统。

（4）长洞南向斜 ㉒：位于长洞南 3km，槽部为中石炭统，呈 N37°E，长 3.5km，翼部为下石炭统。

（5）向斜 ㉓㉔：位于江口 SE7km，槽部为中石炭统，呈 N55°W，长约 3km，翼部为下石炭统。此处 ㉓㉔ 两向斜，由北而南，呈右行雁行式排列。

（6）运江 NW 向斜 ㉕：位于运江 NW8km，槽部为下石炭统大塘阶，呈 EW 向，并向南凸出弯曲，长约 5km，翼部为岩关阶。

（二）荔（浦）—平（乐）—钟（山）—贺（县）弧形褶皱带中的褶皱

该向北凸出弯曲的弧形褶皱带，位于桂东大瑶山、大桂山加里东褶皱带的北缘，其西段绝大多数褶皱分布在 NEE 向荔浦断裂北面；东段主要褶皱分布在青龙—钟山—贺街 SN 两侧。

1. 东西向褶皱构造及向南凸出弯曲、向北凸出弯曲的弧形褶皱带

（1）恭城 NWW 向斜 ①：位于恭城 NWW15km，以中泥盆统东岗岭组上段为槽部，呈 EW 向，长 3km，翼部及转折端均为东岗岭组下段。

（2）向斜 ⑤：石炭系下统大塘阶为槽部，呈 EW 向，长 2km，北翼及其西部转折端为下石炭统岩关阶，南翼及东部转折端为 NE 向断裂切错。

（3）向斜 ⑥：其组成及走向均与向斜 ⑤ 同，长 3km，西端及转折端完整，

东段由于印支期构造运动的干扰形态复杂，并被 NW 向断裂切错。

（4）两江北背斜 ⑭：位于两江北约 2km，以中泥盆统东岗岭组上段为核部，呈 EW 向，长大于 5km，宽大于 2km，翼部为上泥盆统融县组。

（5）两江 SW 向斜 ⑯：位于两江 SW5km，下石炭统大塘阶为槽部，呈 EW 向，推测长近 5km，北翼及西面转折端为下石炭统岩关阶，南翼也相变为下石炭统岩关阶，东半部被第四系覆盖。

以上 ①⑤⑥⑭⑯5 条 EW 向褶皱，均位于荔浦断裂的 NW 侧。

（6）普益背斜 ⑦：位于平乐 NW 普益附近。该背斜被近 SN 向 S 形断裂切割分 EW 两段，西段以中泥盆统应堂组为核部，呈 EW 向，长近 5km，中泥盆统东岗岭组下段为翼部；东段，以泥盆系中统东岗岭组下段为核部，呈 N65°E，且略向 SE 凸出弯曲，长 4km，翼部为东岗岭组上段。

（7）平乐 NE 向斜：位于平乐 NE4km，紧靠背斜 ⑦ 的南东段、以下石炭统岩关阶为槽部，呈 N70°E，长约 8km，翼部为上泥盆统榴江组。

（8）背斜 ⑧：位于阳朔 SE8km，以中泥盆统东岗岭组下段为核部，呈 N65°W，长 3km，翼部为东岗岭组上段。

（9）高角 SE 向斜 ⑨：位于高角 SE7km，以下石炭统岩关阶为槽部，呈 N75°W 向，长 4km，翼部为上泥盆统融县组。

以上所述 ⑦⑧⑨ 褶皱及平乐 NE 向斜与前述 ⑤⑥ 向斜，共同组成向南凸出弯曲的弧形褶皱带，EW 总长 15km，宽 7 ～ 8km。

（10）普益 SWW 向斜 ⑩：位于普益 SWW7km，以上泥盆统榴江组为槽部，呈 N40°E，长 4km，翼部为中泥盆统东岗岭组。

（11）向斜 ⑪：位于普益 SW，紧靠向斜 ⑩ 的 SE，其组成与向斜 ⑩ 相同，亦呈 N40°E，长 6km。

（12）花箐 NE 向斜 ⑮：以上泥盆统融县组为槽部，呈 N60°W，长 4km，翼部为中泥盆统。

上述向斜 ⑩⑪ 与向斜 ⑮ 及前述背斜 ⑭，共同组成向南凸出弯曲的褶皱带，EW 总长 25km，宽 5km。

2. 荔（浦）—平（乐）—钟（山）—贺（县）弧形褶皱带的东段

由于印支期构造运动的影响及燕山期花山、姑婆山花岗岩基侵入的干扰，海西期褶皱分布的规律性不甚明显，但这里仍有 EW 向褶皱：

（1）乌羊山 NW 背斜 ㉕：位于乌羊山 NW3km，核部为中泥盆统东岗岭组下段，呈 EW 向，长 2km，其两端被 NW 向、NE 向断裂切错，宽 3km，翼部为东岗岭组上段。

（2）背斜 ㉖：以中泥盆统东岗岭组下段为核部，近 EW 向，长 15km，翼部为东岗组上段。

上述背斜 ㉕、㉖ 位于花山—姑婆山近 EW 向燕山期花岗岩带的峰腰地段，其南北两侧依次分布为东岗岭组上段、泥盆系上统融县组等，地层走向以EW向为主，由于印支期构造运动的干扰，局部地段转向波状弯曲。

（3）公安SW向斜㉜：位于公安SW2～3km，泥盆系上统融县组为槽部，呈NEE—EW向，出露长仅大于3km，东部被第四系覆盖，宽2～5km，翼部为泥盆系中统东岗岭组。其西部转折端被近SN向断裂切错。

（4）贺县NE背斜㉞：位于贺县NE12km，以泥盆系下统为核部，呈NWW至近EW向，并略呈向南凸出弯曲，长5km，宽2km，翼部及西部转折端外缘为泥盆系中统应堂组、东岗岭组下段。此为一呈鼻状倾伏端指向西的背斜。

（5）同古SW背斜㉝：位于同古南西3～4km，泥盆系下统为核部，呈近EW—NEE向，长5km，翼部为中泥盆统应堂组—东岗岭组。此为一呈鼻状倾伏端指向东的背斜，西端被NE向断裂截。

（6）凤翔SW背斜㉗：位于凤翔SW5km，其组成及范围均与背斜㉞同，长约5km。

此处呈鼻状倾伏端指向西的背斜㉜㉞、㉝㉗各两条褶皱均位于同一纬度上，相隔依次为47km、7km。

（7）公安东向斜㉚：以下石炭统为槽部，呈N60°W，长大于5km，翼部为上泥盆统融县组。

（8）界塘圩NE向斜㉛：位于界塘圩NE5km，槽部为中泥盆统东岗岭组上段，呈N45°W，长5km，翼部为东岗岭组上段—应堂组。

（9）公安SW向斜㊶：位于公安SW10km，槽部为下石炭统岩关阶，呈N45°E，长大于10km，翼部为上泥盆统融县组。

（10）同古西向斜㊷：位于同古西5km，其组成与向斜㉛同，呈N55°E，长大于4km。

上述位于清塘—公安—回龙之间的向斜㊶㉚，同古NW的向斜㊷、界塘圩NE向斜㉛，共同组成向北凸出弯曲弧形的褶皱带，其间夹有EW向㉜㉝褶皱。

3.花山北东坡平溪河南北向斜

海西晚期向斜⑦⑧，均以上泥盆统融县组为槽部，呈SN向，长约7～8km，翼部为中泥盆统。该处向斜⑧南段被燕山早期花岗岩吞噬。

4.NEE向呈左行雁行式排列的褶皱带及NNW向呈右行雁行式排列的褶皱带

NEE向荔浦断裂附近的褶皱，由NEE向SWW有：

（1）平乐背斜⑫：以下泥盆统及中泥盆统为核部，呈N60°E，长20km，翼部中泥盆统及上泥盆统。

（2）栗木SW背斜⑬：核部中泥盆统应堂组，呈N60°E，长8km，翼部为东岗岭组及上泥盆统融县组。

上述⑫⑬两背斜，呈左行雁行式排列。

（3）荔浦西背斜⑰：以中泥盆统东岗岭组为核部，呈N60°E，长8km，翼部为上泥盆统榴江组。前述两江 SW 向斜 ⑯ 与该向斜 ⑰，呈左行雁行式排列。

（4）花箐 SW 向斜 ⑱：槽部为东岗岭组，呈 N50°E，长 7km，翼部为下泥盆统。

（5）蒲芦东向斜 ⑲：位于蒲芦东 5km，槽部为东岗岭组，呈 N60°E，长 4km，翼部为应堂组。此为呈簸箕状开口指向 NE 的向斜。

上述向斜 ⑱⑲ 呈左行雁行式排列。

（6）蒲芦背斜 ⑳：以下泥盆统为核部，呈 N55°E，长 4km，翼部为中泥盆统应堂组。

（7）茶城向斜 ㉑：槽部为中泥盆统应堂组，呈 N65°E，长 4km，翼部为下泥盆统。

（8）向斜 ㉒：以下泥盆统那高岭组为槽部，呈 N75°E，长 4km，翼部为下泥盆统莲花山组。

此处 ⑳㉑㉒ 三条褶皱，呈左行雁行式排列。

（9）古顶岭 SW 向斜 ㉓：位于古顶岭 SW7km，槽部为中泥盆统，呈 N70°E，长大于 4km，翼部为下泥盆统。

（10）头命北背斜 ㉔：位于头排北 9km，该背斜由下泥盆统莲花山组产状变化组成，呈 N60°E，长约 2km。

上述 ㉓㉔ 两褶皱，呈左行雁行式排列。

NNW 向呈右行雁行式排列的褶皱，荔浦断裂 NE 端 NW 侧有：

（1）恭城 SWW 向斜 ②：以上泥盆统融县组为槽部，自 NW 而 SE，呈 N30°W 至近 EW，长 10km，翼部为中泥盆统东岗岭组。

（2）背斜 ㉖：位于向斜 ②SE7km，核部为上泥盆统融县组，呈 N70°W，长大于 5km，翼部为下石炭统。

（3）二塘 NW 向斜 ③：位于二塘 NW5km，槽部为中—上石炭统，呈 N45°W，长 3km，翼部为下石炭统。

以上三条褶皱，由 NW 向 SE，呈右行雁行式排列。

5. 富川断裂西侧 NEE 向褶皱

（1）明海个 NNE 背斜 ㉘：位于明海个 NNE7km，核部为下泥盆统，呈 N65°E，长约 2km，翼部为中泥盆统应堂组。

（2）明海个 NE 向斜 ㉙：槽部为中泥盆统东岗岭组，呈 N65°E，长 3km，翼部为应堂组。

以上两条褶皱 ㉘㉙，呈右行雁行式排列。

6. 贺县—大桂山东侧 NW 向褶皱

由北向南有：

（1）贺县东向斜 ㉟：位于贺县东 10km，槽部为下石炭统，呈 N40°W，长 5km，翼部为上泥盆统榴江组。

（2）背斜㊱：核部为中泥盆统应堂组—东岗岭组下段，呈 N35°W，长 8km，翼部为东岗岭组上段。

（3）向斜㊲：以上泥盆统榴江组为槽部，呈 N20°W，总长 8km，中间被 NW 向断裂切错，翼部为中泥盆统。

上述 ㉟㊱㊲ 三条褶皱，呈右行雁式排列。

（4）步头 NW 向斜㊳：以东岗岭组上段为槽部，呈 N60°W，长 5km，翼部为中泥盆统应堂组—东岗岭组下段。向斜 ㊱㊳，呈右行雁式排列。

（5）步头 SE 背斜㊴：核部为下泥盆统，呈 N20°W，长 2km，翼部为中泥盆统。此背斜 ㊴ 与上述向斜 ㉟，呈右行雁式排列。

7. 桂东北地区海洋山附近另外两条海西期褶皱

（1）文市 SE 向斜①：位于海洋山 NE20 多千米，以下石炭统为槽部，呈 N65°E，长 3.5km，翼部为中—上泥盆统。

（2）观音阁向斜②：位于海洋山中段东侧，槽部为中—上泥盆统，呈 N70°W，长 8km，北翼为下泥盆统 I 南翼被断裂切割。阳朔—二塘附近的褶皱 ③④⑤⑥ 前段已描述。

（三）桂东南部地区褶皱带

1. 和吉、黎塘附近的褶皱

（1）和吉东向斜①：位于和吉以东 8km，槽部为中石炭统，呈 EW 向，长大于 5km，翼部为下石炭统。

（2）背斜②：位于向斜① 南侧，核部为中泥盆统，呈 EW 向，长大于 5km，翼部为上泥盆统融县组。

（3）和吉背斜③：以下石炭统为核部，呈 N65°E，长大于 10km，翼部为中石炭统。

（4）黎塘 NW 向斜④：位于黎塘 NE10km，槽部为上石炭统，呈 EW 向，长约 7km，翼部为中石炭统。

（5）背斜⑤：位于向斜④ 以南 4km，核部为中泥盆统，呈 EW 向，长大于 l0km，SN 两翼隔断裂为中、下石炭统。

2. 莲花山 SE 的褶皱

（1）石龙 SE 向斜①：位于石龙 SE7km，槽部为下石炭统，呈 N45°E，长大于 5km，翼部为上泥盆统。

（2）向斜②：其组成、延伸方向及长度均与向斜① 同。

（3）贵县 NE 向斜③：以中石炭统为槽部，呈 N75°E，长 7km，翼部为下石炭统。

（4）贵县 SW 向斜④：其组成与向斜③ 同，呈 EW 向，长约 10km。

（5）向斜⑤：位于镇龙 SW10km，槽部为中泥盆统，呈 NEE 向，略向 NW 凸出弯曲，长大于 8km，翼部为下泥盆统。

上述①②③④⑤5条褶皱，由NEE向SWW延长约50km，宽5～7km，呈左行雁行式排列。

（6）横县NE背斜⑥：位于横县N40°E20km，核部为中泥盆统四排组—应堂组，呈近EW向，长大于4km，翼部为东岗岭组及上泥盆统。此背斜⑥与上述①②③④褶皱呈左行雁行式排列。

3.灵山—藤县深断裂，博白—梧州深断裂附近的褶皱

（1）瓦塘SE向斜⑦：位于瓦塘SE5km，以下泥盆统那高岭组为槽部，呈N45°E，长大于4km，翼部为泥盆系下统钦州群。与其相邻的SW侧的向斜，其组成及长度与向斜⑦同，呈N70°E。

（2）北流北背斜⑭：位于北流北3km，核部为下泥盆统莲花山组，呈N75°E，长约8km，翼部为那高岭组。

（3）玉林SE向斜⑮：位于玉林市SE3km，槽部为下泥盆统那高岭组，呈N55°E，长7km，翼部为莲花山组。

（4）向斜⑯：位于向斜⑮SE，以石炭系上—中统为槽部，呈N50°E，长大于10km，翼部为下石炭统。

（5）博白北背斜⑰：位于博白北15km，核部为下志留统灵山群，呈N50°E，长5km，翼部为中志留统合浦群。

上述⑭⑮⑯⑰四条褶皱，夹持于灵山—藤县深断裂、博白—梧州深断裂中段，自NE而SW，呈左行雁行式排列。

（6）灵山向斜⑧⑨：槽部、翼部均为中泥盆统，呈N55°E。⑧⑨两向斜，呈左行雁行式排列。

（1）大王岭向斜②：槽部为上二叠统，呈N55°E，长6km，翼部为上泥盆统榴江组。

（2）竹高塘—那隆背斜①：以泥盆系下—中统塘丁组—纳标组为核部，呈N55°E，长28km，NW翼隔NE向断裂为上泥盆统榴江组，SE翼隔NE向断裂为中泥盆统东岗岭组。

上述②①两褶皱，呈左行雁行式排列。

（3）灵山东向斜③：位于灵山东2km，槽部为东岗岭组，呈N75°E，长2km，翼部为泥盆系下—中统。

（4）新坪向斜④：其组成与向斜③同，呈N50°E，长大于10km。

上述③④两向斜，呈左行雁行式排列。

（5）见田岭向斜⑤：其组成与向斜③同，呈N60°E，长约7km。

（6）五马岭南向斜⑥：位于五马岭南1km，其组成与向斜③同，呈N75°E，长3km。

（7）龙屋村南向斜⑦：以上泥盆统榴江组为槽部，由NE向SW，呈N75°E至近EW，长8km，翼部为泥盆系下—中统。

（8）樟木村南背斜⑧：以下—中泥盆统塘丁组—纳标组为核部，呈 N70°E，长 3km，NW 翼隔断裂为中泥盆统东岗岭组。上述褶皱③④、⑤⑥⑦、⑤⑥⑧，自 NE 而 SW 均呈左行雁行式排列。

防城 NW 大直—教伍一带，海西期主要褶皱：

（1）大直 SW 向斜①：槽部、翼部均为上二叠统，此向斜由地层产状判定，呈 N62°E，长 7km。

（2）天岩西向斜②：其槽部为上二叠统，呈 N40°E，长约 3km，翼部为中—上泥盆统小董群—榴江组。

（3）木马隘 NW 背斜③、向斜④：均由中—上泥盆统小董群—榴江组产状变化形成，分别呈 N62°、N75°，长约 1.5km、4km。

（4）背斜⑤：核部、翼部均为下泥盆统钦州群，由产状变化判定，呈 N70°E，长 3km。

（5）鸡殿 SE 向斜⑥：槽部为中泥盆小董组，呈 N75°E，长 5km，NE 段翼部为下泥盆统钦州群，SW 段翼部被印支期第二次花岗岩侵吞。

上述褶皱①②③、④⑤⑥，呈左行雁行式排列。

（6）界排西倒转背斜⑦：其核部、翼部均为中—上泥盆统，主要由地层产状变化形成，呈 N80°E，长 1.5km。

（7）华荣背斜⑧：核部为泥盆系中—上统，中段呈 N17°E，SN 两端均呈 N55°E，恰似拉伸的 S 形，长约 7km，翼部为上二叠统。

（8）背斜⑩：以下泥盆统钦州群为核部，呈 N55°E，长 1km，翼部为中泥盆统小董群。

上述 ⑦⑧⑩3 条褶皱，自 NE 而 SW，呈左行雁行式排列。

4. 伯劳—合浦—张黄一带褶皱

（1）伯劳 SW 向斜⑩：位于伯劳 SW9km，以中志留统合浦群为核部，呈 EW 向，长 10km，翼部为下志留统灵山群。

（2）常乐 NNW 向斜⑪：位于常乐 NNW10km，槽部为上志留统防城群，呈 N70°W，长大于 10km，翼部为中志留统合浦群。

（3）向斜⑫：其组成与向斜 ⑪ 同，呈 EW 向，长约 8km。

（4）合浦北背斜⑬：位于合浦北 13km，以中志留统合浦群为核部，呈 EW 向，长约 6km，翼部为上志留统防城群。

上述 4 条褶皱，以呈 EW 向为主，其中 ⑩⑬ 褶皱呈右行雁行式排列，⑪⑫⑬ 褶皱呈左行雁行式排列。

总之，桂东南地区海西期主要褶皱构造的左行雁行式排列，含局部地段褶皱构造的右行雁行式排列，表明其形成时期，主要经受了 NS 方向地应力的作用。

海西期花岗岩夹持于灵山—藤县深断裂与博白—梧州深断裂之间。海西中期花岗岩规模较小，主要分布于灵山—藤县深断裂带的 NE 段，其中有：

（1）六陈岩体（8）：呈 N55°E，长 80km，宽 3～5km。岩体 NE 端转向 SE 至 SW，似呈弧形。此岩体边缘多处被 NE 向断裂切错，或与海西晚期花岗岩接触，仅在局部地段侵入于寒武系黄洞口组、上泥盆统地层。

（2）苍悟 SW5km 岩体（12）：呈 SN 向，长大于 15km，宽 4～5km，侵入于寒武系黄洞口组、上奥陶统。

海西晚期花岗岩规模宏伟，组成大容山、六万大山主体。自 SW 而 NE 有：

（1）灵山 NW—NE 岩群（13）（14）（15）：呈 N55°E，总长 85km，宽 5～10km。

（2）六万大山岩体（21）：呈 N55°E，长 100km，宽 40～50km。

（3）大容山岩体（20）：呈 N50°E，长 90km，宽 20～30km。该岩体 NE 段中部被下侏罗统、下白垩统地层以角度不整合覆盖。

（4）容县 NE 岩体（18）：呈 N45°E，长 28km，宽 23km。

（5）琅南岩体（29）北岩体：位于藤县 SE20km。主体为 SN 向，长大于 15km，宽 10km。上述（13）（14）（15）、（21）（20）（18）及（29）北岩体，呈右行雁行式排列。

六万大山岩体（21）SW 段 NW 侧灵山附近，该岩体（21）NE 段东侧与大容山岩体（20）SW 段的 SE 侧，容县、北流、玉林、博白间均有 NE 向海西期褶皱，呈左行雁行式排列。六万大山 SW 端的南侧，伯劳、合浦的海西期向斜⑩⑪⑫，以 EW 向为主。这些情况均表明海西早—中期褶皱的形式，以遭受 NS 向地应力作用为主。海西晚期呈右行雁行式排列的（13）（14）（15）、（21）（20）（18）（19）北岩体侵入期，以 EW 向顺时针地应力作用为主。后者与宜山—柳城断裂带中—东段北侧、海西晚期呈右行雁行式排列的⑦①～⑦⑧褶皱构造及花山北东坡⑦⑧向斜形成时所受到的地应力作用大体上是一致的。

第三节　印支期褶皱及其侵入岩

华南湘赣桂粤四省区三叠系下—中统均有出露，有些地方印支期侵入岩也比较发育。尤其湘中、桂东、粤西北地区含有三叠系下—中统的、以 SN、近 SN 或 NNE 向的褶皱，均为印支构造运动时期形成的。据此推断，并同西秦岭地区印支期褶皱构造延伸方向、形态特征、排列方式进行对比，南岭抑或华南地区、印支期地应力作用，也应当是以 EW 至近 EW 水平挤压为主。未见三叠系下—中统，以上古生界地层组成的褶皱，其形成时期的地应力作用方式可以通过同邻区印支期褶皱构造的对比初步判断。

（一）柳（城）—忻（城）—宾（阳）—武（宣）—象（州）似呈椭圆状的

褶皱构造群

位于大瑶山—大桂山加里东期褶皱带以西、宜山—柳城海西期弧形褶皱带以南，主要由褶皱及断裂组成，其 SN 向长轴 160km，SE 向短轴 100km。现从 NE 往 SW，概述如下。

1. 柳—忻—宾—武—象椭圆状褶皱带 EN 部

（1）寨沙 SW 向斜 ⑩：位于寨沙 SW10km，槽部为下石炭统，呈 N20°E，长 3km，翼部为上泥盆统榴江组。

（2）水晶背斜 ⑪：核部为下泥盆统，呈 N20°W，略具反 S 形，长约 15km，翼部为中泥盆统。

（3）向斜 ⑫：以榴江组为槽部，呈 SN 向，长 3km，翼部为中泥盆统。

（4）向斜 ⑬：槽部为榴江组，由南往北，呈近 SN 至 N15°W，长 13km，翼部为中泥盆统。

（5）背斜：位于运江以北，⑬ 向斜以西，核部为中泥盆统，呈 SN 向，长约 10km，翼部为榴江组。

（6）运江 SW 向斜 ⑭：以下石炭统为槽部，呈 SN 向，长 10km，翼部为上泥盆统榴江组。

（7）里雍 NE 背斜 ⑮：以中泥盆统为槽部，呈 N10°E，长 18km，翼部榴江组。

（8）里雍南向斜 ⑯：以中石炭统为核部，呈 N10°E，长 7km，翼部为下石炭统。

（9）里雍 NW 背斜 ⑱：核部为中泥盆统，呈 N20°E，长 15km，翼部为榴江组。

（10）向斜 ⑲：以下石炭统为槽部，呈 N5°E，长 7km，翼部为榴江组。

（11）向斜 ㉑：位于里雍西 l0km，以下二叠统为槽部，呈 N25°E，长约 20km，翼部为上石炭统。该向斜 SW 段第四系覆盖，SE 翼隔断裂为中石炭统。

（12）柳州背斜 ㉓：核部为下石炭统，呈 N15°E，长大于 5km，翼部为中石炭统。

（13）穿山 NW 背斜 ㉔：位于穿山 NW8km，核部为中石炭统，呈 SN 向，长 8km，翼部为上石炭统马平群。

（14）进德 SW 向斜 ㉕：位于进德 SW4km，以下石炭统大塘阶为槽部，呈 N30°E，长 2km，翼部为岩关阶。

（15）柳江西背斜 ㉖：位于柳江西 7km，核部为上泥盆统融县组，呈 N5°W，长 20km，翼部为下石炭统。

（16）向斜 ㉗：以下石炭统为槽部，呈 N10°W，长 7km，翼部为中石炭统。

（17）洛满南向斜 ㉘：位于洛满南 3km，槽部为上石炭统，由北向南呈 SN 向至 S30°E，长 5km，翼部为中石炭统。

（18）背斜⑧⑨：位于向斜⑧⑦西，以上泥盆统融县组为核部，呈 N10°W，长 7km，翼部为下石炭统。

上述 18 条褶皱位于土博—穿山—运江 NE。

2. 土博—穿山—运江以南褶皱

（1）运江 SE 向斜⑥：槽部为上泥盆统榴江组，呈 N20°W，长 4km，翼部为中泥盆统。

（2）运江 SW 向斜⑦：位于运江 SW6km，以下石炭统为槽部，呈 SN 向，长 4km，翼部为上泥盆统榴江组。

（3）背斜⑧：紧靠向斜⑦的西侧，核部为中泥盆统，呈 N5°W，长 7km，翼部为榴江组。

（4）石龙 NW 向斜⑨：以下二叠统为槽部，呈 N20°E，长 8km，翼部为上石炭统。

（5）凤凰 SE 向斜⑱：位于凤凰 SE8km，槽部为下三叠统，呈 N10°E，长 3km，翼部为上二叠统。

（6）来宾 NE 向斜⑩：槽部为下三叠统，呈 SN 向，长 9km，翼部为上二叠统。

（7）五山北向斜⑪：位于五山北 8km，槽部为上二叠统，呈 N5°E，长 7km，翼部为下二叠统，上、下二叠统间为平行不整合。

此处向斜⑩⑪，可连接成一个呈 N15°E 至近 SN 的一个向斜，仅因中段被下白垩统以角度不整合覆盖分成别两段向斜。

（8）蒙村东背斜⑫：以中泥盆统为核部，呈 N15°E，长 3km，翼部为上泥盆统。

（9）蒙村 NE 背斜⑬：位于蒙村 NE10km，其组成与背斜⑫同，呈 N10°E，长大于 5km。

（10）背斜⑭：位于蒙村背斜⑬北 4km，核部为榴江组下段，呈 N5°W，长 3km，翼部为榴江组上段。

上述⑫⑬⑭3 条褶皱，均位于 NNE 同一线上，围绕在下石炭统岩关阶中间，共同组成一个呈 N5°E，长 22km 的背斜。

（11）石龙南向斜⑮：位于石龙南 15km，以上二叠统大隆组为槽部，自北而南呈 N10°W 至 N30°W，长 10km，翼部为下二叠统。

（12）向斜⑯：位于向斜⑮东侧，槽部为上二叠统，呈 N40°E，长 3km。翼部为下二叠统。

（13）向斜⑰：位于石龙 SSE8km，其组成及延伸均与向斜⑮同，长 3km。

以上 3 条向斜，均围绕在上石炭统及下二叠统之间，共同组成一个以 NNW 向褶皱为主，长 20km，宽 15km 的褶皱群。

上述⑥～⑰共 13 条褶皱，位于柳—忻—宾—武—象椭圆状褶皱带 ES 部，即运江—凤凰—青岭 SE。

3. 椭圆状褶皱带 SE 缘的褶皱

均以向 SE 凸出弯曲为主：

（1）石牙西背斜⑱：核部为上泥盆统融县组，南段呈 N45°E，北段呈 N45°W，中段呈向东凸出弯曲的弧形，总长约 25km，翼部为下石炭统岩关阶。

（2）石牙 NE 背斜⑲：其组成与背斜⑱同，NE 段呈 N25°E，长 3km，SE 段应呈 N60°E，长 6km，由于被第四系覆盖，只能推断此背斜呈向 SE 凸出弯曲的弧形。

（3）背斜⑳：为呈鼻状向 NW—NWW 倾伏的背斜，核部由 SE 向 NW 依次为下泥盆统、中泥盆统、上泥盆统、下石炭统，长 13km，翼部依次为中泥盆统、上泥盆统、下石炭统、中—上石炭统。

（4）向斜㉓：位于武宣 SW20km，以上二叠统为槽部，NE 段呈 N40°E，SW 段呈 N70°E，

总体上呈向 SE 凸出弯曲的弧形，长 17km，翼部为下二叠统。

4. 柳—忻—宾—武—象椭圆状褶皱带西缘褶皱

本区向西凸出弯曲的弧形褶皱带更为明显，由 NE 向 SW：

（1）三岔向斜 (94)：槽部为下二叠统茅口组，呈 N65°E，长 7km，翼部为下二叠统孤峰组。

（2）三岔 SW 向斜 (90)：槽部为上二叠统，呈 N30°E，略向 NW 凸出弯曲，长 6km，翼部为下二叠统。

（3）里苗东向斜 (91)：以下二叠统为槽部，呈 SN 向，长 4km，翼部为上石炭统。

（4）马泗 NE 背斜 (92)：位于马泗 NE5km，以上石炭统为核部，呈 N40°E，长 10km，翼部为下二叠统。

（5）马泗 NW 背斜 (93)：位于马泗 NW4km，以下石炭统为核部，呈 N55°E，长 4km，翼部为中石炭统。

（6）马泗 SW 向斜㊶：槽部为下二叠统，呈 N30°E，略向 NW 凸出弯曲，长 20km，翼部为上石炭统。

（7）忻城 NW 向斜㊷：位于忻城 NW8km，槽部为上二叠统，呈 N10°W，略向 SW 凸出弯曲，长 6km，翼部为下二叠统。此处上、下二叠统间呈平行不整合。

（8）红渡向斜㊸：以上二叠统为槽部，呈 SN 向，长 14km，翼部为下二叠统。

（9）背斜㊹：位于向斜㊸以西，核部为中石炭统，呈 SN 向，略具波状弯曲，长 16km，翼部为上石炭统。

上述从三岔向 SW 至忻城 SW 红渡的 9 条褶皱波及长约 75km，宽 5 ～

10km，褶皱构造由 N65°E，逐渐转呈 SN，组成柳—忻—宾—武—象椭圆状褶皱 NW 缘、向 NW 凸出弯曲的弧形褶皱带。

　　5. 柳—忻—宾—武—象椭圆状褶皱带 SW 缘褶皱

　　（1）红渡 NW 向斜 ㊺：位于红渡 NW10km，槽部为下二叠统，呈 N25°W，长大于 8km，翼部为上石炭统。

　　（2）乔贤向斜 ㊻：以中三叠统为槽部，北端呈近 SN、中—南段呈 N25°W，长 32km，翼部为下三叠统。

　　（3）背斜 ㊼：核部为下石炭统，呈 NW 向，长 5km，翼部为中石炭统。

　　（4）向斜 ㊵：位于背斜 ㊼SW7km，以下三叠统为槽部，呈 N55°W，长大于 2km，翼部为上二叠统。此向斜 NW 段被 NE 断裂切割，向 NE 错移的部分呈 N20°W。

　　（5）澄泰向斜 ㊽：槽部为中三叠统，NW 段呈 N25°W，往 SE 逐渐转呈 N45°W，为向 SW 凸出弯曲的弧形，长 23km，翼部为下三叠统。

　　（6）向斜 ㊼：位于向斜 ㊽SW，为呈簸箕状开口指向 S80°E 的向斜，其组成与澄泰向斜 ㊽ 同，长 5km。

　　（7）背斜 ㊿：以下三叠统为核部，呈鼻状倾伏端指向 N65°W 的背斜，长 2km，翼部为中二叠统。

　　（8）巷贤 NE 向斜 ㊿：位于巷贤 NE8km，以中三叠统为槽部，呈 N55°W，长大于 l0km，翼部为下三叠统。

　　（9）宾阳 NE 向斜 ㊾：位于宾阳 NE7km，以下三叠统为槽部，呈 N70°W，长约 10km，翼部为上二叠统。

　　上述 ㊺㊻㊼㊵㊽㊼㊿㊿㊾ 等 9 条褶皱，从 NW 往 SE，依次由 N25°W，逐渐转为 N70°W，总长约 100 余千米，宽 5 ～ 10km，最宽处可达 20km，并呈向 SW 凸出弯曲的弧形，为柳—忻—宾—武—象椭圆状褶皱带的 SW 缘，呈向 SW 凸出弯曲的弧形褶皱带。

　　6. 柳—忻—宾—式—象椭圆状褶皱带的中间褶皱

　　即土博—穿山以南的褶皱，以 SN 或近 SN 向为主：

　　（1）大塘背斜 ㉔：核部为中石炭统，呈 N5°W，长 8km，翼部为上石炭统。

　　（2）向斜 ㉕：位于大塘背斜 ㉔ 东，以上石炭统为槽部，呈 SN 向，长 25km，翼部为中石炭统。

　　（3）背斜 ㉖：其组成与大塘背斜 ㉔ 同，呈 N5°W，长 7km。

　　（4）向斜 ㊳：以下二叠统为槽部，呈 N5°W，长 20km，翼部为上石炭统。

　　（5）向斜 ㊴：以下二叠统为槽部，呈 N17°W，长 7km，翼部为上石炭统马平群。

　　（6）凤凰 NW 背斜 ㊵：核部为下石炭统，呈 SN 向，长 15km，翼部为中石炭统。

（7）合山市向斜㉗：以下三叠统为槽部，南段呈 N30°E，北段呈 SN，长27km，翼部为上二叠统。

（8）向斜㉟：位于合山市向斜㉗SE5km，以下二叠统为槽部，与㉗向斜平行，长大于22km，翼部为上石炭统。

（9）背斜㊱：位于向斜㉟以东 6km，核部为上石炭统，呈 N5°W，长大于10km，翼部为下二叠统。

（10）良塘 SE 背斜㊲：位于良塘 SSE10km，背斜核部由上石炭统产状变化判定，呈 N15°E，长 5km。

（11）背斜㉞：其组成及延伸均与背斜㊱同，长 8km，与背斜㊱同在一条延长线上，只是中间为第四系覆盖，划分为南㉞、北㊱两条褶皱。

（12）大里向斜㉘：槽部为下三叠统，呈 N15°E，长 5km，翼部为上二叠统。

（13）向斜㉝：位于大里 SE10km，其组成与大里向斜㉘同，呈 N30°E，长15km。

（14）邹圩东背斜㉙：位于邹圩东 5km，核部为下石炭统，呈 SN 向，长3km，翼部为中石炭统。

（15）背斜㉚：位于邹圩 NE6km，核部为中石炭统，呈 N35°E，长 5km，翼部为上石炭统。

（16）向斜㉛：槽部为下二叠统，呈 SN 向，长大于 5km，两翼隔断裂为上石炭统。

（17）青岭 SW 向斜㉜：此为呈簸箕状开口指向正南的向斜、以下二叠统为槽部，呈 SN 向，长大于 7km，翼部为上石炭统。

7. 柳—忻—宾—武—象椭圆状褶皱带 SE 外缘褶皱

从北往南为：

（1）天平山西向斜⑱：以石炭系为槽部，呈 N5°E，长 20km，翼部为上泥盆统。

（2）向斜⑲：槽部为下二叠统，呈 SN 向，长 5km，翼部为石炭系。

（3）横县东向斜⑳：槽部为下三叠统，呈 SN 向，长大于 3km，翼部为中—上石炭统。

（二）南丹—昆仑关断裂附近

含有三叠系地层的印支期主要褶皱有 5 条，从 SE 向 NW 为：

（1）河口向斜⑤：以中三叠统为槽部，呈 N30°W，并略具向 SW 凸出弯曲的弧形，长约 55km，翼部为下三叠统及二叠系，且二叠系与中—上石炭统呈平行不整合。

（2）龙很 NW 向斜⑱：位于龙很 NW15km，槽部为中三叠统，呈 N15°W，长 27km，翼部为下三叠统。

（3）大同向斜⑲：其组成与向斜⑱同，南段呈 N20°W，北段呈 N45°W，并具向 NE 凸出弯曲的弧形，长 16km。

（4）平坎 NW 向斜 ⑩：其组成与向斜 ⑱ 同，呈 N40°E，长 12km。

（5）长乐 NW 向斜 ⑪：其组成与向斜 ⑱ 同，呈 N30°W，长 15km。

上述褶皱，以河口向斜 ⑤ 延伸最长，并且与 ⑱⑲ 向斜，⑩⑪ 向斜，均具左行雁行式排列特征，因此它们形成时期主要是受近 EW 向反时针向扭压应力作用的控制。

（三）宜山—柳城断裂带附近含有三叠系的印支期主要褶皱

有 3 条，从西往东为：

（1）石仓 SE 向斜 ㉘：位于石仓 SE10km，以中三叠统为槽部，呈 N10°W，长可达 7km，翼部为下三叠统。

（2）向斜 ㉙：位于向斜 ㉘SE，其组成与向斜 ㉘ 同，由 NW 至 SE，呈 N10°～15°W，长 8km。

上述 ㉘㉙ 两向斜，呈左行雁行式排列。

（3）流河 NE 向斜 ⑳：位于流河 N70°E10km（宜山 NE），槽部为下三叠统，自 SW 而 NE，呈 N50°～60°E，略具向 NW 凸出弯曲的弧形，长 15km，翼部为上二叠统，与下二叠统为平行不整合。

灵山—藤县深断裂西南段的西北侧，那梭东北，由上二叠统与下三叠统地层界线揉肠状弯曲显示的褶皱 ⑪，位于 NE 的背斜，呈鼻状倾伏端指向 S40°W，长大于 1km；位于 SW 的向斜，呈簸箕状开口指向 S30°W，长 1km。上述 4 条背、向斜间，均呈右行雁行式排列。滩营西北背、向斜 ⑫，均为上二叠统，由产状变化形成呈鼻状倾伏端指向 S20°W 的背斜、呈簸箕状开口指向 S20°W 的向斜，其长度均大于 1km。此处两条背、向斜间，均呈右行雁行式排列。总体上看，该处位于灵山—藤县深断裂 SE 的褶皱群 ⑪、NE 的褶皱群 ⑫，亦呈右行雁行式排列。它们的形成主要是经受了近 EW 向的地应力作用，并受灵山—藤县深断裂的控制。

三江—融安（三江—溆浦）断裂、南丹—昆仑关断裂、桂林—来宾断裂带、宜山—柳城断裂带、龙胜—永福断裂、栗木—马江断裂、富川断裂、荔浦断裂附近均有以 NNE、NNW 或近 SN 的褶皱构造，由于它们都不含中—下三叠统地层，仅仅是按其延伸方向、排列方式与含有中—下三叠统的褶皱构造进行对比确定的，因此不在此描述。

印支期侵入岩规模较小。两枝长条状花岗岩分布在北纬 24°40′ 附近：

（1）养牛坪花岗岩体（5）：位于燕山早期姑婆山花岗岩基（13）（14）的东侧、加里东晚期大宁花岗岩（2）的西侧，呈 N5°E，长 18km，宽 2～5km，SN 两段较粗、中间较细，侵入于寒武系培地组、中泥盆统。

（2）沙坪 NW 花岗岩体（6）：位于燕山早期花山花岗岩体（17）（18）的西侧，北段呈 N10°E，中、南段呈 N20°W，为略向西凸出弯曲的弧形，长约 20km，宽 1～2km，侵入于泥盆统地层。该两岩体位于北纬 24°40′ 附近，与柳—忻—宾—武—象似椭圆状的褶皱构造群中心部位近 SN 向的 ⑦⑤～⑧⑨、⑩～⑮、㉔～㉖、㉞～㊵褶皱的延伸方向大体一致或相似。表明它们形成时共同经受了 EW 方向地应力的挤压作用。

椭圆状或形态不规则的小岩体，分布在灵山—藤县深断裂两侧，或此深断裂与博白—梧州深断裂之间：

（1）西山石英二长岩体（21）：位于桂平 SW，为椭圆状，长径 7km，呈 N15°E，短径 5km，侵入下泥盆统，并被燕山早期花岗岩侵吞环绕。

（2）六陈 SW 花岗斑岩体（25）：位于六陈 SW20km，呈 N55°E，为椭圆状，长径 4.5km，短径 3km，侵入海西中—晚期花岗岩及中泥盆统。

（3）院垌花岗岩体（24）：位于梅花顶 NWW17km，由于此岩体 NW 被 NE 向灵山—藤县深断裂切错、剩下的部分似呈靴状，长 9km，靴底部分呈 NW 向，长 4km，靴筒部分宽 2km。

（4）苍梧南花岗闪长岩体（30）：位于苍梧南 10km，似呈向 N10°W 凸出的半椭圆状，长 4km，N80°E 短半径长 3km。此岩体侵入下奥陶统，又被燕山早期花岗岩吞噬。

（5）石南 SE 花岗斑岩体（23）：位于石南 SE4km，由于被下白垩统及第四系覆盖，形态不规则，但总体上看长轴仍呈 N45°E，长 9km，宽 4～5km。

上述岩体的形态主要受断裂的控制，之所以呈椭圆状，如西山石英二长岩体（21），是由岩浆侵入时热量在围岩中均匀传导所致。

综合上述，加里东早—中期在昭平—藤县 SN 长 110km，EW 宽 20km，形成了 ①②③④ 四条 SN 至近 SN 向褶皱构造。印支期在柳（城）—忻（城）—宾（阳）—武（宣）—象（州）似椭圆状褶皱带内的中—南部，形成了近 SN 向的卷入下、中三叠统的 ⑩㉗㉘㉝ 四条向斜，通过分析对比，可以发现印支期近 SN 向的主要褶皱与加里东早—中期 SN 向褶皱，其延伸方向，颇为相似。海西早—中期形成了以 EW 向为主、且向南呈波状弯曲的弧形褶皱带。显然，桂东地区加里东早—中期、海西早—中期、印支期褶皱构造，按延伸方向、形态特征、排列方式，均具有"隔期相似、临期相异"的特征。

第九章 广东（南岭主带与其邻区）褶皱构造及其侵入岩

第一节 加里东期褶皱及其侵入岩

（一）广东境内加里东早—中期褶皱

依其排列方式及与桂东加里东早—中期褶皱的衔接关系，有三组褶皱带。按着其与桂东加里东褶皱构造中心（大瑶山、大桂山）的距离，从近到远概述如下。

1. 怀集—连山—大雾山褶皱带

位于粤西北，毗邻湘粤桂三省（区）交界处，从 SE 向 NE 为：

（1）怀集 NW 背斜 ①：位于怀集 NW5km，核部为寒武系八村群下亚群，呈 N55°E，长大于 20km，翼部为八村群中亚群。此背斜 SW 端被上白垩统以角度不整合覆盖。

（2）甘洒东向斜 ②：槽部为八村群中亚群，由 NE 向 SW，呈 N15°～45°E，长大于 30km，翼部为八村群下亚群。该向斜 NE 被燕山第三期花岗岩侵吞。

上述 ①② 两条褶皱，呈右行雁行式排列。

（3）连山向斜 ㊴：槽部为八村群下亚群，呈 N30°E，长大于 15km，翼部为上震旦统乐昌群。该向斜中段北端均被加里东期太保花岗闪长岩及燕山第一期花岗岩吞噬。

（4）背斜 ③：以乐昌群为核部，呈 N30°E，长大于 15km，翼部为八村群下亚群。该背斜 NE 段亦被太保花岗闪长岩体（1）及燕山第一期花岗岩体（19）吞噬。SW 段被 NW 向断裂切错。

（5）大雾山背斜 ④：其组成与背斜 ③ 同，呈近 SN 向，长大于 3km。该背斜 SN 两端均被燕山第一期花岗岩吞噬。若没有燕山第一期花岗岩吞噬，③④ 两背斜，很可能共同组成一个背斜。

上述 ㊴ 向斜与 ③④ 两背斜，呈右行雁行式排列。

2. 罗定 NE—凤村—老屋场—英德 SE—雪山嶂褶皱带

此褶皱带长 260 余千米，宽 20km，逐渐转向 NNW，抵乳源北、经乐昌西至云祖仙南，长 140 余千米，宽 20～30km。雪山嶂一带似呈向东凸出弯曲的弧形。由 SW 向 NE 为：

（1）连滩北向斜③：以下志留统为槽部，呈 N40°E，长 27km，翼部为中—下奥陶统。此向斜在连滩以西，被断裂切错。

（2）德庆 SE 向斜④：位于德庆 SE15km，其组成及走向均与向斜③同，只是长大于 23km，向 NE 延伸 7～8km。并被 EW 向断裂切错。

上述③④向斜，呈右行雁行式排列。

（3）凤村 NE 背斜⑦：位于凤村 NE12km，以奥陶系中—上统为核部，呈 N50°E，长大于 14km，翼部为下志留统。

（4）向斜⑧：位于背斜⑦NE10km，以下奥陶统为槽部，呈 N45°E，长大于 10km，翼部为寒武系八村群上亚群。

以上⑦⑧两褶皱，呈右行雁行式排列。

（5）背斜⑨：位于老屋场西 8km，核部为八村下亚群，呈 55°E，长大于 16km，翼部为八村群中亚群。该背斜 SW 段被中泥盆统以角度不整合覆盖。

（6）背斜⑩：其组成与背斜⑨同，呈 N55°E，长约 8km。此背斜 NE 段被中泥盆统以角度不整合覆盖。

上述⑨⑩两背斜，呈右行雁行式排列。

（7）英德 SE 向斜⑤：位于英德 SE20km，以八村群中亚群为槽部，呈 N40°E，长大于 13km，翼部为八村群下亚群。

（8）向斜⑥：位于英德 SE20km，其组成与向斜⑤同，呈 N15°E，长大于 15km。此处⑤⑥两向斜原本应是一条向斜，由于被 NE 向断裂切错，分成两条。

（9）雪山嶂 NE 背斜⑦：位于雪山嶂 NE10km，以八村群下亚群为核部，自 NE 而 SW，呈 N15°～35°E，长大于 30km，翼部为八村群中亚群。此背斜 SE 翼及 NE、SW 两端均被中泥盆统以角度不整合覆盖，并略呈向 SE 凸出弯曲的弧形。

（10）雪山嶂 NNE 背斜⑧：距雪山嶂仅 6km，依八村群分布及其两翼由中泥盆统以角度不整合覆盖推断，呈 N25°E，长 10 余千米。

（11）沙口 NE 背斜⑨：与背斜⑧相似，均以八村群为核部，呈 N20°E，长 5km，翼部为中泥盆统以角度不整合覆盖。

3. 云祖仙—乳源加里东早—中期褶皱带

构造以近 SN 向为主，并组成略向西凸出弯曲的弧形，从北至南：

（1）大沇向斜㉝：以八村群中亚群为槽部，由南向北呈 N15°～40°E，总长大于 13km，翼部为八村群下亚群。

（2）背斜㉞：位于乐昌西 5km，以上震旦统乐昌群为核部，由北向南呈

N25°～45°W，长 7～8km，翼部为八村群下亚群。

（3）背斜㉟：位于大沅 NW10km，以乐昌群为核部，似与大沅向斜㉝大体平行，长大于25km，翼部为八村群下亚群。

（4）平头寨北背斜㊱：以八村群下亚群为核部，呈 N20°W，并略向 SW 凸出弯曲，长大于12km，翼部为八村群中亚群。

上述㉝㉞、㉟㊱两组向西凸出弯曲的褶皱弧，共同组成弧形褶皱带。

（5）狗尾嶂背斜㊲：以乐昌群为核部，呈 N25°W，长大于3km，翼部为八村群下亚群。该背斜 SE 段被 NNE 向断裂切错。

（6）乳源北背斜㊳：位于乳源 NNW7km，其组成与背斜㊲同，呈 N5°W，长大于8km。该背斜北端被 NEE 向断裂切割，南段被中泥盆统以角度不整合覆盖。

4. 恩平—新丰（阳江—南丰）深断裂带 SE

在广东境内长 420km，宽 10km 至 20～30km。司前—雪峰山往 NWW，经瑶岭、凡口至黄洞嶂，长 90km，宽 20 余千米的褶皱带。自 SW 而 NE 为：

（1）向斜⑫：以奥陶系中—下统为槽部，呈 SN 向，长大于 3km，翼部为八村群上亚群。该向斜北段被 EW 向断裂切错。

（2）横塘圩 SW 背斜⑬：位于横塘圩 SW20km，核部为八村群中亚群，呈 SN 向，长大于 12km，翼部为八村群上亚群。此背斜⑬，北段被海西期花岗闪长岩侵吞，南端被燕山期第四期花岗岩吞噬。中间被中泥盆统以角度不整合覆盖。

（3）向斜㊽：位于横塘圩 SW15km，以下奥陶统为槽部，呈 N50°W，长大于 3km，翼部为八村群上亚群。

（4）向斜⑭：以下奥陶统为槽部，呈 N17°E，长 10km，翼部为八村群上亚群。

（5）横塘圩西向斜⑮：其组成与向斜⑭相同，呈 SN 向，长大于10km。此向斜⑮北段被 EW 向断裂切割，南端被中泥盆统以角度不整合覆盖。

（6）台山西向斜⑰：以八村群上亚群为槽部，呈 N30°E，长大于 8km，翼部为八村群中亚群。

（7）开平 SE 背斜⑯：位于开平 SE8km，核部为八村群中亚群，呈 N30°E，长大于 4km，翼部为八村群上亚群。

上述背斜⑯、向斜⑰NE 段均被第四系覆盖，SW 段被 NW 向断裂切错。

以上 7 条以呈近 SN 至 NNE 的褶皱，其西侧与 EW 至近 EW 的加里东晚期褶皱毗邻。通过分析对比，可以判定前者主要是在 EW 向地应力作用下形成的。

（8）珠海 NW 向斜⑱：位于珠海 NW18km，以八村群中亚群为槽部，呈 N30°E，长大于 4km，翼部为八村群下亚群。

（9）官厅 NW 向斜⑲：位于官厅 NW12km，槽部为八村群中亚群，呈 N30°E，长大于 5km，翼部为八村群下亚群。该向斜 NE、SW 两段均被中泥盆统以角度不整合覆盖。

（10）博罗 NE 背斜 ⑳：位于博罗 NE35km，博罗—紫金大断裂的 SE，以寒武系八村群为核部，呈 N50°E，长大于 7km，翼部为下奥陶统。该背斜 NE、SW 均被 NW 向。裂切错运移，八村群与下奥陶统的接触界线多呈 NE 向，然而能够组成的完整褶皱，只有背斜 ⑳。

（11）帽山向斜 ㉑：位于新丰 SE13km，槽部为中—下奥陶统，呈 N25°E，长大于 4km，翼部为八村群上亚群。该向斜 SW 段被燕山期第三期花岗岩侵吞。

（12）锡坑西向斜 ㉒：以中—下奥陶统为槽部，呈 N25°E，长 8km，翼部为八村群上亚群。

（13）翁源 SEE 背斜 ⑩：位于翁源 SEE10km，核部为上震旦统，呈 N35°～40°E，长大于 7km，翼部为中泥盆统以角度不整合覆盖。

（14）老虎坳向斜 ⑪：位于老虎坳南，核部为八村群下亚群，呈 N30°E，长大于 15km，SE 翼为上震旦统，NW 翼隔中泥盆统亦为上震旦统。

上述两条褶皱 ⑩⑪SW 段均被断裂切割错移。

（15）锯板坑向斜 ⑫：槽部为中—上奥陶统，呈 N25°E，长大于 23km，SE 翼为下奥陶统，NW 翼及 SW、NE 两端均被中泥盆统以角度不整合覆盖。

（16）和平 NW 向斜 ⑬：位于和平 NW8km，槽部为下奥陶统，呈 N20°E，长大于 12km，SE 翼为八村群上亚群，NW 翼隔断裂为八村群中亚群。

（17）青州东向斜 ⑭：位于青州东 8km，以中—上奥陶统为槽部，由南而北呈 N10°～20°E，长在于 8km，NW 翼为下奥陶统，SE 翼隔加里东期石英闪长岩体（6）为八村群中亚群。该向斜 SW 端被上白垩统以角度不整合覆盖，NE 段被断裂切割。

以上所述 ⑩⑪⑫⑬ 四条褶皱，自 SWW 至 NEE，波及区长 124km、宽 10～20km，呈右行雁行式排列。

（18）平远北背斜 ①：位于平远北 12km，核部为上震旦统，北段呈 N35°E，南段呈 N10°W，总体上为向 NW 凸出弯曲的弧形，长大于 9km，翼部为寒武系八村群。该背斜 ①SN 两端均被中泥盆统以角度不整合覆盖。

5. 司前—雪峰山往 NWW 经瑶岭、凡口转向黄洞嶂的褶皱带

（1）雪峰山 SW 背斜 ⑮：位于雪峰山 SW10km，核部为八村群上亚群，呈 N40°E，长大于 17km，翼部为下奥陶统。该背斜 NE、SW 两侧均被燕山期花岗岩侵吞，中段被燕山期次火山正长斑岩覆盖。

（2）向斜 ⑰：紧靠背斜 ⑮，NW 侧以中—上奥陶统为槽部，呈 N40°E，长大于 18km，翼部为下奥陶统。

（3）罗坝南背斜 ⑱：核部为八村群上亚群，呈 N30°E，长大于 8km，翼部为下奥陶统。

（4）司前 NNE 背斜 ⑲：位于司前 NNE7km，以八村群上亚群为核部、呈

N15°E，长大于 7km，翼部为下奥陶统。

（5）坪田背斜⑳：以八村群上亚群为核部，呈 SN 向，长大于 10km，翼部为下奥陶统。

（6）背斜㉑：其组成与背斜⑳同，呈 N25°E，长大于 5km。

（7）瑶岭 NE 背斜㉒：其组成与背斜⑳同，自 SE 而 NW 呈 N15°E 至 N35°W，长大于 8km。

（8）向斜㉓：槽部为中—上奥陶统，呈 N10°W，长 4km，翼部为下奥陶统。

（9）向斜㉔：其组成与向斜㉓同，呈 N5°E，长大于 8km。

（10）枫湾 NE 背斜㉕：位于枫湾 NE7km，核部为八村群上亚群，呈 N10°E，长 5km，翼部为下奥陶统。

（11）周田 SE 背斜㉖：位于周田 SE8km，其组成与背斜㉕同，呈 SN 向，长大于 3km。

上述 11 条褶皱除向斜㉓转折端完整、背斜⑲南端被燕山期次火山正长斑岩覆盖、背斜㉖南端被断裂切错外，其余褶皱两端或被中泥盆统以角度不整合覆盖，或被燕山期第一期、第三期花岗岩侵吞。

（12）向斜㉗：位于扶溪南 10km，以八村群上亚群为槽部，由南向北呈 N15°～30°E，长 10km，翼部为八村群中亚群。该向斜北段被海西期花岗闪长岩吞噬。

（13）仁化北背斜㉙：位于仁化北 5km，核部为八村群下亚群，由南向北呈 SN 至 N25°E，为略向 NW 凸出弯曲的弧形，长 15km，翼部为八村群中亚群。

（14）向斜㉚：位于背斜㉙的 SW 侧，以八村群上亚群为槽部，呈 25°W，长大于 7km，翼部为八村群中亚群。

（15）凡口北背斜㉛：其组成与背斜㉙同，呈 N30°E，并略呈向 SW 凸出弯曲的弧形，长大于 7km。

（16）向斜㉜：槽部为八村群上亚群，呈 N30°W，长大于 12km，翼部为八村群中亚群。

以上五条褶皱除向斜㉗SW 转折端清晰外，其余褶皱均被北部燕山期第一期花岗岩侵吞，南端被中泥盆统以角度不整合覆盖。

综上所述，广东北纬 24°00′ 以南地区，加里东早—中期 NE 向褶皱中呈右行雁行式排列褶皱群的形成，主要是在近 EW 向地应力作用下，并受到郴县—怀集大断裂带、吴川—四会深断裂带、恩平—新丰（阳江—南丰）深断裂带、河源（邵武—河源）深断裂带的控制作用。粤西北地区太保加里东期花岗闪长岩体（1）如两侧大雾山背斜③④，是受加里东早—中期 EW 向地应力作用形成的。云祖仙—乳源加里东早—中期褶皱，以近 SN 向为主，并略向西凸出弯曲的褶皱群，主要是在近 EW 并略呈反时针向地应力作用下形成的。黄洞嶂南 ㉚㉛㉜3 条 NNW 向褶皱，是在近 EW 反时针向地应力作用下形成的。

（二）加里东晚期褶皱

按着其距离桂东加里东期褶皱构造中心（大瑶山、大桂山）的距离，从近到远叙述如下：

1. 大桂山 NE 连南褶皱

连山南向斜 ㊵：位于连山向斜 ㊴ 与背斜 ③ 的南侧，以八村群中亚群为槽部，呈 N75°E，长大于 35km，翼部为八村群下亚群。该向斜 ⑩ 东端被中泥盆统以角度不整合覆盖。

2. 云开大山 SE、吴川—四会深断裂带 NW 褶皱

（1）高良 NE 背斜 ⑤：以八村群上亚群为核部，呈 N60°E，长大于 10km，翼部为下奥陶统。

（2）高良东背斜 ⑥：其组成与背斜 ⑤ 同，亦呈 N60°E，长大于 15km。

上述 ⑤⑥ 两背斜 NE、SW 两端均被燕山期第三期黑云母花岗岩侵吞，⑤⑥ 两背斜似呈左行雁行式排列。

（3）封开背斜 ㉛：位于封开 SW，以八村群下亚群为核部，呈 N55°E，长大于 20km，翼部为八村群中亚群。该背斜还可向 NEE 向延伸。

（4）郁南 NE 背斜 ㉜：其组成与背斜 ㉛ 同，呈 N40°E，长大于 8km。该背斜 SE 翼隔断裂为八村群上亚群，NE 端被燕山期第三期黑云母花岗岩侵吞，SW 段被 NW 向断裂切割。

（5）郁南南背斜：位于背斜 ㉜SW7km，以上震旦统为核部，呈 N55°E，长大于 15km，NW 翼为八村群下亚群，SE 翼隔下泥盆统及 NE 向断裂为八村群上亚群。

（6）德庆 SW 向斜 ㉝：位于德庆 SW15km，槽部为下奥陶统，呈 N40°E，长 7km，翼部为八村群上亚群。

（7）鸡林洞 SW 向斜 ㉞：其组成与向斜 ㉝ 同，呈 N70°E，长大于 20km。

（8）背斜 ㊾：位于 ㉞ 向斜 SW，已在广西境内，以下奥陶统为核部，呈 N75°E，长 12km，翼部为中奥陶统。

上述 ㉛㉜㉝㉞㊾ 褶皱，呈左行雁行式排列。

（9）大云雾山西向斜 ㉓：位于大云雾山西 20km，以下奥陶统为槽部，呈 N60°E，长大于 22km，SE 翼为八村群中亚群，NW 翼隔断裂为下石炭统。

（10）背斜 ㉟：位于泗纶 SE16km，核部为八村群上亚群，呈 N85°E，长大于 14km，北翼为下奥陶统，南翼隔断裂为中—上泥盆统。

（11）罗镜北向斜 ㊱：槽部为下志留统，呈 N80°W，长大于 14km，北翼为中—上奥陶统，南翼隔断裂为中—上奥陶统。

上述三条褶皱均位于罗定贵子弧形断裂、褶皱的南缘，自 NE 而 SW，呈左行雁行式排列。

（12）四会 SW 背斜 ㊲：以加里东期混合花岗岩为核部，呈 N70°E，长大于

20km。该背斜 SW 段两翼及倾伏端外缘为八村群下亚群。

（13）鼎湖西向斜 ㊳：以奥陶系中—上统为槽部，自 SW 而 NE，呈 N55°～75°E，长大于 25km，翼部为下奥陶统。该背斜 NEE 段被吴川—四会深断裂带切割。

上述 ㊲㊳ 两褶皱呈左行雁行式排列。

3. 吴川—四会深断裂带 SE 的褶皱

（1）肇庆市 NEE 向斜 ㊴：位于肇庆市 NEE15km，以中—上奥陶统为槽部，呈近 EW 向，长大于 12km，北翼隔断裂及中泥盆统为八村群上亚群，南翼隔中—上泥盆统及第四系为下奥陶统。

（2）肇庆市 SE 背斜 ㊵：以八村群上亚群为核部，呈 N55°W，长大于 10km，翼部为下奥陶统。该背斜中轴被燕山期第三期黑云母花岗岩侵吞。

（3）腰古向斜 ㊷：槽部为震旦纪，呈 EW 向，略向南凸出弯曲，长 20km，以混合岩化及混合花岗岩化震旦系为翼部。

（4）背斜 ㊸：位于腰古向斜 ㊷ 南侧，以混合岩化震旦系及混合花岗岩为核部，呈 EW 向，并略向南凸出弯曲，长 50km。

（5）阳春 NE 向斜 ㊹：位于阳春 NE12km，槽部为八村群上亚群，呈 EW 向，略向北凸出弯曲，长大于 13km，翼部为八村群中亚群。

（6）阳春东背斜 ㊺：以八村群下亚群为核部，呈 EW 向，长大于 13km，翼部为八村群中亚群。

4. 阳江—南丰深断裂带 SW 段 SE 侧的褶皱

（1）背斜 ㊻：以八村群下亚群为核部，呈 N25°E，长大于 5km，翼部为八村群中亚群。

（2）向斜 ㊼：位于背斜 ㊻ 南侧，以八村群中亚群为槽部，呈 N35°E，长大于 6km，翼部为八村群下亚群。

上述 ㊻㊼ 背、向斜的两端均被 NNE 向断裂切错，与加里东早—中期 ⑫⑬ ⑭⑮ 褶皱毗邻。

5. 黄坑—枫湾 NWW 至近 EW 向褶皱

（1）八村北向斜 ㊹：位于黄坑、八村、骑龙寨之间，以中—上奥陶统为槽部，西段呈 N75°W，中东段呈近 EW 向，长大于 15km，翼部为下奥陶统。

（2）周田 SSE 向斜 ㊸：位于周田 SSE10km，其组成与向斜 ㊹ 同，呈 N55°W，长大于 12km。

（3）背斜 ㊷：与向斜 ㊸ 毗邻，以八村群上亚群为核部，呈 N65°W，长大于 10km，翼部为下奥陶统。

（4）枫湾北向斜 ㊷：位于枫湾北 7km，槽部为中—上奥陶统，呈 N55°W，长大于 10km，翼部为下奥陶统。

上述 4 条褶皱中的后 3 条，位于司前—雪峰山往 NWW㉕㉖ 背斜的 SW、扶溪—黄坑向斜 ㉗ 以南，㊶㊷㊸ 三条背、向斜，呈右行雁行式排列。

综合上述，北纬 24°40' 以南的加里东晚期褶皱，多处均以 NEE 向为主，且呈左行雁行式排列，显示出它们是在 SN 向地应力作用下形成的，并夹持在加里东早—中期褶皱构造之间，受郴县—怀集大断裂带、吴川—四会深断裂带、恩平—新丰深断裂带的控制。北纬 24°40' 以北黄坑—枫湾 NWW 至近 EW 向，㊶㊷㊸ 呈右行雁行式排列的褶皱群，与近 SN 的加里东早—中期 ㉔㉕㉖ 褶皱毗邻，是加里东早—中期褶皱形成后，又受到加里东晚期近 SN 向地应力作用下形成的。

（三）加里东期侵入岩

（1）太保花岗闪长岩体（1）：呈 NE 向的椭球状岩基，为残留在燕山期第一期花岗岩体（19）中部，其余岩体均以 NW 或近 SN 向为主。

（2）大宁花岗闪长岩体（3）：位于连山福堂圩附近，呈 N30° ～ 40°W，长 23km，宽 10 余千米，为长条状，与广西境内的加里东晚期大宁花岗闪长岩体（2）连在一起，与培地背斜 ③ 近于平行。

（3）永和花岗闪长岩体（2）：位于连山西北，呈 NW 向的长条，与大宁岩体（3）近于平行，长 23km，宽 7km。

（4）白面石二长花岗岩体（4）：位于南雄 NW 苍石一带，呈 N55°W，仅因 NW 被断裂切割，SE 被老第三系以角度不整合覆盖才显示出似呈等轴状菱形，NW、SE，均长 10km。

（5）永固二长花岗岩体（2）：位于怀集永固圩附近，呈 SN 向，近似鸭梨形的岩株，长 10km，宽 5km，侵入于八村群下亚群，西端被上白垩统以角度不整合覆盖。

（6）和平花岗闪长岩体（5）：其边缘相为石英闪长岩，位于和平附近，似呈不规则的倒三角形，SN 长 8 ～ 9km，宽 5 ～ 7km，侵入于八村群中、上亚群及下奥陶统，北侧被燕山期第三期花岗岩侵吞，否则 SN 长度可能更大。该岩体接触面产状大部分倾向围岩，倾角约 30° ～ 50°，个别地段可达 70°。

（7）高寿石英闪长岩体（6）：位于和平 WS 高寿至彰丰洞一带，侵入八村群中亚群及中—上奥陶统，呈 N 字的倒影形的岩枝，长枝呈 N35°E，长 8km，短枝呈 N12°W，长 5km。

（8）七星岩花岗岩体（1）：位于粤西封开以东，侵入于八村群中亚群，NW 侧被下泥盆统以角度不整合覆盖，并部分被燕山期第三期花岗闪长岩侵吞。该岩体可分为东西两段，西段呈向北凸出弯曲的弧形，长 25km，宽 4 ～ 6km；东段呈 SN 向，长大于 25km，宽 18km。其东侧为燕山期第三期花岗岩。

上述除永和花岗闪长岩体（2）外，其余岩体同位素年龄均小于大宁花岗闪长岩体（2）（K-Ar 法同位素年龄值 445Ma）。广西境内的大宁岩体属晚加里东期，因此上述各个岩体均属晚加里东期。按岩体分布、延伸情况，岩浆侵入活动，主要是受加里东早—中期近 EW 向地应力作用下形成的构造变形控制，因此主要岩体均为 NW 或近 SN。只有七星岩花岗岩体（1）的西段为向北凸出弯曲的弧形，这可能是与其毗邻加里东晚期褶皱 ⑤⑥㉛㉜ 等褶皱构造，岩浆活动时均受到 SN 向地应力作用。

第二节　海西期褶皱及其侵入岩

广东地区海西期构造运动比较明显，粤北连平、中信等地，下石炭统大塘阶与中—上泥盆统呈角度不整合；内莞及灯塔 NE，中石炭统与下石炭统呈角度不整合。南雄南面棉土窝有海西期二长花岗岩株（9）、仁化扶溪有海西期花岗闪长岩体（7）。

（一）海西早—中期褶皱

1. 黄思脑穹隆状背斜 ①[①]

位于粤北古母水、波罗以东，乌石、沙口以西，乳源、曲江以南，英德以北，呈浑圆或椭圆状，EW 长 50 余千米，SN 宽 20 余千米。该背斜北翼被燕山早期花岗岩侵吞，核部为小于 20°～ 30° 缓倾角的中泥盆统，翼部为上泥盆统、下石炭统，倾角较陡，常在 40° 左右，局部达 70°。黄思脑穹隆状背斜附近，未见二叠系地层，仅在其 NW 的外缘古母水及 NE 的外缘曲江附近、乌石 SE 局部见有中—上石炭统。

2. 黄思脑穹隆状背斜 ① 西侧的褶皱

（1）人仔顶背斜 ㊺：核部为中泥盆统，为向西凸出弯曲的弧形，NE 段呈 N50°E，SE 段呈 N30°W，中段为近 SN，长大于 33km，翼部为上泥盆统。

（2）古母水向斜 ㊻：以中—上石炭统为槽部，中—北段呈 N30°E，南段呈近 SN，长大于 23km，翼部为下石炭统。

（3）波罗东背斜 ⑱：以下石炭统岩关阶为槽部，NW 段呈 N10°W，SE 段呈 N60°W，长大于 15km，翼部为大塘阶。

（4）波罗西背斜 ⑲：其组成、延伸及长度均与背斜 ⑱ 同，在 SE 端还可向 S65°E 延 8km。

3. 黄思脑穹隆状背斜 ① 前缘、英德弧近 EW 向褶皱

由北向南有：

（1）背斜 ⑳：位于背斜 ⑲SE 端的南侧，其组成与背斜 ⑱ 同，呈 N75°W，长 4km。

（2）背斜 ㉑：核部为上泥盆统，呈 EW 向，长大于 3km，翼部为下石炭统，

---

① 　广东省地质局区域地质调查队，1977，广东省地质图说明书（1∶500000）

该背斜西段被 NW 向断裂切错。

（3）向斜 ㉒：位于西牛 NW15km，槽部为上泥盆统，呈 N75°W，长大于 6km，翼部及转折端隔断裂为中泥盆统。

（4）九龙 NE 背斜 ㉓：位于九龙 NE4km，核部为上震旦统，呈 N85°E，长大约 9km，翼部为中泥盆统。

（5）西牛西背斜 ㉔：位于西牛西 5km，为呈鼻状倾伏端指向 N85°E 的背斜，以中泥盆统为核部，长 4km，翼部为上泥盆统。

（6）向斜 ㉕：位于西牛 SWW，为呈簸箕状开口指向 N85°E 的向斜，以上泥盆统为槽部，长约 7km，翼部为中泥盆统。

（7）背斜 ㉖：位于向斜 ㉕ 的南侧，其组成与背斜 ㉔ 同，呈 EW 向，长大于 12km。

4. 黄思脑穹隆状背斜 ① 南西、英德弧 NW 段的褶皱

（1）雪顶向斜 ㉗：以下石炭统大塘阶测水组为槽部，总体呈 N30°W，略向 SW 凸出弯曲，长 12km，翼部为大塘阶石磴子组。

（2）雪顶 SSE 向斜 ㉘：位于雪顶 SSE7km，其组成与雪顶向斜 ㉗ 同，呈 N60°W，长 10km。

（3）莲硬背斜 ㉙：以下石炭统大塘阶石磴子组为核部，呈 EW 向，长 5km，翼部为测水组。

（4）向斜 ㉚：其组成与莲硬背斜 ㉙ 似乎相同，呈 EW 向，长 7km。

上述 ㉗㉘㉙㉚ 四条褶皱，自 NW 而 SE 波及长 35km，宽约 10km，呈右行雁行式排列。

（5）大雾山北向斜 ㉛：位于大雾山北 4km，以下石炭统大塘阶测水组为槽部，呈 N30°W，长 5km，翼部为大塘阶石磴子组。

（6）大雾山向斜 ㉜：其组成与向斜 ㉛ 同，呈 N25°W，长约 15km。

以上 ㉛㉜ 两条向斜，呈右行雁行式排列。

上述 ㉗～㉜6 条褶皱，共同组成英德弧 NW 段的褶皱带。

5. 英德弧 NE 段褶皱

由大吉山—内莞往 SW 至回龙，长约 70km，宽约 5～10km，自 NE 而 SW 的褶皱有：

（1）大吉山 SE 背斜 ⑩：位于赣南大吉山 SE10km，以中泥盆统陡水组为核部，呈 N80°E，长约 5km，翼部为罗嘏组。

（2）连平 NW 向斜 ⑪：位于连平 NW12km，为呈簸箕状开口指向 S65°W 的向斜，长约 4km，翼部为中泥盆统。

上述 ⑩⑪ 两褶皱，呈左行雁行式排列。

（3）翁源东向斜 ㊹：以中—上石炭统为槽部，呈 N75°E，长大于 6km，翼部为下石炭统大塘阶。

（4）翁源 SE 背斜 ㊺：位于翁源 SE7km，核部为中泥盆统，呈 N80°E，长约 4km。该背斜北翼为上泥盆统，南翼隔断裂为上泥盆统及下石炭统。

上述 ㊹㊺ 两条褶皱，呈左行雁行式排列。

（5）热水 SEE 向斜 ㊵：位于热水 SEE11km，以下石炭统岩关阶为槽部，呈 N35°E，长 6.5km，翼部为上泥盆统。

（6）翁源 NW 向斜 ㊶：位于翁源 NW5km，其组成与向斜 ⑩ 同，呈 N40°E，长 8km。

以上 ㊵㊶ 两向斜，呈左行雁行式排列。

（7）向斜 ㊷：位于向斜 ㊶ 的 SW4km，其组成与向斜 ⑩ 同，呈 N45°E，长 4km。

（8）官渡东向斜 ㊸：位于官渡东 10km，以下石炭统岩关阶为槽部，呈 N55°E，长 8km，翼部为上泥盆统。

上述 ㊷㊸ 两向斜，呈左行雁行式排列。

（9）青云山 SW 向斜 ㊻：位于青云山 SW12km，槽部为上泥盆统，呈 55°E，长大于 3km，翼部为中泥盆统。

（10）回龙东背斜 ㊼：核部为中泥盆统桂头组，呈 EW 向，长大于 8km，翼部为棋子桥组。此背斜两端均被断裂切错。

（11）向斜 ㊽：以棋子桥组为槽部，呈簸箕状开口指向西，长大于 3km，翼部为桂头组。

上述 ㊻㊼㊽3 条褶皱，呈左行雁行式排列。

6. 黄思脑穹隆状背斜 ① 东北面的 EW 向褶皱

（1）乐昌东向斜 ①：位于乐昌东 5km，以下石炭统为槽部，呈 EW 向，长大于 3km，翼部为上泥盆统。

（2）仁化西背斜 ②：核部为中—上石炭统，呈 N80°W，长大于 5km，北翼为二叠系，南翼隔第四系仍为二叠系。

（3）董塘 SW 背斜 ③：以中—上石炭统为核部，呈 EW 向，长大于 3km，翼部为二叠系。

（4）向斜 ④：槽部为上二叠统，呈 EW 向，长大于 5km，翼部为下二叠统。

（5）梨市 SW 向斜 ⑤：为呈簸箕状开口指向 N80°E 的向斜，槽部为大塘阶，长大于 3km，翼部为岩关阶。

（6）背斜 ⑥：以下石炭统岩关阶及大塘阶石磴子组为核部，呈 EW 向，长大于 3km，北翼为大塘阶测水组，南翼隔断裂为大塘阶石磴子组。

（7）乳源东向斜 ⑦：位于乳源东 10km，槽部为下石炭统大塘阶及岩关阶，呈 EW 向，长大于 7km，翼部为下石炭统岩关阶及上泥盆统。

（8）枫湾 SWW 向斜 ⑨：以二叠系为槽部，呈 N80°E，长大于 12km，翼部为上石炭统。

（9）背斜⑩：核部为下石炭统大塘阶石磴子组，东段呈 N50°E，中西段呈 EW，长大于 8km，翼部为大塘阶测水组。

（10）曲江 NW 背斜⑧：核部为大塘阶石磴子组，呈 NWW 至近 EW，长大于 6km，翼部为大塘阶测水组。

（11）曲江 SWW 背斜⑪：位于曲江 SWW12km，核部为上泥盆统，呈 N75°W，长大于 10km，NNE 翼为下石炭统，SSW 翼被燕山早期花岗岩侵吞。

上述⑩⑧⑪三条褶皱，呈左行雁行式排列。

（12）黄思脑 NE 向斜⑫：位于黄思脑 NE8km，以下石炭统岩关阶为槽部，呈 N85°E，长大于 7km，南翼为上泥盆统，北翼被第四系覆盖。

（13）大坑口东向斜⑬：槽部为下石炭统，呈 EW 向，长大于 2km，北翼为上泥盆统，南翼被第四系覆盖。

（14）背斜⑭：位于向斜⑬东部，以上泥盆统为核部，呈 N45°W，长大于 1km，翼部为下石炭统。该背斜 NW、SE 两段均被 NE 向断裂切割。

（15）七星墩 SW 向斜⑮：位于七星墩 SW7km，以下石炭统为槽部，呈 N75°E，长大于 2km，隔断裂翼部为中泥盆统。

（16）向斜⑯：以上泥盆统为槽部，呈 N80°W，长大于 3km，翼部为中泥盆统。

（17）翁城 NNW 向斜⑰：位于翁城 NNW12km，下石炭统大塘阶为槽部，呈 EW 向，长大于 2km，翼部为岩关阶。

7. 云祖仙 NW 至梅花 NE 呈左行雁行式排列的褶皱

由北而南有：

（1）向斜㊽：位于云祖仙 NW，邻近湘粤边境，以中—上石炭统及下石炭统大塘阶为槽部，呈 45°E 长 6km，翼部为下石炭统岩关阶。

（2）背斜㊿：位于云祖仙 SWW10km，呈鼻状倾伏端指向 S65°W 的背斜，核部为上泥盆统，长 5km，翼部为下石炭统。

（3）向斜⑳：以下石炭统大塘阶为槽部，系呈簸箕状开口指向 S55°W 的向斜，长 4km，翼部为下石炭统岩关阶。

（4）梅花东背斜㊲：为呈鼻状倾伏端指向 S35°W 的背斜，以中—上泥盆统为核部，长约 20km，略向 NW 凸出弯曲，长 20km，翼部为下石炭统。

以上 4 条褶皱呈左行雁行式排列。

8. 连县 SE 褶皱带

分布在粤 WN 连县—青山顶断裂带东侧。

（1）连县 N70°E 向斜㉞：位于连县 N70°E7km，以二叠系为槽部，呈 EW 向，长 3km，翼部为上石炭统。

（2）背斜㉟：以下石炭统为核部，呈鼻状倾伏端指向 N73°E 的背斜，长 4km，翼部为中—上石炭统。

（3）水头山西向斜 ㊱：位于水头山西 5km，槽部为二叠系，呈 N75°W，长大于 5km，翼部为上石炭统。

（4）背斜 ㊲：位于水头山 S70°W8km，以下石炭统为核部，呈鼻状倾伏端指向东的核部，长 5km，翼部为中—上石炭统。

（5）向斜 ㊳：位于背斜 ㊲SW，为以中—上石炭统为槽部、呈簸箕状开口指向 N75°E 的向斜，长 5km，翼部为下石炭统。

上述 ㉟㊱㊲㊳4 条褶皱，呈左行雁行式排列。

9. 古寨—蓝口—灯塔之间的褶皱

（1）东水西向斜 ②：位于东水西 10km，以下石炭统为槽部，呈 N35°E，长大于 3km，翼部为中—上泥盆统。

（2）大帽山西向斜 ③：位于大帽山西 5km，槽部为上泥盆统，呈 N65°E，长大于 5km，翼部为中泥盆统。

以上 ②③ 向斜呈左行雁行式排列。

（3）灯塔 NE 向斜 ㊾：位于灯塔 N60°E13km，以上二叠统为槽部，呈 N80°W，长大于 2.5km，翼部为下二叠统。

（4）连平东内莞向斜 ㊿：位于连平东 7km，槽部为中—上石炭统，呈 N60°E，长 7km，翼部为下石炭统。该处中—上石炭统与下石炭统呈角度不整合，下石炭统与上泥盆统呈角度不整合。

10. 罗定 NE 连滩—新村褶皱带

自 NW 而 SE 有：

（1）连滩 NE 向斜 ⑦：以中泥盆统东岗岭组为槽部，呈 N45°E，长约 10km，翼部为中泥盆统信都组。

（2）连滩 SE 向斜 ⑧：其组成与向斜 ⑦ 同，呈 N50°E，长大于 7km。

上述 ⑦⑧ 两向斜，呈右行雁行式排列。

（3）大云雾山 NW 向斜 ⑨：位于大云雾山 NW13km，以下石炭统为槽部，呈 N45°E，长大于 20km，翼部为上泥盆统。

（4）向斜 ⑩：以中—上石炭统为槽部，呈簸箕状开口指向 N40°E，长大于 5km，翼部为下石炭统。

（5）向斜 ⑪：其组成与向斜 ⑩ 同，为呈簸箕状开口指向 S40°W 界的向斜，长大于 4km。

（6）新村 NW 向斜 ⑫：位于新村 NW15km，其组成与向斜 ⑩ 同，为呈簸箕状开口指向 S40°W 的向斜，长大于 5km。

上述 ⑩⑪⑫ 三条向斜，呈左行雁行式排列。

11. 恩平—新丰（阳江—南丰）深断裂带中段 NW 侧花县附近褶皱

（1）花县东向斜 ㊳：以下二叠统为槽部，呈 N25°E，长大于 4km，翼部为石炭统。

（2 广花县 NE 向斜 ㊴：其组成与向斜 ㊳ 同，呈 N22°E，长大于 13km。

（3）花县 NNE 向斜 ㊵：位于花县 N20°E5km，槽部为中—上石炭统，呈 N30°E，长 10km，翼部为下石炭统。

以上 3 条褶皱，呈左行雁行式排列。

此外，从化、大堂顶东部，还有 EW 向褶皱：

（1）从化西背斜 ⑮：位于从化西 10km，核部为上泥盆统下组，呈 EW 向，长大于 5km，翼部为上泥盆统上组。

（2）大堂顶东向斜 ⑭：位于大堂顶东 20km，以下石炭统为槽部，呈 N85°W 至近 EW，长 5km，南翼为上泥盆统，北翼隔断裂为中—上泥盆统。

综合上述，呈 EW 向延伸的黄思脑穹隆状背斜 ①，及其东侧 NE 向呈左行雁行式排列的褶皱群，黄思脑穹隆状背斜 ① 北面的 EW 至近 EW 向褶皱及其 NE 呈左行雁行排列的褶皱群，英德弧 NE 段、NW 段呈左行、右行雁行式排列的褶皱群及九龙—西牛间 EW 向褶皱，连县东面 NEE 至近 EW，呈左行雁行式排列的褶皱群，均为海西早—中期 NS 向地应力作用下形成的。北纬 24°00' 以南的海西早—中期褶皱，多为 NNE 向，呈左行雁行式排列，这些褶皱的形成，主要是经历了 NS 向地应力作用，并受吴川—四会深断裂带、恩平—新丰深断裂带的控制作用。

（二）海西晚期 NE 向及近 SN 向褶皱构造

1. 黄思脑穹隆状背斜附近的褶皱

（1）船底顶 SW 向斜 (87)：以中泥盆统桂头组上亚组为槽部，呈簸箕状开口指向 N45°E 的向斜，长 6km，翼部为桂头组下亚组。

（2）背斜：从 NW、SW、SE 三面环绕向斜 (87)，核部为桂头组下亚组，总体呈 N45°E，总长约 30km，翼部为桂头组上亚组。

2. 黄思脑穹隆状背斜 ① 西侧褶皱

由 NW 向 SW 有：

（1）向斜 (54)：位于角苗岭南 11km，以下石炭统为槽部，呈簸箕状开口指向 N25°E，长 9km，翼部为上泥盆统。

（2）背斜 (55)：以中泥盆统为核部，呈 N35°E，长大于 13km，翼部为上泥盆统。

（3）向斜 (56)：槽部为下石炭统，呈 N45°E，长大于 8km，翼部为上泥盆统。

（4）向斜 (57)：位于梨头 NE10 余千米，其组成与向斜 (56) 同，呈 N50°E，长大于 15km。

上述 (55)(56)(57) 三条褶皱的 NE 端，均被燕山期第一期花岗岩侵吞。

（5）黄坌 SE 向斜 (81)：位于黄坌 SE4km，以二叠系为槽部，呈 N25°E，长大于 5km，翼部为中—上石炭统。

（6）岭背 NE 背斜：以中泥盆统为核部，呈 N35°E，长 10km，NW 翼隔断裂为中—下石炭统、SE 翼为上泥盆统。

（7）犁头 NE 向斜 ⑧：以下石炭统为槽部，呈 N55°，长 4km，翼部为上泥盆统。

（8）犁头南向斜 ⑧：位于阳山与犁头之间，两条向斜均以下石炭统上组为槽部，呈 N65°E，长约 5km，翼部为下石炭统下组。

（9）人仔顶 SW 向斜 ⑧：以下石炭统为槽部，呈簸箕状开口指向 N55°E，长约 15km，翼部为上泥盆统。

3. 黄思脑穹隆状背斜东面英德弧 NE 段褶皱

（1）英德 NE 背斜 ⑩：位于英德 NE15km，核部为下石炭统岩关阶，呈 N40°E，长大于 3km，翼部为大塘阶。

（2）向斜 ⑭：位于背斜 ⑧ 北 NE 侧，槽部为大塘阶，呈 N40°E，长 8km，SE 翼及 NE、SW 倾斜端外缘均为岩关阶。

（3）沙口南背斜：其组成及产状均与背斜 ⑧ 同，长 5km。

（4）雪山嶂 SE 向斜 ⑩：以中泥盆统棋子桥组为槽部，呈 N40°E，长 8km，翼部为中泥盆统桂头组。

（5）大镇东向斜 ⑪：以下石炭统大塘阶测水组为槽部，呈 N25°E，长 10km，翼部为大塘阶石磴子组。

（6）向斜 ⑫：以下石炭统为槽部，呈 N50°E，长大于 18km，翼部为上泥盆统。

（7）回龙北向斜：其组成及延伸与 ⑫ 向斜同，长大于 l0km。

上述向斜 ⑫ 与回龙北向斜，呈右行雁行式排列。

（8）陂头向斜 ⑬：以上石炭统为槽部，呈 N50°E，长约 10km，翼部为中石炭统。

（9）贵东圩 SE 向斜 ⑦：位于贵东圩 SE10km、⑩⑪ 褶皱 SW，以上泥盆统为槽部，呈簸箕状开口指向 S10°W，长 4km，翼部为中泥盆统。

上述陂头向斜 ⑬ 与贵东圩 SE 向斜 ⑦，呈右行雁行式排列。

（10）老虎坳 SW 向斜 ⑭：以中泥盆统棋子桥组为槽部，呈簸箕状开口指向 N30°E，长 7km，翼部为中泥盆统桂头组。

（11）老虎坳 SW 背斜 ⑦：紧靠向斜 ⑭NE，为以桂头组为核部倾伏端指向 N30°E 的背斜，长 3km，翼部为棋子桥组。

（12）黄礤 NE 褶皱群 ⑮：北面的两条背斜，由西往东核部依次为桂头组下组、上组，呈 N15°E，长 4km、2km，翼部依次为桂头组上组、棋子桥组。南面的两条褶皱，自西向东依次为背斜，以桂头组下组为核部，呈 SN 向，长 2.5km，翼部为桂头组上组；向斜，以上泥盆统锡矿山组为槽部，呈 N25°W，长 7km，翼部为上泥盆统佘田桥组。

（13）黄礤 SE 背斜 ⑦：位于黄礤 SE5km，以桂头组下组为核部，呈 N45°E，长 3km，翼部为桂头组上组。

（14）新丰 NW 背斜 (96)：以中泥盆统为核部，呈 N30°E，长大于 15km，翼部为上泥盆统。

（15）新丰 NE 向斜 (73)：以下石炭统为槽部，呈 N50°E，长 5km，翼部为上泥盆统。

上述 (96)(73) 两条背、向斜，呈右行雁行式排列。

（16）连平 SW 褶皱 (97)：自 NE 而 SW，背斜，以中泥盆统为核部，呈近 SN，略向东凸出弯曲，长 8km，翼部为上泥盆统；向斜，以上泥盆统为槽部，呈簸箕状开口指向 SW 的向斜，略向东凸出弯曲，长 7km，翼部为中泥盆统。位于上述两褶皱 SSE 的背斜，以中泥盆统为核部，呈 N5°E，略向东凸出弯曲，长约 10km，翼部为上泥盆统。

（17）中信 NW 向斜 (98)：以下石炭统为槽部，呈簸箕状开口指向 S25°W，长 6km，翼部为上泥盆统。该处下石炭统与上泥盆统呈角度不整合。

（18）灯塔 NE 背斜 (99)：位于灯塔 NE22km，以上泥盆统为核部，呈 N40°W，长大于 4km，翼部为下石炭统。

（19）背斜 ㉔：位于背斜 (99) 的西侧，其组成与背斜 (99) 同，呈 SN 向，长大于 4km。

（20）车田东向斜 ④：位于车田东 9km，槽部为中—上石炭统，呈 N15°E，长 17km，翼部为中—上泥盆统。此向斜东翼被 NNE 向断裂切错。

4. 黄思脑穹隆状背斜 ① 北面（即粤北）的海西晚期褶皱

自 NW 而 SE 为：

（1）罗家渡背斜 ㉟：以上泥盆统为核部，为呈鼻状倾伏端指向 S45°W 的背斜，长 5km，翼部为下石炭统。

（2）背斜 ㊱：邻近背斜 ㉟ 与其组成、延伸方向及形态完全相同，长 2km。

上述 ㉟㊱ 两褶皱呈右行雁行式排列。

（3）沙坪 NW 背斜 (61)：位于沙坪 NW7km，以下石炭统岩关阶为核部，呈 SN 向略向东凸出弯曲，长大于 3km，翼部为下石炭统大塘阶。

（4）沙坪北向斜 (62)：位于沙坪北 5km，以下石炭统大塘阶测水组为槽部，呈 SN 向，长大于 6km，翼部为梓门桥组和岩关阶。

（5）沙坪 SE 向斜 (63)：以下石炭统大塘阶为槽部、呈簸箕状开口指向北的向斜，长 2km，翼部为岩关阶。

（6）云岩 SSE 背斜 (64)：位于云岩 S20°E10km，以岩关阶为核部，呈 N5°W，长 5km，翼部为大塘阶。

（7）平头寨东向斜 (65)：平头寨东、大沅 SW 至必背 NW5km，SN 长约 25km 的中泥盆统中，有两条以棋子桥组为槽部的向斜，从北向南依次呈 SN、N10°W，长 8km、宽 4km，翼部为桂头组。

（8）狗尾嶂 NW 背斜 ⑥⑨：以中泥盆统桂头组核部，呈 SN 向，长 5km，翼部为上泥盆统棋子桥组。

（9）大桥东向斜 ㉘：以二叠系为槽部，呈 N10°E，长 10km，翼部为中—上石炭统。

（10）背斜 ㊴：核部为上泥盆统，呈 N15°E，长 5.5km，翼部中—上石炭统。

（11）龙南 NE 向斜 ⑦⓪：位于龙南 NE5km，以上泥盆统为槽部，呈 N10°E，长 3km，翼部为中泥盆统。

（12）乳源南背斜 ⑦③：位于乳源南 5km，以中泥盆统棋子桥组为核部，呈鼻状倾伏端指向 N40°E，长 2km，翼部为上泥盆统。

（13）一六东背斜 ⑦④：位于一六东 4km，以上泥盆统为核部，呈 N30°E，长大于 10km，翼部为下石炭统。

（14）背斜 ⑦⑤：以下石炭统岩关阶为核部，呈 N40°E，长大于 8km，翼部为大塘阶。

（15）韶关市 SW 向斜 ⑦⑥：位于韶关市 SW6km，以中—上石炭统为槽部，呈簸箕状开口指向 N60°E，长 3km，翼部为下石炭统。

（16）韶关 SSE 背斜 ⑦⑦：以上泥盆统为核部，呈 N20°E，长 11km，翼部为下石炭统。

（17）江湾 NE 向斜 ⑦⑧：位于江湾 NE12km，以下石炭统为槽部，呈簸箕状开口指向 S10°E，长 3km，翼部为上泥盆统。

（18）背斜 ⑦⑨：以下石炭统为核部，呈 N40°E，长大于 5km，翼部为中—上石炭统。

（19）背斜 ⑧⓪：以下石炭统大塘阶梓门桥组为核部，呈 N55°E，长 4km，翼部为大塘阶测水组。

（20）乐昌北向斜 ⑥⑥：槽部为上泥盆统，呈 N10°E，长 3km，翼部为中泥盆统。

（21）乐昌南向斜 ⑥⑦：其组成与乐昌北向斜 ⑥⑥ 同，呈 N25°W、长 3km。

（22）桂头东向斜 ⑦②：SW 段以下二叠统为槽部，呈 N45°E，长 5km，翼部为上石炭统；NE 段以中—上石炭统为槽部，呈 N5°E，长 3km，翼部均为下石炭统。总体上看该向斜呈向 SE 凸出弯曲的弧形。

5.恩平—新丰（阳江—南丰）深断裂带 NW 侧的褶皱

（1）恩平西向斜 ㊷：以上泥盆统为槽部，呈向，长 7km，翼部为中泥盆统。

（2）四会 NE 向斜 ㊶：位于四会 NE20km，以上泥盆统为槽部，呈 N25°E，长 10km，翼部为中泥盆统。

（3）龙门 NE 向斜 ㉓：位于龙门 NE12km，以下石炭统为槽部，呈簸箕状开口指向 N60°E，长 6km，翼部及 SW 转折端为下石炭统底部及上泥盆统。

更详细的情况还可通过 1∶20 万的地质构造图表示出来。吴川—四会深断裂带NW侧，罗镜与连州—罗平间的向斜①以中泥盆统桂头组为槽部，西段呈N85°E，中—东段呈向SW凸出弯曲的波状，长大于6km，翼部为奥陶系中—上统，与槽部地层呈不整合接触。按向斜①两侧地层界线弯转变化，可推断其两侧各有一条呈鼻状的向斜。罗平SW的背斜②，倾伏端指向S65°W，长1km；罗镜北2km背斜③，倾伏端指向N70°E，长1km。如果向斜①是海西早—中期形成的，那么向斜①两侧呈鼻状的背斜②③应当是向斜①形成之后的海西晚期形成的。

恩平—新丰深断裂NW侧，高明SW20km，明城SE6km，泥盆系下—中统桂头群上、下亚组呈锐角形弯曲显示的簸箕状向斜②，槽部为桂头群上亚组，呈N55°E，长1.5km，翼部为桂头群下亚组。该向斜②SW侧，由桂头群下亚组与寒武系八村群中亚群界线弯曲而形成的背斜①呈鼻状，核部为八村群中亚群，倾伏端指向N55°E，与向斜①呈斜对角，翼部为桂头群下亚组，与八村群中亚群呈角度不整合。

河源深断裂带NW侧，龙门NW15km三点梅花一带，由中泥盆统老虎坳组与上泥盆统天子岭组、上泥盆统天子岭组与帽子峰组、上泥盆统帽子峰组与下石炭统岩关阶、下岩炭统大塘阶石磴子段与测水段地层界线呈弧状弯曲显示的呈鼻状倾伏端指向N60°E的向斜，呈簸箕状开口指向N60°E的向斜，由SW而NE依次为：①背斜，②向斜，③背斜，④向斜，长度为1.5～2km，具有呈右行雁行式排列的趋势，表明它们的形成与上述显示的背、向斜一致，均为近EW的顺时针向扭应力作用下产生的。

综合上述，海西晚期褶皱以呈NE向为主，如黄思脑穹隆状背斜①上船底顶SW的NE向背、向斜(87)，断续向NE可达到韶关市。黄思脑穹隆状背斜①EW两侧，以NE向呈右行雁行式排列的褶皱群为主。黄思脑穹隆状背斜①北面，除NE向褶皱外，还有NNE至近SN的褶皱。恩平西向斜㊷，四会NE向斜㊶、龙门NW向斜㉓，均为NNE—NE向，是近EW的顺时针向应力作用下形成的。

（三）海西期侵入岩

海西期岩体，以花岗闪长岩及二长花岗岩为主，均侵入加里东早—中期褶皱附近，其主体延伸方向与褶皱构造近于平行。

（1）埇口花岗闪长岩体（3）：位于开平东山埇口一带，侵入八村群中亚群及上泥盆统，呈向不规则的岩株，长约20km，宽1～6km。

（2）龙塘花岗闪长岩体（4）：位于台山横塘圩南，呈不规则岩株状，主要侵入八村群中亚群，呈NNW向，长12～13km，宽6km。

上述两岩体与呈SN向的加里东早—中期横塘圩西向斜⑮平行。

（3）扶溪花岗闪长岩体（7）：位于仁化NE10km，呈椭圆状，长径呈N35°E，长11km，短径长7km。该岩体位于加里东早—中期、呈SN至N25°E的

仁化北背斜 ㉙ 的东侧，据此可以推断海西期扶溪岩体（7）的形态受仁化北背斜
㉙ 的控制。

（4）棉土窝二长花岗岩体（9）：位于南雄 SSW 棉土窝一带，呈 N25°W 的
四边形岩株，长 13～14km，宽 5～6km。该岩体 SW 侧为八村群中亚群，NE
侧应为八村群下亚群，由于受燕山期第一次花岗岩的侵吞，仅在 NE 端与八村群
下亚群接触。因此棉土窝二长花岗岩体（9），可能是沿着 NNW 向八村群中、下
亚群界线上升侵入形成的。

第三节　印支期褶皱及其侵入岩

（一）印支期褶皱

广东境内卷入下三叠统大冶群或中—下三叠统黄坌群、大冶群的印支期褶皱
构造，主要分布在粤西北地区，由北向南有：

（1）东陂南向斜 ①：以下石炭统为槽部，自北而南呈近 SN 至 N15°W，长
12km，略向 SW 凸出弯曲，翼部为中—上泥盆统。

（2）保安南背斜 ⑬：位于保安南 5km，核部为上二叠统，从 NW 向 SE 为
N30°～60°W，略呈向 SW 凸出弯曲的弧形，长 3km，翼部为下三叠统。

（3）保安 SE 背斜 ②：位于保安 S30°E4km，其组成及延伸均与保安南背斜
⑬ 同，长 2km。

上述保安 SE 背斜 ② 与保安南背斜 ⑬ 呈左行雁行式排列。

（4）向斜：位于背斜 ②SE，以上二叠统为槽部，由 SE 至 NW 呈 N75°W 至
60°W，并呈向 NE 凸出弯曲的弧形，长 4km，翼部为下二叠统。

（5）连县 SSE 向斜 ③：以中石炭统为槽部，呈 SN 向，长 5km，翼部为下石
炭统。

（6）背斜 ⑯：位于向斜 ③ 东侧，以上泥盆统为核部，呈 SN 向，长 5km，
翼部为下石炭统。

（7）九陂—寨岗向斜 ④⑤：从九陂北向 S15°W 延伸经九陂 8km，转向
SE4km，向 S25°W 延伸 12km，又转向 SE，总长约 22km，似呈 S 形的波状弯
曲，以下三叠统为槽部，二叠系为翼部。

（8）白芒 NE 向斜：位于白芒 NE7km，槽部为下二叠统，呈 N20°E，长
2km，翼部为上石炭统。

（9）白芒东向斜 ⑥：以下二叠统为槽部，呈 N30°W，长约 7km，两翼隔断
裂为石炭系。

（10）大路边东向斜 ⑧：位于（星子 NE）大路边东，以下三叠统为槽部，呈
N75°W，长大于 4km，翼部为上二叠统。

（11）朝天桥向斜⑨：槽为下三叠统，呈 N5°W，长 14km，翼部为上二叠统。

（12）背斜⑩：位于向斜⑨NE，以下二叠统为槽部，呈 N15°W，长 2.5km，翼部为上二叠统。

（13）朝天桥东向斜⑪：位于朝天桥东 4km，其组成与朝天桥向斜⑨同，呈 SN 向，长 5km，翼部为上二叠统。

（14）水头山 NNE 向斜⑫：位于水头山 N30°E7km，其组成与朝天桥向斜⑨同，呈 N5°W，长大于 7km，翼部为上二叠统。

（15）黄垅 NW 向斜⑭：位于黄垅 NW5km，槽部为下三叠统，自 NW 而 SE 呈 N20°W 至 N35°E，为向西凸出弯曲的弧形，长 12km，翼部为上二叠统。

（16）黄垅向斜⑮：以中三叠统为槽部，自北而南呈 N10°～35°E，长大于 24km，翼部为下三叠统。该向斜北端被燕山期第一期花岗岩侵吞，南段被断裂切错。

（17）小江 SW 向斜⑲⑳：位于小江 SW2km，以下三叠统为槽部，呈 S35°W，延伸 15km，转向南经大莨西侧 l0km，又转向 S25°E5km，总长 30km，呈向 NW 凸出弯曲的弧形，翼部为上二叠统。该向斜 SE 翼隔断裂为中—上石炭统、下石炭统。

（18）大莨东向斜㉓：以下二叠统为槽部，南段呈 SN、北段呈 N35°E，为向 NW 凸出弯曲的弧形，长约 5～6km，翼部为上石炭。紧邻该向斜东面的向斜，其组成、延伸及长度均与向斜㉓类似。

（19）梨埠 NE 背斜⑰：位于梨埠 NE10km，核部为下石炭统、呈鼻状倾伏端指向 N40°E，长 5km，翼部为中—上石炭统。

（20）梨埠东向斜⑱：位于梨璋东 5km，两条向斜槽部均为下石炭统大塘阶测水组，呈 N15°E，自 NE 向 SE，其长度依次为 3km、5km，翼部为大塘阶梓门桥组。该处两向斜，自 SW 而 NE，呈右行雁行式排列。

（21）梨埠南向斜㉑：位于梨埠南 7～8km，以上二叠统为槽部，呈 N25°E，长 5km，两翼隔断裂为下石炭统。

（22）寨岗 SE 背斜㉒：以上泥盆统为核部，由南而北呈 SN 至 N50°E，长 10km，翼部为下石炭统。此为呈鼻状倾伏端指向 N50°E 的背斜。中—南段 NW 翼被断裂切割，南端被燕山期第三期花岗岩侵吞。

（23）水口 SW 向斜㉔：位于水口 SW8km，以下石炭统大塘阶测水组为槽部，呈 N20°W，并略向 SW 凸出弯曲，翼部为大塘阶石磴子组。

（24）白莲 SE 向斜㉕：以下石炭统为槽部，呈簸箕状开口指向 NW，长 9km，翼部为上泥盆统。

（25）杨梅 NW 背斜㉖：以上泥盆统为核部，为呈鼻状倾伏端指向 N45°W 的背斜，长 9km，翼部为下石炭统。

（26）杨梅东向斜 ㉗：其组成与水口 SW 向斜 ㉔ 同，南端呈 SN、北端呈 N20°W，组成向 NE 凸出转曲的弧形，长 5km。

上述 ㉕㉖㉗ 三条褶皱，呈左行雁行式排列。

（27）杨梅南向斜 ㉘：以泥盆系上统为槽部，呈 N10°W，长 5km，翼部为中泥盆统。

兴宁、松源、广福、蕉岭、梅县、四望嶂等地印支期褶皱，均以近 SN—NNE 向为主，其长度为 4km、5km、6km，只是由于都不含（或很少含）三叠系地层，其形成时期，只属于推测的，因此不再赘述。

上述以近 SN 向（含 NWW、NNE）为主的印支期褶皱，主要是 EW 向地应力作用下，并经郴县—怀集大断裂带、连县—青山顶断裂带等的控制而形成的。

（二）印支期侵入岩

印支期较大的岩体，以花岗闪长岩为主，集中分布在粤北和平、龙川、梅县等地侵入于震旦系云开群及寒武系八村群、奥陶系、泥盆系、二叠系等。

（1）古寨花岗闪长岩体（9）：位于龙川车田及和平古寨一带，西段呈近 EW 向，长 20km，东段呈 N35°E，长 35km，总面积 318km²。

（2）大帽山花岗闪长岩体（10）（11）：位于龙川大帽山一带，呈 SN 向的哑铃状，长 21km、宽 4～8km，总面积 136km²。

（3）车水东花岗闪长岩体（13）（14）：位于龙川车水东一带，北段（13）呈 SN 向，长大于 7km，宽 5km；南段（14）呈 EW 向，长 15km，宽 10km，总面积 87km²。

（4）石马花岗闪长岩株（15）：位于兴宁 NE20km、铁山嶂南 5km，似呈 NE 向的椭圆状，总面积 50km²，夹持于河源深断裂带与梅县—惠东大断裂之间。

（5）青州花岗闪长岩株（11）：位于和平、青州一带，侵入中泥盆统及寒武系八村群，呈 NNE 向，长 12km，宽 3～6km，总面积 55km²。

上述岩体（9）（10）（11）（12）（13）（14）（15），均位于 NE 向河源深断裂带的 NW 侧。其形态特征、延伸方向，主要经历印支期 EW 向地应力作用，并受河源深断裂带的控制。

（6）蛇离二长花岗岩体（11）：位于仁化扶溪 SE、骑龙寨 NE 的小岩株，呈 SN 向，出露面积约 20km²，被燕山期第三期花岗岩侵入。

（7）周田 SE 二长花岗岩体（10）：位于仁化南东周田 SE8～15km，似呈倒三角形，长 6km，宽 3～4km，面积约 24km²，侵入中—上奥陶统。

上述情况比较清楚地显示，加里东早—中期褶皱群由 SW 向 NE 延伸，在抵达海西早—中期黄思脑穹隆状背斜 ① 的东侧，即转为 NNE 至近 SN—NNW。云祖仙—乳源的褶皱以近 SN 向为主，并略具向西凸出弯曲的弧形。海西早—中期规模巨大的近 EW 向的黄思脑穹隆状背斜 ① 及其 SN 两侧褶皱群的 WN 部，即粤西北地区连县、连山、阳山等地的印支期褶皱，以近 SN 向为主并具波状弯曲。印支期褶皱比加里东早—中期褶皱的范围小很多，但它们确很相似，海西早—中期近 EW 向的黄思脑穹隆背斜 ① 与加里东早—中期以及印支期的褶皱构造完全不同。据此可以推断粤中、粤北、粤西南、粤西北地区加里东早—中期、海西早—中期、印支期主要褶皱构造具有"隔期相似，临期相异"特征。

第十章　赣中南地区褶皱构造及其岩浆岩

第一节　加里东期褶皱及其岩浆岩

（一）加里东早—中期褶皱构造

从赣南分出西、中两带，向近 SN—NNW 或 NW 向延伸。还有东带，主要分布在北纬 26° 以北、东经 115°30' 以东。

1. 西带

由全南、定南、龙南向北经粤北南雄、赣南的信丰、大余、崇义、上犹、遂川 SW 抵井冈山转为近 SN 向展布，经宁冈至莲花 SE 转向 NE。总长约 360km，多处由近 SN 向转为 NNW—NW，遂川—德兴深断裂以北，经宁冈、莲花—安福，加里东早—中期褶皱构造呈向西凸出弯曲的弧形。

主要褶皱构造从南向北，杨村—竹山—龙南间的褶皱：

（1）杨村 NW 背斜 ⑬：位于杨村 NW8km，为呈鼻状倾伏端指向北的背斜，以下寒武统牛角河群为核部，长 5km，翼部为中寒武统高滩群。

（2）程龙南向斜 ⑫：槽部为上寒武统水石群，呈 N20°E，略向 SE 凸出弯曲的弧形，长大于 6km，翼部为中寒武统高滩群。

（3）信丰坳南向斜 ⑪：以上震旦统老虎塘组为槽部，呈 SN 向，长大于 11km，翼部为下震旦统下坊组。此向斜 SN 两端均被中泥盆统以角度不整合覆盖，或隔断裂相邻。

（4）竹山 SE 背斜 ⑮：位于竹山 SE5km，核部为下震旦统，呈近 SN 向，为向东倾伏、向西倒转的倒转背斜，长大于 l0km，翼部为上震旦统。

上述 4 条褶皱 ⑬⑫ 呈右行雁行式排列，⑪⑮ 呈左行雁行式排列。

（5）归美山 NE 向斜 ⑭：位于归美山 NE5km，以水石群为槽部，呈 N25°W，长大于 4km，SW 翼为高滩群，NE 翼隔断裂为牛角河群。该向斜 SE 隔 NE 向断裂，与下、中寒武统相邻，NW 被加里东早—中期二长花岗岩侵吞。

上述 5 条褶皱，与粤北的 NNE 向锯板坑向斜 ⑫，和平 NW 向斜 ⑬ 断续相接。

往北延伸至北纬 25°00′ 以北，小江—帽子峰—大余—龙回主要褶皱：

（1）小江 SE 背斜 ㊾：位于小江 SE4km，核部为下寒武统牛角河群，呈 N20°W，长大于 3km，翼部为中寒武统高滩群。

（2）向斜 ㊻：以上寒武统水石群为槽部，呈 N55°W，长大于 28km，翼部高滩群。

（3）万隆 SE 背斜 ㊼：核部为上震旦统，呈 N55°W，长大于 20km，翼部为牛角河群。

（4）大江圩 SW 向斜 ㊽：以高滩群为槽部，呈 N40°W，长大于 7km，翼部为牛角河群。此向斜 NE 翼被加里东中—晚期花岗二长岩侵吞。

上述 4 条褶皱 ㊾㊻、㊽㊼ 均呈左行雁行式排列。

（5）背斜 ㊴：位于粤北帽子峰 NE14km，以上震旦统为核部，呈 N55°W，长约 5km，翼部为八村群下亚群。

（6）背斜 ㊵：位于背斜 ㊴ 以东 6km，核部为下震旦统，呈 N55°W，长大于 6km，翼部为上震旦统。

上述 ㊴㊵ 两背斜，呈左行雁行式排列。

（7）背斜 ㊷：位于大余 N75°E15km，核部为上震旦统老虎塘组，呈 N40°W，长大于 4km，翼部为牛角河群。该背斜 NW 段被上白垩统南雄组以角度不整合覆盖。

（8）向斜 ㊸：以牛角河群为槽部，呈 N20°W，开口指向 S20°E 的向斜，长 15km，翼部上震旦统老虎塘组。

（9）池江 SE 背斜 ㊹：位于油山之间，以下震旦统下坊组为核部，呈 N30°W，长大于 16km，翼部为上震旦统老虎塘组，此为向 SW 倒转的背斜。

上述 9 条褶皱，呈 N50°W 向延伸 70km，宽约 10 余千米。其中 ㊷㊸㊹ 三条褶皱呈左行雁行式排列。

大余—崇义—上犹间的褶皱，以呈 NNE 向为主，从 SW 向 NE 为：

（1）西华山西向斜 ㊱：以高滩群为槽部，呈 N40°E，长大于 6km，翼部为牛角河群。

（2）荡坪 SE 背斜 ㊲：位于荡坪 SE5km，以下寒武统牛角河群为核部，呈 N45°E，长约 8km，翼部高滩群。

（3）大余 SE 向斜 ㊳：位于大余 SE4km，槽部为牛角河群，呈 N40°E，长 9km，翼部为上震旦统老虎塘组。

（4）向斜 ㊶：以牛角河群为槽部，呈 N35°E，长大于 4km，翼部为老虎塘组。此向斜北段被上白垩统南雄组以角度不整合覆盖。

上述 ㊱ 与 ㊲、㊳ 与 ㊶ 褶皱，呈右行雁行式排列。

（5）漂塘西背斜 ㉚：位于漂塘西 6km，核部为上震旦统老虎塘组，由南向北呈 N15°E 至近 SN，略向东凸出弯曲，长 7km，翼部为牛角河群。

（6）向斜 ㉛：以中寒武统高滩群为槽部，呈 N5°E，长 5km，翼部为牛角河群。

（7）漂塘东背斜 ㉜：以牛角河群为核部，由北向南为 N10°E 至近 SN—N25°E，似呈 S 形的波状弯曲，长大于 15km，翼部为高滩群。

（8）杨眉 SW 向斜 ㉝：槽部为高滩群，与漂塘东背斜 ㉜ 近于平行，长约 25km，翼部为牛角河群。

上述 4 条褶皱 ㉚㉛、㉜㉝，自 SW 向 NE，呈右行雁行式排列。

（9）古亭东背斜 ⑱⑲：位于古亭东 7～8km，由上、下震旦统界线呈犬牙状凸出弯曲，形成以下坊组为核部、倾伏端指向 N10°W 的背斜，从西向东背斜为 ⑱⑲，长依次为 3～4km，翼部为老虎塘组。两者呈左行雁行式排列。

（10）背斜 ⑳㉒：位于上述背斜 ⑲ 以东 5～10km，其组成和形态与背斜 ⑱⑲ 完全相同，只是背斜 ⑳ 南端为 SN、北端转为 N25°E，略呈向 NW 凸出弯曲，长约 5km，背斜 ㉒ 呈 N25°E，长 4km。

（11）向斜 ㉑：位于背斜 ⑳㉒ 夹持部位的 NNE 端，为以老虎塘组为槽部、开口指向 N25°E 的向斜，长 3km，翼部为下坊组。

上述 ⑳㉒ 等褶皱，似呈莲花状，⑳㉑ 两褶皱，呈右行雁行式排列。

（12）铅厂 NE 向斜 ㉓：位于铅厂 N20°E5km，槽部为上震旦统老虎塘组，呈 N15°E，长大于 6km，翼部为下坊组。此向斜 NE 段被中泥盆统以角度不整合覆盖。

（13）新城 NW 向斜 ㉞：位于新城 NW7km，以中寒武统高滩群为槽部，呈 N20°E，长大于 6km，翼部为牛角河群。

上述 15 条褶皱，均位于古亭 NE6～7km、NWW 至近 EW 向断裂，即北纬 25°40' 以南。

北纬 25°40' 以北的褶皱，由 SW 向 NE 为：

（1）向斜 ②：以中奥陶统为槽部，呈 N20°E，长 25km，翼部为下奥陶统七溪岭组。

（2）上堡 NE 向斜 ①：以上奥陶统为槽部，呈 SN 向，长大于 5km，翼部为中奥陶统。此向斜北段被 NE 向断裂切错，东侧被中泥盆统以角度不整合覆盖。

（3）对耳石 NW 向斜 ③：以上奥陶统为槽部，N10°E，长 1km，翼部为中奥陶统。

（4）对耳石 SW 向斜 ④：其组成与向斜 ③ 同，呈 N3°E，长大于 5km。

上述 ②④ 两条褶皱呈右行雁行式排列。

（5）茅坪 SE 背斜 ⑤：核部为上寒武统水石群，由南向北呈 N5°W—SN，略向西凸出弯曲，长 13km，翼部为下奥陶统。

（6）向斜 ⑥：由两条向斜组成，槽部均为下奥陶统，呈 N15°W，由 SSE 向 NNW，依次长大于 8km、长 5.5km，翼部为上寒武统水石群。

上述⑤⑥两条褶皱，呈左行雁行式排列。

（7）向斜⑦：其组成与向斜⑥同，北段呈 N30°W，中—南段呈 N10°W，略向东凸出弯曲的弧形，长 9km。

（8）营前 SE 向斜⑧：位于营前 S30°E7km，由 NW、SE 两条向斜组成，槽部为下奥陶统，呈 N50°W，总长 10km，翼部为上寒武统水石群。该向斜中部被 NE 向断裂切错，呈顺时针向扭动。

上述⑦⑧两条向斜，呈左行雁行式排列。

（9）营前东背斜⑩、向斜⑨⑪：位于营前东 6～10km，由上寒武统水石群与下奥陶统界线揉肠状弯曲形成呈簸箕状开口指向 S60°E 的向斜⑨⑪，中间夹着呈鼻状倾伏端指向 S60°E 的背斜⑩，其长度均为 3～4km。

（10）油石 NW 向斜⑫：位于油石 N55°W10km，槽部为下奥陶统，呈 N65°W，长大于 9km，翼部为上寒武统水石群。该向斜 SE 段隔 NE 向裂为中泥盆统。

上述⑩⑪⑫三条褶皱，呈左行雁行式排列。

（11）高湖脑 SSW 向斜㊼：位于高湖脑 S10°W7km，以中寒武统高滩群为槽部，呈簸箕状开口指向 S10°E 的向斜，长 2km，翼部为牛角河群。

（12）云峰山南背斜㊻：以上震旦统老虎塘组为核部的两条背斜左右相邻，呈 N35°W，长依次为 5.5km、7.5km，翼部为牛角河群。

上述㊼㊻三条褶皱，呈左行雁行式排列。

（13）汤湖 SE 向斜㊺：位于汤湖 SE12km，以下奥陶统为槽部，呈 N30°E，长 8km，翼部为上寒武统水石群。

北纬25°40′以北崇义—上犹—麻双 SE 的褶皱，还有：

（1）杨眉西背斜㉔：位于杨眉西 9km，核部为上震旦统老虎塘组，呈 SN 向，长 5km，翼部为牛角河群。

（2）背斜㉕：位于背斜㉔NE5km，以下寒武统牛角河群为核部，呈 N10°E，翼部为高滩群。该背斜北端被 NE 向断裂切错。

上述㉔㉕两条背斜，呈右行雁行式排列。

（3）上犹 SSW 背斜㉖：核部为上震旦统老虎塘组，中—南段呈 N20°E，北段呈 N20°W，总长约 10km，略向东凸出弯曲，翼部为牛角河群。

（4）上犹 SSE 背斜㉗：位于上犹 S15°E10km，其组成与背斜㉖同，呈 N45°E，长大于 8km。该背斜 SE 端被 NNE 断裂切割。

（5）龙头南背斜㉘㉙：位于龙头南 8～15km，以下寒武统牛角河群及上震旦统老虎塘组为核部，呈鼻状倾伏端指向 N25°W 的背斜，长大于 12km，翼部为中寒武统高滩群及下寒武统牛角河群。

（6）龙头 NE 向斜⑬：位于龙头 NE8km，槽部为中寒武统高滩群，呈近 SN 向，长大于 7km，翼部为牛角河群。此向斜南端被上白垩统南雄组以角度不整合覆盖。遂川—德兴（吴川—四会）深断裂 NW，经井冈山至滽江 NE，以奥陶系为槽部及翼部的向斜、背斜，从 SE 向 NW 有：

（1）草林向斜 ㊹：以下奥陶统为槽部，呈 N45°W，长大于 10km，翼部为上寒武统水石群。

（2）七坪 SW 向斜 ㊴㊶、背斜 ㊵：以下奥陶统与上寒武统水石群界线揉肠状弯曲、形成的呈簸箕状开口指向 N50°W 向斜 ㊴、N30°W 向斜 ㊶，依次长大于 13km、8km；呈鼻状倾伏端指向 N40°W 的背斜 ⑩，长 9km。

（3）南风面东背斜 ㊷：位于南风面东 12km，核部为上寒武统水石群，呈 N30°W，长于 7km，翼部为下奥陶统。

（4）向斜 ㊸：以下奥陶统为槽部，呈 N15°W，长大于 3km，翼部为上寒武统水石群。

上述 ㊹㊴、㊵㊶ 褶皱，呈左行雁行式排列。

（5）宁冈西背斜 ⑤：位于湘赣边界宁冈西 8km，以下奥陶统为核部，呈 SN 向，长 13km，翼部为中奥陶统。

（6）石峰仙 NE 背斜 ㉟：位于湘赣边界石峰仙 NE5km，核部为中奥陶统，呈 N5°E，长大于 6km，翼部为上奥陶统。

（7）石口 NW 背斜 ㉞：位于石口 NW9km，由 SSE 向 NNW 以下奥陶统、中奥陶统为核部，呈 N15°W，长大于 8km，翼部依次为中奥陶统、上奥陶统。

（8）石口向斜 ㉝：以上奥陶统为槽部，呈 N20°W，长 10km，翼部为中奥陶统。

（9）新城东向斜 ㉛：位于新城东 10km，槽部为上奥陶统，呈 N10°E，长大于 6.5km，翼部为中奥陶统。该向斜 SN 两端均被加里东中—晚期富斜花岗岩吞噬。

（10）七溪岭梯形背斜 ㉜：以下奥陶系为核部，NE 段呈 N55°E、长 8km，中段呈 N15°W，长 14km，SE 段七溪岭一带呈 N70°W，长 8km，继续延伸改呈 S10°W，长 2km，翼部为中奥陶统。总体上看该背斜 ㉜ 似呈向 SWW 凸出的上底及其两边的梯形。

上述背斜 ㉜ 及向斜 ㉛ 的南端均被加里东中—晚期富斜花岗岩吞噬。

莲花—安福间的褶皱带，位于上述梯形背斜 ㉜NE 段的 NE 侧，长 30～40km，由 SE 而 NW 为：

（1）背斜 ㉗：以下寒武统牛角河群为核部，呈 N60°E，长大于 15km，翼部为高滩群。

（2）彭坊 SE 倒转向斜 ㉘：以中寒武统高滩群为槽部，呈 N70°E，长大于 43km，翼部为牛角河群。该向斜槽部向 SEE 倾斜，向 NWW 倒转。

（3）彭坊倒转背斜 ㉙：核部为牛角河群，呈 N70°E，长大于 40km，翼部为高滩群。该背斜核部向 SSE 倾斜，向 NNW 倒转。

（4）背斜㉚：为彭坊倒转背斜㉙向 SW 延伸的部分，呈 N45°E，长大于10km。

上述 ㉗㉘㉙㉚ 褶皱，与前述遂川—德兴深断裂 NW 的褶皱，共同组成万洋山、罗霄山北段向西凸出弯曲的梯形褶皱带，总长 170km，宽 20～30km。

综合上述，赣中南地区加里东早—中期褶皱构造西带，以呈 NW 向为主，且多处呈左行雁行式排列，或呈近 SN 向，其形成时期均经受了 EW 至近 EW 反时针向扭应力作用。赣中南地区加里东早—中期褶皱构造西带北端，与扬子准地台南缘毗邻，EW 至近 EW 向地应力受其后者的阻挠，出现了顺时针向扭应力作用，促使遂川—宁冈—莲花—安福形成了向西凸出弯曲的弧形褶皱带。

2. 中带

从定南、寻乌，向安远，经笔架山、赣州、兴国、遂川—万安，加里东早—中期褶皱多处由近 SN 转为 NNW—NW，跨越遂川—德兴深断裂带后，逐渐转为近 SN 向，经天河西、抵天柱峰南，被中—上泥盆统以角度不整合覆盖，然而褶皱却有转向 NE 之势。主要褶皱构造从 SE 向 NW，九曲—寨背—清溪附近的褶皱为：

（1）九曲背斜①：位于九曲北 5km，由上震旦统部分混合岩带组成核部，呈N30°E，长约 6 km。

（2）背斜②：由上震旦统混合岩及混合片麻岩带组成核部，呈 SN 向，长2km。

（3）江头圩南背斜③：核部为上震旦统呈混合岩及混合片麻岩带，呈N15°E，长 10km。

（4）高全山 NW 背斜④：以下寒武统牛角河群为核部，呈 N25°W，长大于5km，翼部为高滩群。

（5）高桥背斜⑤：以上震旦统混合岩及混合片麻岩带为核部，呈 SN 向，长6km。

（6）新田圩向斜⑥：槽部为上震旦统部分混合岩，呈 SN 向，长 2km。

（7）向斜⑦：以中寒武统高滩群为槽部，呈 SN 向，长大于 4km，翼部为牛角河群。

（8）澄江背斜⑧：核部为牛角河群，呈近 SN 向，略向东凸出弯曲，长大于15km，翼部为高滩群。

（9）安远 NE 向斜⑨：位于安远 NE3km，槽部为牛角河群，由 SE 向 NW 呈N30°～40°W，略向 NE 凸出弯曲，长大于 10km，翼部为上震旦统老虎塘组。

（10）石人嶂东背斜⑩：位于石人嶂东 5km，核部为老虎塘组，呈 SN 向略向东凸出弯曲，长约 8km，翼部为牛角河群。该背斜中段被燕山期早白垩世花岗二长岩侵吞。

（11）向斜⑪：位于背斜⑩的东侧，以牛角河群为槽部，呈 N10°E，并略向东凸出弯曲，长大于 8km，翼部为老虎塘组。

（12）清溪 SE 背斜 ⑫：其组成与背斜 ⑧ 相同，很可能是澄江背斜 ⑧ 向北延伸的部分，呈 N10°W，长大于 4km。

上述 12 条褶皱均位于北纬 25°20′ 以南的定南—安远—寻乌 NE 一带，以 SN 向为主，局部地段可呈 NW 向。

长洛—盘古山镇—珠山垄一带的主要褶皱由西向东为：

（1）长洛背斜 ㉔：核部为上震旦统老虎塘组，呈 N20°W，长大于 23km，翼部为牛角河群。

（2）小溪东背斜 ㉕：位于小溪东 7km，核部为老虎塘组，呈 N25°W，长大于 l0km，翼部为牛角河组。

（3）背斜 ㉖：其组成与小溪东背斜 ㉕ 同，呈 N20°W，长大于 6km。

（4）背斜 ㉗：其组成与背斜 ㉕ 同，呈 N10°W，长大于 13km。

（5）珠山垄 SE 背斜 ㉒：位于珠山垄 SE7km，其组成与背斜 ㉕ 同，呈 N40°W，长大于 3km。

上述褶皱以 NNW 向为主，偶有 NW 向的。总体上呈左行雁行式排列。

龙回—大埠南—韩坊—龙布 NE 褶皱，由西向东为：

（1）龙回 NE 背斜 ㊺：位于南康 SE15km，龙回与阳埠之间，以下震旦统下坊组为核部，由 SE 向 NW 呈 N45° ～ 60°W，长大于 20km，翼部为上震旦统老虎塘组。

（2）向斜 ㉟⑬：位于桃江北，以上寒武统水石群为槽部，由南向北呈 N15° ～ 40°W，长大于 10km，翼部为高滩群。

（3）背斜：紧靠向斜 ⑬ 的东侧，核部为中寒武统高滩群，呈 N20°W，长约 10km，翼部为上寒武统水石群。

（4）向斜 ⑮：其组成与向斜 ⑬ 同，呈 N15°W，长大于 9km。

（5）向斜 ⑯：其组成与向斜 ⑬ 同，呈 N20°W，长大于 10km。

（6）背斜 ⑰：以中寒武统高滩群为核部，呈 N30°W，长大于 4km，翼部为水石群。

上述 ㉟⑬⑮⑯⑰ 褶皱，由 SE 向 NW 呈左行雁行式排列。

（7）背斜 ⑱：其组成与背斜 ⑰ 同，NW、SE 两段均呈 N20°W，中段呈 N45°W，似呈向 SW 凸出弯曲的弧形，长大于 9km。

（8）向斜 ⑲：其组成与向斜 ⑮ 同，呈 N25°W，长大于 8km。

（9）韩坊北向斜 ㊼：其组成与向斜 ⑬ 同，呈 N45°W，长大于 3km。

（10）小坪 SW 向斜 ⑳：其组成与向斜 ⑬ 同，呈 N30°E，6km。

（11）龙布 NW 向斜 ㉑：位于龙布 NWl1km，槽部为下寒武统牛角河群，呈 N15°W，长大于 5km，翼部为上震旦统老虎塘组。

（12）背斜 ㉒：位于向斜 ㉑ 的东侧，以老虎塘组为核部，呈 N15°W，长大于4km，翼部为牛角河群。

（13）向斜㉓：位于龙布北10km，槽部为中寒武统高滩群，呈N30°～55°W，长大于6km，翼部为牛角河群。该向斜㉓中段被NE向断裂切错，又被上白垩统赣州组以角度不整合覆盖。

上述褶皱以NNE—NW向为主，偶有NNE向者。

赣州—兴国NE与遂川—德兴深断裂之间的褶皱：

（1）龙华NE向斜⑭：以下寒武统牛角河群为槽部，呈SN向，长大于5km，翼部为上震旦统。该向斜南段被燕山早期晚三叠世—上侏罗世花岗岩侵吞。

（2）向斜⑮：槽部为牛角河群，呈N5°E，长大于5km，翼部为老虎塘组。

（3）向斜⑯：位于向斜⑮东侧，其组成及延伸与向斜⑮同，长大于3km。

（4）赣州NE背斜⑰：位于赣州N25°E14km，核部为牛角河群，由NW向SE，呈N25°～55°W，并向SW凸出弯曲，长大于5km，翼部为高滩群。

（5）沙地SW背斜㉗：位于沙地SW12km，以混合岩及混合片麻岩化的上震旦统为核部，呈N10°E，长大于15km，翼部为牛角河群。

（6）向斜㉖：以中寒武统高滩群为槽部，呈N15°E，长大于7km，翼部为牛角河群。

（7）江口NW倒转向斜㉘：位于江口NW12km，槽部为高滩群，由NE呈N20°E，向南转为至S40°E，为向西凸出弯曲的弧形，总长17km，翼部为牛角河群。此为呈簸箕状开口指向SE的向斜。

（8）白石西倒转背斜㉙：以上震旦统老虎塘组为核部，从江口向北呈N45°W，延伸5km、即转呈近SN延伸5km，后转呈N15°E、长20km，总长约30km，翼部为牛角河群。该背斜呈向西凸出弯曲的弧形。

上述㉘㉙两条向西倒转的褶皱，呈右行雁行式排列。

（9）背斜㉚：位于背斜㉙北侧，其组成与背斜㉙同，呈N45°E，长大于6km。

（10）巾石北背斜㉕：以高滩群为核部，呈N30°E，长大于5km，翼部为水石群。

（11）碧洲南向斜㊾：槽部为水石群，呈N20°E，长大于15km，翼部为高滩群。

上述㉕㊾两背斜，呈右行雁行式排列。

（12）碧洲SE背斜㉔：位于碧洲SE7km，核部为牛角河群，呈近SN向，并略具波状弯曲，长大于7km，翼部为高滩群。

（13）万安SE向斜㉓：位于万安南5km，槽部为上寒武统水石群，呈N20°W，长大于16km，翼部为高滩群。

（14）吊龙NE倒转背斜㉒：位于吊龙NE5km，其组成与背斜㉔同，呈

N15°W，长大于 10km。此为向 SW 倒转的背斜，且向 S15°E 延伸，核部变为上震旦统老虎塘组。

（15）洞田北倒转向斜 ㉑：其组成与向斜 ㉓ 同，呈 N30°W，长大于 14km。该向斜向 SW 倒转，其 NE 翼及 NW 转折端均被上泥盆统以角度不整覆盖。

上述 ㉓㉒㉑ 三条褶皱，呈左行雁行式排列。

（16）枧头 SE 背斜 ⑳：位于枧头 SE4km，其组成与背斜 ㉒ 同，呈 N35°W，长大于 5km。该背斜 NW、SE 均被 NE 向断裂切错，隔断裂分别与上白垩统南雄组、上泥盆统接触。

（17）均村 NE 背斜 ㊳、向斜 ㊴：位于兴国西均村 NE7 ~ 8km，由牛角河群与老虎塘组界线波状弯曲显示的、呈鼻状倾伏端指向北的背斜 ㊳，呈簸箕状开口指向北的向斜 ㊴，长约 1 ~ 2km。此处 ㊳㊴ 两褶皱呈右行雁行式排列。

（18）背斜 ㊵：位于永丰北 11km，核部为上震旦统老虎塘组，长大于 3km，翼部为牛角河群。

（19）高陇 SE 向斜 ㊶㊷、背斜 ㊸㊹：位于高陇 S60°E12 ~ 18km，由牛角河群与高滩群界线波状弯曲显示的、呈簸箕状开口指向 S30°W 的向斜 ㊶㊷，呈鼻状倾伏端指向 S30°W 的背斜 ㊸㊹，其长均为 3 ~ 4km。

上述向斜 ㊶㊷、背斜 ㊸㊹ 均呈右行雁行式排列。

遂川—德兴深断裂 NW、永新—天柱峰 SE 褶皱，均由寒武系地层组成，从中东部往南西为：

（1）早禾市 SW 向斜 ①：位于早禾市 SW8km，以上寒武统水石群为槽部，呈 N10°E，长大于 5km，翼部为中寒武统高滩群。该向斜北段被上白垩统南雄组以角度不整合覆盖，南段被中泥盆统以角度不整合覆盖。

（2）桥头倒转背斜 ③：以牛角河群为核部，呈 N5°E，长大于 12km，翼部为高滩群。此为向西倒转的背斜。

（3）前岭 SW 向斜 ④：位于前岭 SW6km，其组成与早禾市向斜 ① 同，呈 N5°E，长大于 10km。该向斜南段被中泥盆统以角度整合覆盖。

上述 ①③④ 三条褶皱，呈左行雁行式排列。

（4）高陂北向斜 ②：槽部为高滩群，呈 N20°W，长大于 8km，翼部为牛角河群。该向斜北段被中泥盆统、南段被上白垩统南雄组以角度不整合覆盖。

（5）天柱峰 SW 背斜 ⑤：该背斜北端位于天柱峰 SW5km，其组成与背斜 ③ 同，北段呈 N10°E，南段呈 SN 向，似呈向 NW 凸出弯曲的弧形，长大于 30km。该背斜北端被中泥盆统以角度不整合覆盖，西侧被近 SN 向略向西凸出弯曲的断裂切割。

（6）向斜 ⑥：位于背斜 ⑤ 的西侧，其组成与高陂向斜 ② 同，呈 SN 向，略向西凸出弯曲，长大于 25km。

（7）碧溪北背斜 ⑦：其组成与背斜 ⑤ 同，呈 N8°E，长大于 18km，并略具波状弯曲。

上述⑤⑥⑦三条褶皱，呈右行雁行式排列。

（8）新江SE背斜⑪⑭：其组成与倒转背斜③同，其北段背斜⑪呈N10°W，中南段背斜⑭呈N25°～45°W，长大于25km。

（9）向斜⑬：位于背斜⑭NE侧，其组成与高陂北向斜②同，呈N40°W，略向SW呈波状弯曲，长大于20km。

（10）新江、衙前向斜⑫：其组成与向斜②同，该向斜NW段呈N25°W，中段—SE段呈N40°W，长大于25km，略具向SW凸出弯曲的弧形。

（11）倒转背斜⑨：位于背斜⑦的南面，越过中泥盆统等宽7km的覆盖层向南延伸，其组成与桥头倒转背斜③同，呈SN向，长大于14km。此为向西倒转的背斜。

（12）横岭背斜⑮：其组成与桥头倒转背斜③同，呈N35°W，长大于21km。

上述⑦⑨⑮三条褶皱，共同组成中—北段呈SN、南段呈SSE，长约50km，为向SW凸出弯曲的弧形背斜。

（13）向斜⑩：其组成与高陂向斜②同，呈N12°W，长大于7km。

（14）向斜⑯：其组成与高陂向斜②同，呈N45°W，长大于22km。该向斜NW、SE两端均被上白垩统以角度不整合覆盖。

（15）五斗山向斜⑰：其组成与高陂向斜②同，呈N45°W，长大于7km。

（16）遂川NW向斜⑱：位于遂川NW6km，其组成与高陂向斜②同，呈N32°W，长大于8km。

（17）大坑背斜⑲：其组成与桥头倒转背斜③同，呈N40°W，长大于28km。

（18）大坑SW背斜㊱㊲㊳：位于大坑与七坪之间，其组成与桥头倒转背斜③同，㊱㊲㊳背斜依次呈N32°W、N30°W、N27°W，长度大于8km、15.5km、4km。

上述褶皱带位于前述万洋山、罗霄山脉北段向西凸出弯曲的、梯形褶皱带的内侧，本应组成加里东早—中期褶皱中带北段向西凸出弯曲的弧形褶皱带，仅因其北端天柱峰NE被泥盆系、石炭系、二叠系等地层覆盖，加里东早—中期褶皱分布情况难以论述。总之，西带、中带NW段的褶皱共同组成遂川—宁冈—莲花—安福向西凸出弯曲，长75km、宽80km弧形褶皱群，主要是EW至近EW向地应力作用下形成的。

3. 东带

主要分布在北纬26°以北、东经115°00'～115°30'以东。主要褶皱构造由震旦系地层组成，从SW向NE为：

（1）万田NW向斜㉛：位于万田N23°W10km，槽部为上震旦统老虎塘组，呈 N10°W，长大于 2.5km，翼部为下震旦统。

（2）沙心 NW 向斜 ㉜：位于沙心 NW5km，其组成与万田 NW 向斜 ㉛ 同，呈 N5°W，长大于 5km。

上述 ㉛㉜ 两条向斜，呈左行雁行式排列。

（3）瑞林 SW 向斜 ㉝：位于瑞林 SW5km，其组成与向斜 ㉛ 同，呈 N32°E，长 12km。

（4）瑞林 SE 背斜 ㉞：核部为下震旦统，自 SW 而 NE 呈 N10° ～ 40°E，长大于 9km，翼部为老虎塘组。

上述 ㉝㉞ 两条褶皱呈右行雁行式排列。

（5）银坑 SE 背斜 ㉟：位于银坑 SE3km，其组成与瑞林 SE 背斜 ㉞ 同，呈 N10°E，长约 5km。

（6）澄江 SW 背斜 ㊱：位于澄江 SW6km，其组成与背斜 ㉞ 同，呈 N30°E，长大于 11km。

（7）澄江 NW 背斜 ㊲：位于澄江 NW5km，其组成与背斜 ㉞ 同，呈 N35°E，长大于 5km。

上述 ㉟ 与 ㊱㊲ 背斜，呈右行雁行式排列。

（8）王田 NW 倒转背斜 ㊻：位于王田 NW13km，核部为下震旦统，呈 N45°W，长大于 7km，翼为上震旦统老虎塘组。此为向 SW 倒转的背斜。

（9）背斜 ㊽：其组成及延伸与背斜 ㊻ 同，长 5km。

（10）背斜 ㊾：其组成及延伸与背斜 ㊻ 同，长 4km。

上述 ㊻㊽㊾ 三条背斜，呈左行雁行式排列。

（11）良村北—龙冈东向斜 ㊺②：其组成与万田 NW 向斜 ㉛ 同，呈 N10°E，长 30km。该向斜为呈簸箕状开口指向 N10°E 的向斜。

（12）大乌山 NE 倒转背斜 ①：位于大乌山 NE10km，此为呈鼻状倾伏端指向北的背斜，呈 SN 向，其组成与瑞林 SE 背斜 ㉞ 同，长约 25km。此为向西倒转的背斜。

（13）黄陂 SW 向斜 ③：位于黄陂 SW7km，其槽部为混合岩及混合片麻岩化的上震旦统老虎塘组，呈 N5°W，长约 10km，翼部为下震旦统。

（14）鸭公嶂背斜 ④：核部为混合岩及混合片麻岩化的下震旦统，呈 SN 向，长大于 15km，翼部为上震旦统老虎塘组。

（15）灵华山 NE 背斜 ⑤：位于灵华山 NE8km，其组成与鸭公嶂背斜 ④ 同，呈近 SN 向，长大于 5km。

上述背斜 ④⑤，本应是同一 SN 向背斜，只是由于燕山早期三叠世—上侏罗世花岗岩（23）侵入才将其分为南北两条。

（16）金溪东背斜 ㉔：核部由混合岩及混合片麻岩化的下震旦统地层组成，由 SW 向 NE，呈 N45°E 转为 N25°E，长 23km，后又逐渐转为 N80°E，长 8km，翼部为上震旦统。总体上看，此背斜似呈拉伸了的 S 形。

（17）水南 NE 背斜 ⑥：位于水南 NE8km，以下震旦统为核部，呈 SN 向，长 5km，翼部为上震旦统老虎塘组。

（18）吉水 SE 倒转背斜 ⑦：位于吉水 SE5 ～ 10km，其组成与背斜 ⑥ 同，呈 N35°W，长约 18km。此为向 SW 倒转的背斜。

（19）水边 SE 背斜 ⑧：位于水边 SE8km，核部为上元古界神山群，呈 N15°E，长约 4km，翼部为下震旦统。

（20）峡江 NE 背斜 ⑨：位于峡江 NE7km，以神山群为核部，呈 N30°E，长大于 6km，翼部为下震旦统。

（21）砚溪倒转向斜 ⑩：为以上震旦统老虎塘组为槽部、呈簸箕状开口指向 N30°E 的向斜，长 10km，翼部为下震旦统。此向斜向 NW 倒转。

综上所述，赣中南地区加里东早—中期东带褶皱构造，以 SN 至近 SN、NNW 向，呈左行雁行式排列的褶皱为主；NNE 向褶皱，呈右行雁行式排列次之，都是 EW 至近 EW 向地应力作用下形成的。

（二）加里东晚期褶皱构造

呈 EW 至近 EW 方向，主要是 SN 向地应力作用下形成的，可以以北纬 26°00' 为界，分为南北两带。

1. 南带

由中—下寒武统与上震旦统老虎塘组组成，从南向北为：

（1）大江圩 SE 向斜 (59)：槽部为下寒武统牛角河群，呈 EW 向，长大于 30km。翼部为上震旦统老虎塘组。

（2）大桥南背斜 (58)(68)：核部为老虎塘组，呈 EW 向，长大于 30km，翼部为牛角河群。

（3）大桥 SE 向斜 (69)：位于大桥 SE7km，以上寒武统牛角河群为槽部，呈 N75°W，长约 8km，翼部为老虎塘组。

（4）背斜 (50)：位于向斜 (69)NE，其组成与背斜 (68) 同，为近 EW 向，略呈向南凸出弯曲的弧形，长约 10km。

（5）南康 NEE 向斜 (55)：位于南康 N80°E8km，槽部为中寒武统高滩群，呈近 EW 向，长大于 12km，翼部为下寒武统牛角河群。

（6）布龙西向斜 (52)：位于布龙西 5km，以下寒武统牛角河群为槽部，呈 EW 向，长大于 5km，南翼为上震旦统，北翼隔断裂为下震旦统。

（7）布龙 SE 背斜 (51)：位于布龙 SE6km，核部为上震旦统老虎塘组，呈 EW 向，长大于 6km，翼部为混合岩及混合片麻岩化的老虎塘组。

（8）布龙东向斜 (53)：位于布龙东 5km，以牛角河群为槽部，呈 N75°E，略具向南凸出弯曲的弧形，长约 9km，翼部为老虎塘组。

（9）背斜 (54)：位于龙布东向斜 (53) 北侧，核部为上震旦统老虎塘组，呈

N65°E，略具向 SE 凸出弯曲的弧形，长大于 13km，翼部为牛角河群。

上述 (51)(53)(54) 三条褶皱，自 NE 向 SW 呈左行雁行式排列。

（10）珠兰 SW 向斜 (57)(58)：位于珠兰西 S15°W10 ～ 40km，槽部为上寒武统水石群，呈 N73°E，略具向南凸出弯曲的弧形，长 12km，SE 翼为中寒武统高滩群，NW 翼隔断裂为上震旦统。该向斜中段被燕山早期晚三叠世—上侏罗世花岗岩侵吞。

（11）向斜 (59)：槽部为下寒武统，呈 N75°W，略向 NE 凸出弯曲，长大于 8km，翼部为上震旦统老虎塘组。

（12）珠兰 NW 背斜 (60)(61)：位于珠兰 NW5 ～ 10km，其组成与背斜 (54) 同，东段呈 N75°E，中西段呈 N70°W，长 14km，略具向南凸出弯曲的弧形。

（13）凤凰嵊南背斜 (63)：位于凤凰嵊南 3km，其组成与背斜 (54) 同，呈 N80°E，长大于 13km。

（14）凤凰嵊东向斜 (64)：位于凤凰嵊东 6km，槽部为中寒武统高滩群，呈 N80°E，长大于 4.5km，翼部为牛角河群。

（15）背斜 (67)：位于向斜 (64) 的北侧，其组成与背斜 (54) 同，呈 N80°E，长大于 15km，且 SWW 段向 NW 弯转成弧形。

上述 (57)(58)(59)(60)(61)(64)(67) 褶皱，自 NE 而 SW，呈左行雁行式排列。

（16）背斜 (65)：其组成与背斜 (54) 同，呈 N80°W，长大于 7km。

（17）向斜：位于背斜 (65) 北侧，槽部为牛角河群，呈 N80°W，长大于 9km，翼部老虎塘组。

（18）蓝田西背斜 (66)：位于蓝田西 7km，其组成与背斜 (54) 同，呈 NE 向，长大于 7km。

上述三条褶皱，亦呈左行雁行式排列。

综上所述，赣中南地区南带加里东晚期褶皱构造，以 SE 至近 EW 或 NEE 向为主，多处可见呈左行雁行式排列，是在 SN 方向地应力作用下形成的。

2. 北带

主要由震旦系上、下统地层组成，从南向北为：

（1）背斜 ㉑：以下震旦统为核部、呈鼻状倾伏端指向 S70°W 的背斜，长 6km，翼部为上震旦统老虎塘组。

（2）大柏地西背斜 ㉒：位于背斜 ㉑ 东侧，其组成及形态均与背斜 ㉑ 同，呈近 EW 向，长约 13km。

（3）大柏地东向斜 ㉓：以牛角河群为槽部，呈 EW 向，长大于 10km，翼部为老虎塘组。该向斜西端、中段、北侧均被断裂切错，并有两处被上白垩统赣州组以角度不整合覆盖。

（4）石城 SW 向斜 ㉔：位于石城 SW10km，槽部为老虎塘组，呈 EW 向，长约 6 ～ 7km，SN 两翼隔 EW 向断裂为下震旦统。

（5）高兴 NW 向斜 ⑦⑤：位于高兴 NW5km，其组成与大柏地东向斜 ⑦③ 同，为呈簸箕状开口指向 N75°E 的向斜，长约 6km。

（6）背斜 ⑦⑥：位于向斜 ⑦⑤NW，以老虎塘组为核部，呈鼻状倾伏端指向 N75°E，长大于 5km，翼部为牛角河群。

（7）天湖山 NE 向斜 ⑦⑦、背斜 ⑦⑦：位于天湖山 N25°E14km，为上、中寒武统水石群、高滩群界线波状弯曲形成的、呈簸箕状开口指向 S55°W 的向斜 ⑦⑦，呈鼻状倾伏端指向 S55°W 的背斜 ⑦⑧，其长度均为 3～4km，呈左行雁行式排列。

（8）大乌山 SW 背斜 ⑦⑨⑧⑩：位于大乌山 S25°W15km，为老虎塘组与牛角河群揉肠状弯曲形成的、呈鼻状倾伏指向 S45°W 的背斜 ⑦⑨⑧⑩，长 4～5km。上述两背斜呈左行雁行式排列。

（9）向斜 ⑧①：位于背斜 ⑧⑩ 的 NW 侧，以牛角河群为槽部，呈簸箕状开口指向西的向斜，长约 3km，翼部为老虎塘组。

（10）高陂西向斜 ⑤⑩：位于高陂西 5km，桥头倒转背斜 ③ 向南延伸、并向 SE 转弯的部分，槽部为高滩群，从 NW 向 SE、呈 N10°～55°W，略具向 SW 凸出弯曲的弧形，长 12km，翼部为牛角河群。

（11）倒转背斜 ⑤①：以上震旦统老虎塘组为核部，呈 N55°W，长大于 l0km，翼部为牛角河群。此为向 SW 倒转的背斜。此背斜 SE 段被南雄组以角度不整合覆盖。

上述 ⑤⑩⑤① 两条褶皱呈右行雁行式排列。

（12）大王山 SW 背斜 ⑫：位于大王山 SW3km，核部为下震旦统，从 SW 至 NE 呈 N35°～65°E，长 6～7km，翼部为上震旦统老虎塘组。

（13）相山 NE 背斜 ⑬：位于相山 NE10km，其组成与大王山 SW 背斜 ⑫ 同，呈 N55°E，长大于 5km。

上述 ⑫⑬ 两背斜，呈左行雁行式排列。

（14）圳口西背斜 ⑭：位于圳口西 10km，其组成与大王山 SW 背斜 ⑫ 同，呈 N78°E，长大于 12km。

（15）向斜 ⑮：位于圳口西背斜 ⑭NE 侧，其槽部为上震旦统老虎塘组，呈近 EW 向，长大于 5km，翼部为下震旦统。

（16）芙蓉山背斜 ⑯⑲：位于芙蓉山北侧，共组成与背斜 ⑭ 同，EW 两段呈近 EW、中段呈 N60°E，总长大于 20km。

上述 ⑭⑮⑯⑲ 四条褶皱，由 NE 向 SW 呈左行雁行式排列。

（17）圳口东向斜 ⑰：位于圳口东 9km，其组成与向斜 ⑮ 同，SW 段呈 N30°E，中段、NE 段呈 N65°E，长大于 23km。总体上看，该向斜呈向 NW 凸出弯曲的弧形。

（18）芙蓉山南背斜 ⑱：位于芙蓉山南 6.5km，其组成与背斜 ⑬ 同，为总体近 EW、且呈向南凸出弯曲的弧形，长大于 15km。

此处 ⑰⑱ 两条褶皱由 NE 向 SW，呈左行雁行式排列。

（19）西城向斜 ⑳：其组成与向斜 ⑮ 同，呈 N45°E，长大于 22km。

（20）龙安向斜 ㉑：其组成与向斜 ⑮ 同，呈 N40°E，长大于 20km。

该处 ⑳㉑ 两向斜，呈左行雁行式排列。

（21）宜黄北向斜 ㉒：位于宜黄北 4km，其组成与向斜 ⑮ 同，呈近 EW 向，长大于 5km。

（22）岳口 NW 背斜 ㉓：位于岳口 NW4km，主要由下震旦统构造形变组成，呈 N70°～ 80°E，并略呈向 SE 凸出弯曲的弧形，长约 20km。

此处 ㉒㉓ 两褶皱呈左行雁行式排列。

上述赣中南地区加里东晚期北带褶皱构造，以 EW 至近 EW 至 NEE 向为主，多处可见呈左行雁行式排列，也可见 NWW 向，呈右行雁行式排列，均为 SN 向应力作用下形成的。

（三）加里东早期花岗岩

加里东早期原地型混合花岗岩主要分布在以下三个地段：

1.武功山 SE 麓

（1）大岗山西混合花岗岩体（1）：位于大岗山西 5km，似扁豆状，呈近 SN，长 6km，宽 2.5km。

（2）青龙山 SW 混合花岗岩体（2）：位于青龙山 SSW，似扁豆状，呈 N25°E，长大于 6km，宽 3km。

上述（1）（2）两岩体形态均与其围岩上震旦统片麻理延伸及弯转方向一致。

2. 广昌 SE20 ～ 25km 武夷山脉 NW 麓

（1）驿前混合花岗岩体（3）：似平行四边形，呈 N25°E，长 10km，宽 3 ～ 4km。

（2）驿前北混合花岗岩体（4）：位于驿前北 12km，北段呈 SN，南段呈 NE，向 SE 凸出弯曲，长 6km，宽 2km。

（3）驿前 NE 混合花岗岩体（5）：位于驿前 NE20km，似水滴状，呈 N35°E，长 5km，宽 2.5km。

上述 3 条岩体与下震旦统延片麻理延伸方向近似一致。

3.赣南原地型混合花岗岩

（1）寨背东混合花岗岩体：位于寨背东 12km，加里东早—中期花岗岩体（8）的东面，背斜 ② 的北侧，岩体片麻理呈 N5°E，其延伸方向仅长 1km，宽 1.5km。此岩体北段被 EW 向断裂切错。

（2）江头圩 SE 混合花岗岩体（6）：位于江头圩 S25°E15km，呈 N5°E，长大于 5km，宽 1 ～ 2km。

以上两岩体延伸方向与其附近加东早期褶皱 ②⑥ 延伸方向大体一致。

（3）九曲 NE 的混合花岗岩（1）：4 条岩体，均呈 NWW 至近 EW，长

2～6km，宽1～2km，与其 NW 的加里东早—中期背斜①，呈垂直或近于垂直相交。

加里东早—中期半原地型混合花岗岩体主要分布在武夷山 NW 麓、赣南及井冈山—诸广山一带：

（1）金溪斜长花岗岩基（2）：位于金溪县西部和北部，处于金溪加里东晚期背斜㉔的西侧，为巨大的 NE 向岩基，呈 N30°E，长 40km，宽 10～20km。岩体东、北部与震旦系呈渐变过渡、有混合岩化带，南部似呈侵入接触；岩体延伸与加里东晚期背斜㉔近于平行。

（2）乐安二长花岗岩体（1）：似呈 NNE 向椭圆状围绕着混合片麻理化的上震旦统，长 30km，宽 0.5～1.5km。

（3）付坊混合花岗岩基（3）：位于南丰—广昌 SE，主体由 SW 向 NE 呈 N5°～30°E，长 65km，宽 2～4km。

（4）清溪混合斑状黑云母花岗岩基（16）：位于兴国—赣县之间，似平行四边形状，长对角线呈 N25°E，长 25km，短对角线呈 N35°W，长 13km。

（5）五石岽混合花岗岩基（13）：呈 SN 向，长 20km，宽 7～10km。

（6）中村花岗二长岩体（15）：呈近 SN 向，长 18km，宽 5～10km。

以上（1）（3）（16）（13）（15）五岩体，主要围岩震旦系及下寒武统，其延伸方向与震旦系片麻理片理延伸方向大体一致。

（7）南风面混合花岗岩基（3）：位于万洋山南段 SE 侧，毗邻湘赣边界，呈 N25°E，长 30km，宽 5～8km。该岩体的围岩为上寒武统及下、中奥陶统，围岩片麻理的延伸，呈 NNE 向。南风面岩体（3）的延伸方向与围岩片麻理方向趋于一致。

（8）大余二长花岗岩株（12）：呈 N15°E，长约 9km，宽 3～5km。该岩体侵入上震旦统及下寒武统，与其附近加里东早—中期向斜㊱㊳走向趋于一致。

（9）寨背东混合花岗岩基（8）：呈切向，长 23km，北宽 7.5km、南窄1.5～2km。该岩体延伸方向与其东侧加里东早—中期背斜②③的延伸方向一致。

（10）吉潭—佑头花岗二长岩体（12）、混合花岗岩基（11）：位于寻乌 SE毗邻闽粤赣三省交界处，呈 N15°E，长 50 余千米，宽 10～15km，窄仅 5km，且多处包裹着上震旦统。该岩体延伸方向与其附近的加里东早—中期高桥背斜⑤、澄江背斜⑧的走向呈似一致。

（11）桂竹帽花岗二长岩基（9）：可分为 SN 两段，南段呈 SN 向，向南延伸跨越粤赣边界，江西境内长 12km，宽 13～15km；北段向西偏移，似呈顶角指向北的金字塔形，高 8km，底边长 8km。该岩体（9）的围岩为上震旦统，岩体（9）的延伸方向与上震旦统片麻理走向趋于一致。

（12）定南花岗二长岩基（7）：分布于定南县城附近，位于武夷隆起南段西侧，为呈近 EW 向椭圆形岩基，EW 长 23 ～ 25km，SN 宽 3 ～ 10km。此岩体延伸方向与下寒武统、上震旦统片麻岩带延伸方向垂直。

在赣中南地区，万洋山—诸广山北段东侧、武夷山中段 NW 侧的加里东中—晚期奥陶世—志留世花岗岩类：

（1）宁冈富斜花岗岩基（4）：位于万洋山北段，呈以 EW 向为长径的椭圆状，长 30km，宽 20km，侵入奥陶系。该岩基与北侧加里东早—中期向斜凸出的弧形褶皱带 SW 段的 ㉛㉜㉝ 褶皱，似呈垂直相交。

（2）汤湖花岗闪长岩基（5）：位于万洋山—诸广山东侧，呈 N45°E，长40km，宽 10 ～ 25km 不等，侵入寒武系及奥陶系。该岩基与其 NE 端的加里东早—中期 NW 向褶皱 ㊵㊶㊷㊸ 呈垂直相交。

（3）黎川花岗闪长岩基（5）：位于武夷山脉中段西侧，呈 NS 向，长 33km，宽 20km，侵入于震旦系。此岩体与加里东晚期 NE 向褶皱 ⑳㉑，呈斜交关系。

（4）鹅婆花岗正长岩（18）：位于宁都 SW，呈 N35°E，长 50km，宽5 ～ 8km，侵入震旦系。该岩体与其 SE、NW 的加里东早—中期褶皱 ㉝㉞、㊱㊲ 似乎平行。

加里东晚期志留纪花岗岩类多呈中—小型岩基及岩株，比较分散：

（1）山庄富斜花岗岩体（12）：位于武功山 NE 端 SE 麓，安福北 15km，呈NWW，半椭圆状，长 15km，宽 10km，侵入下寒武统及上震旦统。该岩体与其NW 上震旦统的片麻岩带、混合岩带延伸方向近于平行。

（2）湖坪二长花岗岩体（10）：位于鸭公嶂西 20km，似梅花瓣状侵入于上震旦统。

（3）莲花顶花岗岩基（14）：位于加里东中—晚期汤湖花岗闪长岩基（5）的北段，呈 N8°E，长 15km，宽 4 ～ 5km，侵入于汤湖花岗闪长岩基（5）及上寒武统、下奥陶统。该岩体与加里东早—中期 NW 背斜 ⑩ 等褶皱呈斜交关系。

（4）上犹花岗岩基（7）：呈向，长 14km，宽 8 ～ 10km，侵入寒武系及奥陶系。该岩体与其南侧的加里东早—中期 ㉔㉕㉖ 背斜平行，与其 NW 侧的加里东早—中期 ⑧⑨ 等褶皱斜交。

（5）龙回花岗二长岩株（11）：位于信丰龙回一带，侵入于震旦统及下寒武统，呈 N65°W，长 12km，宽 8km。该岩体 SE 段部分被中泥盆统以角度不整合覆盖，与其 SW、NE 的加里东早—中期 NW 向背斜 ㊹㊺ 近似平行。

第二节　海西期褶皱及其岩浆岩

赣中南地区上古生界地层的分布不像寒武系、奥陶系及震旦系那样广泛，因此海西期褶皱构造的连续性远不如加里东期褶皱构造，然而通过与粤、桂及西秦岭、天山等地区海西期褶皱构造延伸方向、形态特征、排列方式的对比，仍然可以把其分为早—中期和晚期。

（一）海西早—中期褶皱构造

是上古生界海相地层在NS方向地应力作用下形成的，因此除形成EW至近EW向褶皱外，NW—NWW向褶皱群，呈右行雁行式排列；NE—NEE向褶皱，呈左行雁行式排列，都比较发育。海西早—中期褶皱，以北纬26°00'为界可分为北、南两带。

1. 北带

从NW往SE为：

1）遂川—宁冈—莲花—安福向西凸出弯曲的孤形褶皱群附近的褶皱

（1）安福SW向斜(52)：位于安福S80°W22km，槽部为上石炭统黄龙组—船山组，呈N55°E，长3km，翼部为下石炭统。

（2）彭坊NE背斜(53)：位于彭坊NE8km，核部为中泥盆统棋子桥组，呈N65°E，长2.5km，翼部为上泥盆统佘田桥组。

（3）洋溪背斜(54)：核部为下石炭统岩关组，呈N75°E，长大于10km，翼部为大塘阶。

（4）陈山NE背斜(55)：位于陈山NE5km。其组成与洋溪背斜(54)同，呈N70°E，长约4km。

上述(52)(53)、(54)(55)褶皱，均呈左行雁行式排列，位于莲花—安福加里东早—中期褶皱带的NW侧。

（5）洲湖SW向斜(56)：位于洲湖SW10km，槽部为上二叠统乐平组，呈N85°E，长约6km，翼部为下二叠统。该向斜北侧被近EW向断裂切错，西段上白垩统南雄组以角度不整合覆盖。

（6）天柱峰NW向斜(57)：位于天柱峰NW7km，其组成与向斜(56)同，呈N70°E，长大于7km。

（7）永新NE向斜(58)：位于永新NE10km，槽部为上石炭统黄龙组—船山组，呈N30°E，长8km，翼部为下石炭统大塘阶。

（8）永新SE背斜(59)：位于永新SE9km，核部为岩关组，呈N30°E，长2km，翼部为大塘组。

（9）背斜(60)：位于永新SE背斜(59)南侧，其组成与背斜(59)相同，呈N30°E，长大于2km。

（10）碧溪NW背斜(61)：位于碧溪NW10km，核部为跳马涧组，呈N60°E，长大于8km，翼部棋子桥组。

（11）永新东背斜(62)：位于永新东4km，其组成与背斜(59)同，呈N65°E，长2km。

（12）永新SE背斜(63)：位于永新SE5km，其组成与背斜(59)同，呈N55°E，长大于 13km。

上述 ㊱㊲、㊳㊴㊵㊶、㊷㊸ 褶皱，均位于洲湖、永新、碧溪之间，夹持于遂川—宁冈—莲花—安福向西凸出弯曲的褶皱群之中，且分成的三组、即 ㊱㊲、㊳㊴㊵㊶、㊷㊸，均呈左行雁行式排列。

（13）官田 NE 背斜 ㊹：位于官田 N75°E8km，其组成与背斜 ㊴ 同，呈 N85°W，长大于 4km。

（14）官田 SE 背斜 ㊺：位于官田 S80°E7km，其组成与背斜 ㊴ 同，呈 N85°E，长大于 4.5km，

上述 ㊹㊺ 两褶皱，呈右行雁行式排列。

（15）泰和 NW 向斜 ㊻：位于泰和 NW10km，槽部为上泥盆统，呈 N70°W，长大于 6km，翼部为中泥盆统。

（16）早禾市南向斜 ㊽：以上泥盆统锡矿山组为槽部，呈簸箕状开口指向东，长 9km，翼部为上泥盆统佘田桥组。

（17）马市北向斜 ㊼：以大塘组为槽部，呈 EW 向，长约 3km，翼部为岩关组。

（18）马市 NE 背斜：位于向斜 ㊼ 的东侧，以岩关组为核部，呈 N85°W，长大于 3km，翼部为大塘组。

上述 ㊹㊺㊻㊼㊽ 等褶皱，均位于遂川—宁冈—莲花—安福向西凸出弯曲的弧形褶皱群的内侧，遂川—德兴深断裂的 SW 段的 NW 盘。

2）新干—吉水—大乌山一带的褶皱

（1）新干西向斜 ①：位于新干西 15km，以下石炭统为槽部，呈 EW 向，长约 2km，翼部为上泥盆统。此为呈簸箕状开口指向东的向斜。

（2）八都 NW 向斜 ②：其组成、长度及形态均与向斜 ① 同，呈 N80°W，长约 2km。

（3）八都 SW 向斜 ③：位于八都 SW9km，槽部为下石炭统，呈 N83°W，长大于 6km，翼部为上泥盆统。该向斜 EW 两端均 NE 向断裂切错，南翼也被断裂切错。

（4）古县西向斜 ④：位于古县西 15km，槽部为大塘组，呈 EW 向，长大于 6km，翼部为岩关组。该向斜西段隔 NE 向断裂为上白垩统南雄组。

（5）富滩东向斜 ⑤：位于富滩东 10km，其组成与向斜 ④ 同，为呈簸箕状开口指向 N62°W 的向斜，长 5km。

（6）富滩 SE 向斜 ⑥：位于富滩 SE6km，其组成与向斜 ④ 同，为呈簸箕状开口指向 N46°W 的向斜，长 7km。

（7）向斜 ⑦：位于富滩 SE 向斜 ⑥ 的 SW 侧，其组成及形态均与向斜 ⑥ 同，呈 N50°W，长 3km。

上述 ⑤⑥⑦ 三条向斜，呈右行雁行式排列。

（8）苑前东向斜⑧：以上石炭统黄龙组为槽部，呈簸箕状开口指向西的向斜，长大于2km，翼部为下石炭统。

3）大乌山—万安—于都—宁都一带的褶皱

（1）万安SE向斜⑪：位于万安S75°E13km，槽部为上石炭统黄龙组，呈N45°W，长大于3km，翼部为下石炭统。

（2）均村SW向斜⑮：位于均村SW8km，以中石炭统为槽部，呈N45°W，长3km，翼部为下石炭统。

上述⑪⑮两褶皱由NW向SE，位于同一条NW向褶皱带内，相距17km，呈右行雁行式排列。

（3）向斜①：以上石炭统为槽部，呈N70°E，长3km，翼部为下石炭统。

（4）天湖山SE向斜②：槽部为下石炭统梓山组，呈N55°E，长2km，翼部为上泥盆统。

上述①②两向斜均位于由上泥盆统、石炭系组成的向北凸出弯曲的褶皱带内，两向斜由NE至SW呈左行雁行式排列。

（5）画眉坳南向斜③：位于画眉坳南8km，槽部为上石炭统，呈N65°E，长9km，翼部为下石炭统。

（6）龙岗SE向斜④：位于龙岗SE9km，其组成与向斜③同，呈N60°E，长约6km。

（7）澄江北向斜⑤：位于澄江北7km，其组成与天湖山SE向斜②同，呈近EW向，长3km。

（8）梓山NE向斜⑦：以下二叠统茅口组为槽部，呈N80°E，长大于7km，翼部为栖霞组。

2. 南带

1）南康—全南—定南之间的褶皱

（1）池江SE向斜①：位于池江S80°E，以上泥盆统余田桥组为槽部，呈簸箕状开口指向N80°W的向斜，长约5km，翼部为中泥盆统。

（2）龙回南向斜②：位于龙南S10°E，11km，以上二叠统为槽部，呈NW向，长约3km，翼部为下二叠统。

（3）信丰西向斜③：位于信丰西10km，槽部为上二叠统，呈EW向，长5km，南翼隔断裂为上石炭统。该向斜③与向斜②仅相距2km，中间被上白垩统南雄组以角度不整合覆盖，两向斜槽部均为同一上二叠统，因此②③两向斜很可能属于同一向斜。

（4）信丰坳东向斜④：位于信丰坳东5km，以下石炭统为槽部、呈簸箕状开口指向东的向斜，长6km，翼部为上泥盆统锡矿山组、余田桥组。

（5）全南NW向斜⑤：以下石炭统为槽部，呈N45°W，长2km，翼部为上泥盆统。

（6）全南东向斜⑥：其组成与全南 NW 向斜⑤同，呈 EW 向，长 5km。该向斜⑥与向斜⑤为同一呈向 SW 凸出弯曲的向斜，总长 14km，中段被燕山中期晚侏罗世正长岩体（43）侵吞。

（7）杨村北向斜⑦：以下石炭统为槽部的两条向斜，从 NW 向 SE，依次为 N50°W、N70°W，长 2km、3km，翼部均为上泥盆统。

（8）杨村 NE 向斜⑧：位于杨村 NE12km，其组成与向斜⑦同，呈 N68°W，长 2km。

（9）向斜⑨：位于杨村 NE 向斜⑧的东面，其组成与向斜⑧同，呈 N75°W，长约 2km，两翼及 NW、SE 两端均被断裂切割。

（10）大吉山 SE 背斜⑩：位于大吉山 S40°E9km，以中泥盆统陡水组为核部，呈鼻状倾伏端指向 S85°W，长 9km，翼部棋子桥组。

2）于都—盘古山镇—瑞金之间的褶皱

（1）白石山北背斜⑧：位于白石山北 6km，以下石炭统横龙组为核部，呈 N80°W，长大于 2.5km，翼部为下石炭统梓山组。该背斜东段被 NE 向断裂切错。

（2）公馆 SE 向斜⑨：位于公馆 SE4km，以上二叠统为槽部，呈 N85°W，长大于 9km，翼部为下二叠统。

（3）白石山东向斜⑩：位于白石山 N85°E8km，槽部为二叠系，呈 N75°E，长约 10km，翼部为上石炭统。

（4）西江向斜⑪：其组成与向斜⑩同，呈 N80°E，长 7km。

上述⑧⑨、⑩⑪褶皱，均为从 NEE 向 SWW，呈左行雁行式排列。

（5）小溪 SE 向斜⑫：位于小溪 S30°E12km，槽部为下石炭统，呈 N45°W，长 4km，翼部为上泥盆统。

（6）向斜⑬：其组成、延伸与向斜⑫同，长 2km。

（7）盘古山镇西向斜⑭：位于盘古山镇西 2.5km，其组成与向斜⑫同，呈 N45°W，长 5km。

上述⑫⑬⑭三条褶皱自北而南，呈右行雁行式排列。

（二）海西晚期褶皱构造

是近 EW 的顺时针向扭压性地应力作用下形成的，主要为呈簸箕状开口指向 NE 或 SW 的向斜，呈鼻状倾伏端指向 SW 或 NE 的背斜，比海西早—中期褶皱构造更小，更分散，自 NW 而 SE 概述如下：

（1）安塘西向斜⑦：位于安塘西 5km，以下石炭统大塘组为槽部，呈簸箕状开口指向 N55°E，长 4km，翼部为岩关组。该向斜 NE 段被上三叠统以角度不整合覆盖。

（2）桥头 SE 背斜⑫：位于桥头 S75°E8km，以中泥盆统跳马涧组为核部，呈鼻状倾伏端指向 N55°E 的背斜，长 4km，翼部为棋子桥组。

（3）向斜 ⑬：位于背斜 ⑫ 的东侧，以上泥盆统佘田桥组为槽部，呈簸箕状开口指向 N55°E，长 4km，翼部为中泥盆统棋子桥组。

上述 ⑫⑬ 两条褶皱呈右行雁行式排列。

（4）杨村东向斜 ⑪：位于杨村东 13km，以上石炭统黄龙组为槽部，呈簸箕状开口指向 S55°W，长大于 4km，翼部为下石炭统大塘组。

（5）银坑 NW 向斜 ⑥：位于银坑 NW5km，以下二叠统茅口组为槽部，呈簸箕状开口指向 N60°E，长约 3km，翼部为栖霞组。

（三）海西期岩浆岩

1. 海西中期岩浆岩

海西中期石英闪长岩，呈岩株状分布在赣南大余，如：

（1）漂塘岩体（15）：为岩瘤状，呈 N53°W 向延伸，长 3km，宽 1km。

（2）荡坪岩体：位于荡坪 S70°E5km，呈 SN 向，长 1km，宽 0.7km。

（3）铅厂东岩体：位于铅厂东 5km，呈 N10°W，长 2km，宽 1km。

上述岩体均侵入于寒武系，其中漂塘岩体（15）北侧与中泥盆统跳马涧组延伸方向大体平行。荡坪岩体、铅厂东岩体的延伸方向，与寒武系地层延伸方向大体一致。

2. 海西晚期岩浆岩

（1）金滩（城上）花岗岩体（13）：位于东经 115°00'，北纬 27°40' 南面，峡江 NW，为岩基状，呈 N30°W 向延伸，长 20km，宽 10km。该岩体侵入震旦系。

（2）麦型花岗闪长岩体（14）：位于东经 115°30'，北纬 27°40'，新干 SE、云峰岭 NE，为岩基状，呈 N30°E，长 15km，宽 10km，侵入于上元古界双桥山群，其延伸方向与双桥山群、下震旦统上施组地层界线近于平行。

（3）富城（大富足）花岗岩体（21）：位于东经 116°00'，北纬 25°40'，会昌东部，为岩基状，呈 SN 向延伸，似椭圆状，长 30km，宽 20km，侵入震旦系及下寒武统。

第三节　印支期褶皱及其岩浆岩

赣中南地区三叠系地层零星分布在赣中的安福、莲花及赣南的龙南、信丰，因此印支期褶皱构造更为分散，其延伸及分布情况，主要是根据相关的地层界线推测厘定出来的。

（一）龙南—信丰褶皱构造

（1）向斜 ⑱：位于龙南 S50°E7km，以下三叠统大冶群为槽部，呈 N25°W，长 1.5km，翼部为上二叠统。该向斜 SE 段被上侏罗统以角度不整合覆盖。

（2）龙南 SE 向斜 ⑲：位于龙南 S25°4km，其组成与向斜 ⑱ 同，呈 N15°W，长 2km。该向斜 NE 翼被上白垩统南雄群以角度不整合覆盖。

上述两向斜，呈左行雁行式排列。

（3）龙南向斜 ⑳：以上石炭统船山组为槽部，呈簸箕状开口指向 S35°E，长约 3km，翼部为上石炭统黄龙组。该向斜 SE 段被上白垩统南雄组以角度不整合覆盖。

（二）莲花—安福褶皱构造

（1）花桥东向斜 ⑧⓪：位于花桥东 7km，槽部为下三叠统大冶群，为呈簸箕状开口指向 S70°W 的向斜，长 2km，翼部为上二叠统。

（2）安福 NE 向斜 ⑧①：位于安福 NE8km，其组成与向斜 ⑧⓪ 同，呈 N70°E，长 7km。

此处两向斜 ⑧⓪⑧① 呈右行雁行式排列。

（3）路口 NW 向斜 ⑦④：位于路口 NW17km，以上石炭统为槽部，呈 N40°E，长 6km，翼部为下石炭统。

（4）向斜 ⑦⑤：位于向斜 ⑦④ 西侧，其组成与向斜 ⑦④ 同，呈 N30°E，长 8km。

上述 ⑦④⑦⑤ 两向斜，呈右行雁行式排列。

（5）路口向斜 ⑦⑥：其组成与向斜 ⑦④ 同，呈 N40°E，长 10km。

（6）莲花北向斜 ⑦⑦：位于莲花北 10km，槽部为下三叠统，呈 N20°E，翼部为二叠统。

（7）向斜 ⑦⑧：位于莲花北向斜的西侧，以二叠系为槽部，呈 N20°E，长 22km，翼部为上石炭统。

（8）莲花西背斜 ⑦⑨：位于莲花西 15km，以上泥盆统佘田桥组为核部，呈鼻状倾伏端指向 N25°E，长 3km，翼部为上泥盆统锡矿山组。

上述 ⑦⑥⑦⑦⑦⑧⑦⑨ 四条褶皱，呈右行雁行式排列。

综合上述，印支期龙南—信丰 NNW 向左行雁行式排列的褶皱构造，与其附近加里东早—中期褶皱构造相似；莲花—安福 NE—NEE 向右行雁行式褶皱构造，与其附近加里东早—中期褶皱构造类似，均为 EW 至近 EW 向地应力作用下形成的。

（三）印支期岩浆岩

印支期花岗岩，位于武夷山脉 NW 侧，北纬 25°20'～27°20'、东经 116°00' 附近，即南丰—广昌—宁都—会昌一带，主要岩体如：

（1）武华山岩基（27）：主体呈 SN 向，长 40km，宽 10～20km。

（2）肖田岩枝（17）：呈 SN 向，长 30km，宽 5km。

（3）海西晚期富城花岗岩基（21）内的印支期花岗岩枝（22）（23）（24）（25），也是以近 SN—NE 向为主，小岩枝有 6～7 条。也有 NW 向的，即（3）富城 SE 的花岗岩枝（22），总体似呈菱形，长对角线为 EW 向长 10km，短对角线为 SN 向长 6km。该岩枝（22）又可被 NW、SE 边界的揉肠状曲线分成 2～3 条 NW 向小岩枝。

（4）军峰山岩基（18）。

（5）高田岩基（28）：它和军峰山岩基都沿着震旦系混合岩及混合片麻岩带、部分混合岩体延伸方向，呈 NE 向。高田岩基（28）向 NE 已进入福建境内。

以上情况表明，赣中南地区褶皱构造的分布范围，虽然从加里东期、经海西期至印支期依次缩小，但是按其延伸方向、形态特征、排列方式确依然存在着"隔期相似，临期相异"的现象。按地应力作用方式，加里东早—中期、印支期以 EW 至近 EW 向为主，海西早—中期以 NS 向为主。只是由侏罗系、白垩系为陆相断陷盆地或山间盆地沉积，未能形成延伸方向、排列方式有序的燕山期褶皱构造，所以前述赣中南地区褶皱构造"隔期相似，临期相异"的现象，不够完善。

第十一章　湘中南地区褶皱构造及其侵入岩

第一节　加里东期褶皱及其侵入岩

湘中南地区加里东期褶皱构造，主要出露在隆起区，按其分布情况，自西而东，可以划分三带，其东、西两带比较完整，中带比较零散。

（一）雪峰山—八十里大南山褶皱带

1. 右行雁行式排列的褶皱构造

位于 NNE 向溆浦—三江深断裂 SE，加里东早—中期呈右行雁行式排列的褶皱构造，从 SW 向 NE 为：

1）位于绥宁—关峡 SW 的八十里大南山褶皱带

（1）上洞 NNW 向斜 ①：位于上洞 NNW7km，槽部为中寒武统，呈 N30°E，长大于 20km，翼部为下寒武统。

（2）背斜 ②：位于向斜 ① 的 NE 侧，核部为下震旦统，呈 N25°W，长 22km，翼部为上震旦统。

（3）黄桑坪向斜 ③：以中寒武统为槽部，呈 N25°E，长约 25km，翼部为下寒武统。

上述 ①②③ 三条褶皱，呈右行雁行式排列。

（4）上洞 NE 背斜 ⑮：位于上洞 NE15km，以下震旦统江口组为核部，呈鼻状倾伏端指向 N25°E，长 7km，翼部为下震旦统湘锰组、洪江组。

（5）背斜 ⑯：位于背斜 ⑮ 的 NE 侧，为以板溪群漠滨组为核部，呈鼻状倾伏端指向 S25°W 的背斜，长大于 20km。

上述 ⑮⑯ 两条褶皱，呈右行雁行式排列。

（6）五团北背斜 ⑰：位于五团北 17km，以板溪群漠滨组为核部，呈 N10°E，长大于 5km，翼部为下震旦统。该背斜南段被印支期第二阶段第一次花岗岩侵吞。

（7）背斜 ⑱：位于背斜 ⑰ 东侧 7km，以下震旦统为核部，呈鼻状倾伏端指向 S5°W 的背斜，长 6km，翼部为上震旦统及下寒武统。

（8）杨梅坳 NNE 向斜 ⑲：位于杨梅坳 N10°E16km，为以上奥陶统为槽部开口指向北的向斜，长约 2km，翼部为中奥陶统。

（9）向斜 ㉑：位于向斜 ⑲ 的东侧 4km，其组成及延伸、长短均与向斜 ⑲ 同。

（10）白毛坪 SW 向斜 ⑳：以下奥陶统为核部，呈鼻状倾伏端指向 S20°W，长 3km，翼部为上寒武统。

（11）兰蓉南背斜 ㉒：为以板溪群高涧组为核部、呈鼻状倾伏端指向 S20°W 的背斜，长约 15km，翼部为板溪群漠滨组。

（12）黄桑坪 SSE 向斜 ④：位于黄桑坪 S15°E8km，以下寒武统为槽部，呈 N35°E，长 3km，翼部为上震旦统。

（13）黄桑坪 SE 背斜 ⑤：位于黄桑坪 SE11km，以板溪群漠滨组为核部，呈鼻状倾伏端指向 N20°E，长 7km，翼部为下震旦统。

上述 ④⑤ 两褶皱呈右行雁行式排列。

2）雪峰山褶皱带

（1）龙潭南背斜 ⑧：此为中—上寒武统与下奥陶统界线揉肠状弯曲形成的两条呈鼻状倾伏端指向 S5°～15°W 的两条背斜，自 SW 而 NE，长 5km，呈右行雁行式排列。

（2）龙潭 SE 向斜 ⑨：位于龙潭 SE13km，以下志留统周家溪群下组为槽部，呈 N25°E，长 12km，翼部为奥陶系上—中统。

（3）凉风界南背斜 ⑩：位于凉风界南 10km，核部为下奥陶统，呈 N28°E，长大于 4km，翼部为中—上奥陶统。

以上 ⑧⑩ 两条褶皱 NE 端均被加里东期第二阶段第一次白马山二长花岗岩（2）吞噬。

（4）向斜 ⑪：位于背斜 ⑩ 的 NE 侧，以周家溪群下组为槽部，呈簸箕状开口指向 S20°W 的向斜，长 6km，翼部为奥陶系下—中统。

（5）六都寨西背斜 ⑫：位于六都寨西 4km，以下震旦统为核部，呈鼻状倾伏端指向 S25°W 的背斜，长 5km，翼部为上震旦统。

上述 ⑨⑩⑪⑫ 四条褶皱，呈右行雁行式排列。

（6）北斗溪 NE 向斜 ⑮：位于北斗溪 NE7km，以下志留统周家溪群下组为槽部，呈簸箕状开口指向 S10°W 的向斜，长 8km，翼部为中—上奥陶统。此向斜 SN 段被加里东期第二阶段第一次白马山二长花岗岩（2）吞噬。其组成及延伸情况可推测与前述龙潭 SE 向斜 ⑨ 连在一起，组成同一向斜。

（7）两丫坪 SW 向斜 ⑯：位于两丫坪 SW3km，以下寒武统为槽部，呈簸箕开口指向 S35°W，长 3km，翼部为上震旦统。

（8）两丫坪北背斜 ⑰：核部为下震旦统，呈鼻状倾伏端指向 S30°W，长 2km，翼部为上震旦统。

上述 ⑯⑰ 两褶皱呈右行雁行式排列。

（9）长峰 SW 背、向斜 ⑱：位于长峰 SW4～5km，以板溪群漠滨组与下震旦统界线波状弯曲形成的背斜，呈鼻状，倾伏端指向 N50°E，长 2km；向斜，呈簸箕状开口指向 N50°E，长 2km。上述背、向斜 ⑱ 呈右行雁行式排列。

（10）长峰南背斜 ⑲：位于长峰南 6km，以板溪群漠滨组为核部，呈鼻状倾伏端指向 N25°E，长 3km，翼部为下震旦统。

（11）长峰 SE 背斜 ⑳：其组成及产状、长度均与背斜 ⑲ 同，只是略向 NE 偏移。

上述 ⑲⑳ 两背斜，呈右行雁行式排列。

（12）长峰 NE 背斜 ㉑：位于长峰 N65°E5km，以下奥陶统为核部，呈鼻状、倾伏端指向 N50°E 的两条背斜，长 2km，翼部为中—上奥陶统。

（13）向斜㉒：位于背斜㉑的 NE，以下志留统周家溪群下组为槽部，呈簸箕状开口指向 N50°E 的两条向斜，长 2km，翼部为中—上奥陶统。

上述 ㉑㉒ 褶皱呈右行雁行式排列。

（14）桐木桥 NE 背斜 ㉓：位于桐木桥 NE15km，以中寒武统为核部，呈鼻状倾伏端指向 N40°E，长 4km，翼部为上寒武统。

（15）背斜 ㉔：位于背斜㉓NE，其组成、倾向及长度均与背斜 ㉓ 同。

㉓㉔ 两背斜，呈右行雁行式排列。

综上所述，雪峰山—八十里大南山，加里东早—中期以呈右行雁行式排列为主的 NE 向褶皱构造带，主要是在近 EW 向地应力作用下形成的。

2. 左行雁行式排列的褶皱构造

1）雪峰山 NE 段褶皱

位于桐木桥 NE，由 NE 向 SW 为：

（1）小淹 SW 向斜 ㉟：位于小淹 SW5km，以下志留统周家溪下组为槽部，呈簸箕状开口指向 S85°E，长 5km，翼部为中—上奥陶统。

（2）向斜㊱：位于向斜㉟的 SW 侧，其组成与向斜㉟同，呈簸箕状开口指向 N65°E，长约 5km。

此处 ㉟㊱ 两向斜，自 NE 而 SW 呈左行雁行式排列。

（3）南西仙溪 NNE 向斜 ㊲㊳：位于南西仙溪 N10°E10～15km，其组成与向斜 ㉟ 同，均呈簸箕状开口指向 N60°E，长 3～5km。两向斜呈左行雁行式排列。

（4）向斜㊴：以震旦系为槽部，呈簸箕状开口指向 N55°E，长 2km，翼部为板溪群五强溪组。

（5）古楼东背斜 ㊵：位于古楼东 20km，核部为板溪群五强溪组，呈 N60°E，长 14km。

该背斜 NE、SW 倾伏端外缘及 SE 翼均为下震旦统。

上述向斜 ㊴、背斜㊵，呈左行雁行式排列。

（6）古楼 NEE 向斜 ㊶：位于古楼 N73°E15km，槽部为板溪群五强溪组，呈 N70°E，长 8km，翼部为马底驿组。

（7）古楼东背、向斜 ㊷：位于古楼东 13km，以震旦系为西段核部、东段槽部，呈 S80°W、N80°E，长均为 2.5km，西段背斜翼部为下寒武统，东段向斜翼部为板溪群五强溪组。

上述向斜 ㊶ 与背、向斜 ㊷，呈左行雁行式排列。

（8）小烟溪 SE 向斜 ㊸：位于小烟溪 SE4km，以下志留统周家溪群下组为槽部，呈 N50°E，长 8km，翼部中—上奥陶统。

（9）水田庄东向斜 ㊹：其组成与向斜 ㊸ 同，自 SW 向 NE 呈 N30° ～ 40°E，长 19km，略具向 NW 凸出弯曲的弧形。

上述 ㊸㊹ 两向斜，呈左行雁行式排列。

（10）留茶坡向斜 ㊺：以中—上寒武统为槽部，呈簸箕状开口指向 N45°E，长 5km，翼部为下寒武统。

（11）水田庄 SW 向斜 ㊻：以下奥陶统为槽部，呈簸箕状开口指向 N45°E，长 5km，翼部为上寒武统。

上述 ㊺㊻ 两向斜，自 NE 而 SW，呈左行雁行式排列。

2）雪峰山 SW 段褶皱

位于桐木桥 SW，有：

（1）桐木桥 SW 向斜 ㊼：以上震旦统为槽部，呈簸箕状开口指向 N25°E，长 5km，翼部为下震旦统。

（2）苏木溪东向斜 ㊽：位于苏木溪东 7km，以下寒武统为槽部、呈簸箕状开口指向 S30°W，长 4km，翼部为上震旦统。

以上 ㊼㊽ 两向斜，呈左行雁行式排列。

（3）苏木溪 SE 向斜 ㊾：以下寒武统为槽部，呈 N40°E，长 8km，翼部为上震旦统。

（4）向斜 ㊿：位于向斜 ㊾ 南 5km，其组成与向斜 ㊾ 同，呈 N45°E，长 5km。

（5）金坪 NE 向斜 (51)：其组成与向斜 ㊾ 同，呈 N45°E，长 5km。

上述 ㊾㊿(51) 三条向斜，自 NE 而 SW 呈左行雁行式排列。

（6）金坪西向斜 (52)：其组成与向斜 ㊾ 同，呈簸箕状开口指向 S40°W，长 5km。该向斜与上述 ㊿㊾ 两向斜，亦呈左行雁行式排列。

（7）金坪西背斜 (53)：位于金坪西 10km，以板溪群高涧组为核部，呈 N55°E，长 2km，翼部为板溪群漠滨组。

（8）黄茅园西背斜 (54)：其组成与背斜 (53) 同，呈 N50°E，长 10km。

（9）铁山 NE 背斜 (55)：位于铁山 N25°E7km，其组成与背斜 (53) 同，呈 N50°E，长 4km。

上述 (53)(54)(55) 三条背斜，呈左行雁行式排列。

（10）塘湾 NE 向斜 ㊸：位于塘湾 NE6km，以下奥陶统为槽部，呈簸箕状开口指向 N40°E，长 5km，翼部为中—上寒武统。

（11）塘湾东背斜 ㊹：以下寒武统为核部、呈鼻状倾伏端指向 N45°E，长 5km，翼部为中—上寒武统。

以上 ㊸㊹ 两条褶皱，呈左行雁行式排列。

（12）苏宝顶 NW 向斜 ㊺：位于苏宝顶 NW7km，以下奥陶统为槽部，呈 N50°E，长 5km，翼部为中—上寒武统。

（13）崇阳坪 NW 向斜 ㊻：位于崇阳坪 NW6km，其组成与向斜 ㊺ 同，呈 N35°E，长 5km。

此处 ㊺㊻ 两向斜，自 NE 而 SW，呈左行雁行式排列。

（14）马王桥 NE 向斜 ㊼：位于马王桥 N20°E8km，以下寒武统为槽部，呈簸箕状、开口指向 N25°E，长 5km，翼部为上震旦统。

（15）马王桥东背斜 ㊽：位于马桥东 4km，以下震旦统为核部，呈鼻状倾伏端指向 N30°E，长 5km，翼部为上震旦统。

（16）马王桥南向斜 ㊾：位于马王桥南 5km，以上震旦统为槽部，呈 N25°E，长 6km，翼部为下震旦统。

上述向斜 ㊼，与向斜 ㊾ 及背斜 ㊽ 均呈左行雁行式排列。

上述雪峰山 NE 段、SW 段，加里东晚期以呈左行雁行式排列为主的 NE 向褶皱构造，是在 SN 向地应力作用下形成的。

雪峰山 NE、SW 两段之间白马山岩体，即加里东期第二阶段第一次二长花岗岩体，从东往西由三个次级岩体组成。东端的岩体（1）位于长峰 SE 至六都寨一带，SN 长 47km，宽 15km，并略向西凸出弯曲。中间的岩体（2）位于沿溪 SW 至龙潭，似呈向西凸出弯曲的半椭圆形，切长 28km，宽 20km。西端的岩体（3）规模较小，又被 NNE 向断裂切错。以上（1）（2）（3）三条岩体中段相连呈 EW 向，但最大的岩体（1），确明显的以 SN 向为主。

（二）罗霄山—万洋山—诸广山 W—NW 侧褶皱带

由南而北为：

1. 诸广山 NW、北纬 26°00′ 以南的加里东期褶皱构造

这一褶皱构造为粤北、赣南加里东早—中期 W—NW 向褶皱构造的延伸部分。

1）汝城—濠头 SE 加里东早—中期褶皱

（1）丰洲 SW 向斜 ㉘：位于丰洲 SW7km，以寒武系塔山群中组为槽部，呈 N45°W，长大于 10km，翼部为塔山群下组。

（2）热水 NW 向斜 ㉙：位于热水 NW5km，其组成与向斜 ㉘ 同，呈 N50°W，长大于 4km。

（3）热水 SW 向斜 ㉚：位于热水 SW2km，槽部为塔山群下组，呈 N50°W，

长大于 6km，翼部为上震旦统天子岭组。

（4）汝城东向斜㉛：位于汝城东 10km，其组成与向斜㉘同，呈 N55°W，长大于 17km。

（5）汝城 SE 向斜㉜：位于汝城 SE6km，其组成与向斜㉚同，呈 N55°W，长大于 2.5km。

（6）濠头 SE 背斜㉕：位于濠头 SE4km，以下震旦统泗洲山组为核部，呈 N50°W，长大于 5km，翼部为上震旦统天子地组。

（7）向斜：位于背斜㉕的 SE 侧，与背斜㉕隔 NE 向断裂毗邻，其槽部为寒武系塔山群中组，呈 N48°W，长大于 5km，翼部为塔山群下组。

（8）濠头南向斜㉖：位于濠头南 6km，槽部为上震旦统天子地组，呈 N50°W，长大于 5km，翼部为下震旦统泗洲山组。

（9）背斜㉗：位于向斜㉖的 SW，以泗洲山组为核部，呈 N60°W，长大于 4km，翼部为天子地组。

汝城—濠头 SE 加里东晚期褶皱：

（1）大坪东向斜㉞：以塔山群中组为槽部，呈 EW 向，长大于 2.5km，翼部为塔山群下组。

（2）丰洲西背斜㉟：位于丰洲西 5km，以塔山群下组为核部，呈 N80°E，长 3km，翼部为塔山群中组。

2）濠头—汝城 NW、资兴—瑶岗仙 SE，加里东早—中期褶皱

（1）田庄 NW 背斜⑩：位于田庄 NW12km，核部为塔山群下组，呈 N45°E，长 4km，翼部为塔群中组。

（2）向斜⑪：位于上述背斜⑩的 SW，以塔山群上组为槽部，呈 N60°W，长大于 6km，翼部为塔山群中组。

（3）田庄 SWW 向斜⑫：位于田庄西 8km，以塔山群中组为槽部，呈 N75°W，长 5.5km，翼部为塔山群下组。

（4）白香带西背斜：位于白香带西 7km，核部为上震旦统，呈 N60°W，长大于 5km，翼部为塔山群下组。

（5）黄家 NE 背斜⑬：位于黄家 NE11km，其组成与白香带西背斜同，呈 N60°W，长大于 10km。

上述两条背斜，自 SE 而 NW 呈左行雁行式排列。

（6）汝城 NW 背斜⑭⑮：其组成与背斜⑬同，均呈 N55°W，长 6.5km。

（7）黄家 SE 向斜⑯：位于黄家 SE7km，以天子地组为槽部，呈 N55°W，长大于 2km，翼部为泗洲山组。

（8）黄家 NWW 向斜⑱：位于黄家 N67°W5km，以寒武系塔山群下组为槽部，呈 70°W，长 4km，翼部为上震旦统天子地组。

（9）瑶岗仙 SE 向斜⑲：位于瑶岗仙 S65°E，12km，其组成与向斜⑱同，呈

N62°W，长大于 4km。

（10）向斜 ⑰：为向斜 ⑲ 向 SE 延伸的部分，以天子地组为槽部，呈 N50°W，长大于 10km，翼部为泗洲山组。

此处 ⑰⑲ 两向斜，共同组成由 SE 向 NW，呈 N45° ～ 65°W，长大于 17km，向 NE 凸出弯曲的向斜。

（11）文明 NE 向斜 ⑳：位于文明 N68°E8km，其组成与向斜 ⑰ 同，呈 N75°W，长 6km。

（12）向斜 ㉑：位于向斜 ⑳SE8km，槽部为寒武系塔山群下组，呈 N65°W，长大于 7km，NE 翼部为天子地组，SW 翼隔 NWW 向断裂为泗洲山组。

（13）文明 SE 向斜 ㉒：位于文明 S65°E5km，其组成与向斜 ㉑ 同，呈 N55°W，略呈向 NE 凸出弯曲的弧形，长大于 8km。

（14）黄竹坑 NW 向斜 ㉓：位于黄竹坑 N20°W 长 13km，其组成与向斜 ⑳ 同，呈 N40°W，长大于 5km。

（15）文明 SE 向斜 ㉔：位于文明 S25°E11km。其组成与向斜 ⑳ 同，两条向斜由 SE 向 NW，均呈 N15° ～ 55°W，长 7 ～ 9km，且略呈向 NE 凸出弯曲的弧形。

3）濠头—汝城 NW、资兴—瑶岗仙 SE 加里东晚期褶皱

（1）青山 NE 背斜 ㊱：位于青山 NE5km，核部为下震旦统泗洲山组，呈 N65°E，长大于 8km，翼部为上震旦统天子地组。

（2）青山背斜 ㊲：其组成与背斜 ㊱ 同，西段 N75°W，东段 N65°E，略向南凸出弯曲的弧形，长大于 12km。

（3）田庄北向斜 ㊳：位于田庄北 10km，以寒武系塔山群中组为槽部，呈 EW 向，长 8km，翼部为塔山群下组。

（4）汝城 SW 背斜 ㊵：位于汝城 SW11km，核部为天子地组，呈 N60°W，长大于 3km，翼部为塔山群下组。

（5）大坪西背斜 ㊴：位于大坪西 10km，以泗洲山组为核部，呈 N60°W，长大于 5km，翼部为天子地组。

（6）向斜：与背斜 ㊴SW 毗邻，槽部为上震旦统天子地组，亦呈 N60°W，长大于 5km，翼部为下震旦统泗洲山组。

（7）青市 SW 向斜 ㊾：位于青市 S55°W8km，以塔山群下组为槽部，呈簸箕状开口指向西，长 3 ～ 5km，翼部为天子地组。

（8）资兴 SE 向斜 ㊿：位于资兴 SE15km，两条向槽部均为塔山群中组，呈 N75°E，长 4 ～ 8km，翼部为塔山群下组。

（9）青山 SW 背斜 ㊷：位于青山 S60°W12km，两条背斜核部均为泗洲山组，呈 N80°W，由 NW 向 SE 依次长 4km、7km，呈右行雁行式排列，翼部为天子地组。其东侧与该两条背斜毗邻的向斜，槽部为塔山群下组，呈 N80°W，长 9km，

两翼隔断裂均为天子岭组。

（10）龙溪东背斜㊸：位于龙溪东5km，核部为泗洲山组，呈N60°W，长大于3km，翼部为天子地组。

（11）向斜：位于背斜㊸的SW侧，槽部为塔山群下组，呈N75°W，长大于3km，翼部天子地组。

（12）背斜㊸：以泗洲山组为核部，呈N55°E，长大于3km，翼部天子地组。

（13）背斜㊺：核部为天子地组，呈N85°E，长5km，翼部为塔山群下组。

（14）瑶岗仙NE背斜㊻：位于瑶岗仙N65°E15km，其组成与背斜㊺同，呈N55°E，长3km：

上述㊹㊺㊻三条背斜，自NE而SW，呈左行雁行式排列。

（15）瑶岗仙NEE向斜㊼：位于瑶岗仙N80°E10km，槽部为塔山群下组，呈EW向，长大于1.5km，翼部为天子地组。该向斜西段被中泥盆统以角度不整合覆盖。

（16）文明南向斜(53)：位于文明南5km，槽部为天子地组，呈EW向，长大于2.5km，翼部为泗洲山组。此向斜西段被中泥盆统以角度不整合覆盖。

（17）青市南向斜㊽：位于青市南8km，其组成与其NE的㊶向斜同，东段呈N60°W，西段呈N55°E，总长6km，呈向NNE凸出的钝角。该向斜中偏东被NNE向断裂切错。

（18）龙溪北向斜㊿：位于龙溪北4km，以塔山群中组为槽部的两条向斜，均呈N75°E，长4～8km，翼部为塔山群下组。

（19）龙溪SW背斜(51)：位于龙溪SW8km，核部为塔山群下组，呈N80°W，长大于5km，翼部为塔山群中组。

（20）宝峰仙SE背斜(52)：位于宝峰仙S35°E10km，两条背斜，其组成均与背斜(51)同，呈EW向，自北而南，长依次大于3km、5km。该背斜西端被上三叠统以角度不整合覆盖，东端被中泥盆统以角度不整合覆盖。

4）资兴—瑶岗仙NW、郴州—怀集深断裂SE加里东早—中期褶皱

（1）鲤鱼江SE向斜②：位于鲤鱼江S25°E，长5km，以塔山群中组为槽部，呈SN向，长大于4km，翼部为塔山群下组。

（2）宝峰仙北背斜③：位于宝峰仙北7km，以塔山群下组为核部，呈SN向，长大于3km，翼部为塔山群中组。

（3）宝峰仙西向斜④：位于宝峰仙西8km，槽部为天子地组，呈N20°E，长4km，翼部为泗洲山组。

（4）千里山—宝峰仙间背斜⑤：以泗洲山组为核部，呈N15°E，长大于20km，翼部为天子地组。该背斜西翼被近SN向断裂切错，隔此断裂为中泥盆统。

（5）千里山东背斜⑥⑦：位于千里山东7～9km，以泗洲山组为核部，呈鼻

状倾伏端指向 S12°E，长均为 5km，翼部为天子地组。

（6）向斜 ⑧⑨：位于上述背斜 ⑥⑦ 的南侧，与其毗邻以天子地组为槽部，呈簸箕状开口指向 S0° ～ 10°E，长 4 ～ 5km，翼部为泗洲山组。

综合上述，诸广山 NW 侧，汝城—濠头的 SE、NW 和资兴—瑶岗仙 SE 的加里东早—中期褶皱，以 NW—NWW 向为主，且多处呈左行雁行式排列；资兴—瑶岗仙 NW、郴州—怀集深断裂 SE 的加里东早—中期褶皱，以呈 NNE 至近 SN 向为主，次组褶皱呈 NNW 向。以上褶皱，均为 EW—近 EW 反时针向扭应力作用下形成的。濠头—汝城 NW、资兴—瑶岗仙 SE 及汝城—濠头 SE 加里东晚期褶皱，以呈 EW 至近 EW、NWW 向为主，呈右行雁行式排列；局部地段呈 NE、且具左行雁行式排列，都是在 SN 向地应力作用下形成的。

2. 罗霄山—万洋山 W—NW 侧加里东期褶皱

位于郴州—怀集深断裂向 NE 延伸部分 SE，北纬 26°00' 以北，为江西中部遂川—宁冈—莲花—安福向西凸出弯曲的弧形褶皱带西侧的外缘。

1）加里东早—中期褶皱

自 SE 而 NW 为：

（1）下村西背斜 ⑥：以下奥陶统为核部，呈 N35°W，长大于 5km，SW 翼及 NE 翼隔 NW 向断裂为中奥陶统。

（2）背斜 ⑦：位于背斜 ⑥ 的 NW，其组成与背斜 ⑥ 同，呈 N40°W、长大于 3km。

（3）彭市 NE 背斜 ⑧：位于彭市 N25°E12km，核部为寒武系塔山群上组，呈 N45°W，长大于 1km，翼部为下奥陶统。

上述 ⑥⑦⑧ 三条褶皱，自东而西呈左行雁行式排列。

（4）下湾南背斜 ⑨：以中奥陶统为核部，呈 N33°W，长 3km，翼部为上奥陶统。

（5）向斜 ⑩：位于彭市北 17km，以中奥陶统为槽部，呈 N55°W，长大于 5km，翼部为下奥陶统。

（6）大布江 NW 背斜 ⑪：核部为塔山群下组，呈 N48°W，长大于 7km，翼部为塔山群中组。

上述褶皱 ⑩⑪，自东而西，呈左行雁行式排列。

（7）大布江 SW 背斜 ㉑：位于大布头 S30°W8km，以泗洲山组为核部，呈 N45°W，长大于 5km，翼部为天子地组。该背斜 SE 段被加里东期第二阶段第二次彭市花岗岩（6）吞噬。

（8）背斜 ㉒：位于背斜 ㉑ 西 5km，其组成与背斜 ㉑ 同，亦呈 N45°W，长大于 4km。该背斜 NW 段被中泥盆统以角度不整合覆盖。

上述 ㉑㉒ 两背斜，呈左行雁行式排列。在 ㉑㉒ 两背斜之间，还有一条向斜，以塔山群下组为槽部，呈 N40°W，长大于 9km，翼部为上震旦统天子地组。

（9）下湾 NW 背斜 ⑫：位于下湾 NW6km，以中奥陶统为核部，呈 N56°W，长大于 3km，翼部为上奥陶统。

（10）关王南背斜 ⑬：位于关王南 7km，核部为塔山群下组，呈 N35°W，长大于 3km，翼部为塔山群中组。

此处 ⑫⑬ 两背斜呈左行雁行式排列。

（11）鄷县西背斜 ⑪：位于鄷县西 20km，以下奥陶统为核部，呈 35°W，长大于 10km，翼部为中奥陶统。该背斜 NW、SE 两端均被中泥盆统以角度不整合覆盖。

（12）关王 NE 向斜 ⑮：位于关王 NE5km，槽部为中奥陶统，呈 N30°W，长大于 1.5km，翼部为下奥陶统。该向斜 NW 段被上白垩统以角度不整合覆盖。

此处 ⑪⑮ 两褶皱呈左行雁行式排列。

（13）浣溪南向斜 ⑯：位于浣溪南 4km，以上奥陶统为槽部，呈 N45°W，长大于 4km，翼部为中奥陶统。

（14）浣溪东背斜 ⑰：位于浣溪东 11km，其组成与背斜 ⑪ 同，呈 N32°W，长 4km。

（15）向斜 ⑱：位于背斜 ⑰ 的 NWW 侧，其组成与向斜 ⑯ 同，呈 N47°W，长大于 3km。该向斜 NW 段被上白垩统以角度不整合覆盖。

上述 ⑰⑱ 两条褶皱，自东而西，呈左行雁行式排列。

（16）桃坑 SE 背斜 ⑲：其组成与下湾 NW 背斜 ⑫ 同，呈 N27°W，长 6km。

（17）桃坑 SW 背斜 ⑳：位于桃坑 SW5km，其组成与背斜 ⑫ 同，呈 N37°W，长 3km。

以上 ⑲⑳ 两背斜，自东而西，呈左行雁行式排列。

2）加里东晚期褶皱

位于北纬 26°00' 以北、上洞—八面山—桂东一带：

（1）上洞 NE 背斜 ㉖：位于上洞 N63°E12km，以寒武系塔山群下组为核部，呈 N70°W，长大于 7km，翼部为塔山群中组。该背斜 NW、SE 两端均被中泥盆统以角度不整合覆盖。

（2）桂东 NW 背斜 ㉗：位于桂东 N75°W12km，核部为塔山群下组，呈 N67°E，长大于 7km，翼部为塔山群中组。

（3）八面山 NE 向斜 ㉘：位于八面山 N50°E 长 7km，以中奥陶统为槽部，呈 N65°E，长大于 5km，翼部为下奥陶统。

此处 ㉗㉘ 两条褶皱呈左行雁行式排列。

（4）桂东 S75°W 向斜：位于桂东 S75°W6km，槽部为下奥陶统，呈 EW 向，长 2km，翼部为塔山群上组。

（5）桂东 SW 背斜 ㉙：以塔山群中组为核部，呈 EW 向，长 1.5km。翼部为塔山群上组。

（6）向斜：位于背斜㉙的 SW 侧，槽部为塔山群上组，呈 EW 向，长 15km，翼部为塔山群中组。

以上三条褶皱，均由塔山群中、上组，下奥陶统地层界线揉肠状弯曲形成的，且由 NE 向 SW，呈左行雁行式排列。

以上所述罗霄山—万洋山 W—NW 侧加里东早—中期褶皱，以 NW 向为主，且多处具有左行雁行式排列的特征，是在 EW 至近 EW 反时针向扭应力作用下形成的。上洞—八面山—桂东一带，加里东晚期褶皱，以 EW 至近 EW 向为主，也有 NEE 向者，呈左行雁行式排列，均为 SN 向地应力作用下形成的。

3. 攸县—莲花间的加里东早—中期褶皱构造

位于罗霄山脉北端西侧，主要褶皱有：

（1）凉江东向斜①：位于凉江东 7km，以塔山群上组为槽部，由 SW 向 NE，呈 N30°～65°E，为向 NW 凸出弯曲的弧形，长大于 20km，翼部为塔山群中组。

（2）八团西背斜②：位于八团西 8km，核部为塔山群中组、与凉江东向斜①平行，长大于 15km，翼部为塔山群上组。

上述①②两条近 EW 向顺时针向扭应力作用下形成的褶皱，位于赣中莲花—安福加里东早—中期 NE 向褶皱带，向 SW 延伸的部分，并与罗霄山—万洋山 W—NW 的加里东早—中期褶皱、共同组成湘东向西凸出弯曲的弧形褶皱带。

加里东期第二阶段第一次石英闪长岩（4）即益将岩体，位于热水 NW，为呈 N45°W 的岩枝，与加里东早—中期㉙㉚㉛等褶皱近于平行。加里东期第二阶段第一次二长花岗岩，即桂东（8）—东洛（2）岩体，呈 SN 向，长 40km，宽 5～10km。该岩体西侧被中泥盆统以角度不整合覆盖，东侧与印支期第二阶段第一次花岗岩相邻。加里东期第三阶段第一次黑云母二长花岗岩，即彭公庙岩体（7）（5）（6），主体位于彭市附近，呈 SN 向，长 30～35km，宽 15～20km，侵入寒武系、震旦系及奥陶系。万洋山岩体（2）（3）呈近 SN 向的椭圆状，长 38km，宽 20～30km，以侵入奥陶系为主，南段又被 SN 向，长 20km，EW 宽 7～10km 的加里东期第二阶段第二次花岗岩侵吞。

（三）南岭—都庞岭—阳明山地区褶皱带

1. 加里东早—中期褶皱构造

南岭西段及都庞岭、阳明山地区的加里东早—中期有褶皱构造，从西向东有：

（1）都庞岭中段向斜⑬：以上奥陶统为槽部，呈 N39°E，长大于 15km，翼部为中奥陶统。该向斜 NE 转折端清晰，SE 翼及 SW 转折端均被下泥盆统以角度不整合覆盖。

（2）背斜⑭：以寒武系塔山群上组为核部，呈鼻状倾伏端指向南，长 1.5km，翼部为下奥陶统。该背斜 NW 被燕山早期第二阶段花岗岩侵吞。上述⑬

⑭ 两褶皱，似呈右行雁行式排列。

（3）江永 NE 背斜 ㊿㉒：位于江永 N20°E10 ～ 15km，由上奥陶统地层产状变化形成的背斜 ㊿、㉒，从 SW 向 NE 呈 N40° ～ 45°E，长 5 ～ 6km。㊿㉒两背斜，呈右行雁行式排列。

（4）何家向斜 ⑫：由上奥陶统地层产状变化形成，呈 N30°E，长 20km。

（5）何家洞 NW 背斜 ⑪：两条背斜，均由上奥陶统地层产状变化形成，呈近 SN 向，长约 7km。

（6）何仙观 SW 向斜 ③：由上奥陶统地层产状变化形成，呈 N40°E，长大于 7km。

（7）桐梓山东向斜 ⑥：位于桐梓山东 6km，由上奥陶统地层产状变化形成，呈近 SN 向，为略向西凸出弯曲的弧形，长 8km。

（8）双江口 NE 向斜 ⑧：位于双江口 NE7km，由上奥陶统地层产状变化形成，呈 N15°E，长 6km。

（9）土坳南向斜 ⑨：位于土坳南 16km，其组成与向斜 ⑧ 同，呈 N20°E，长 12km。

（10）土坳 SE 向斜 ⑩：位于土坳 SE9km，其组成与向斜 ⑧ 同，呈 N20°E，长 8km。

上述 ⑧⑨⑩ 三条向斜，由 SW 向 NE，呈右行雁行式排列。

（11）畚箕窝 NW 背斜 ①：位于畚箕窝 NW5km。核部为震旦系，呈 N12°W，长大于 4km，翼部为塔山群下组。

（12）畚箕窝 NE 背斜 ②：位于畚箕窝 N52°E5km，以塔山群中组为核部，呈 N50°E，长大于 5km，翼部为塔山群上组。

（13）畚箕窝 SE 向斜 ⑥⑦：位于畚箕窝 S15°E20km，槽部为塔山群下组，呈 N35°E，长大于 8km，翼部为震旦系。

（14）大桥 SW 背斜 ⑥⑧：位于大桥 SW5km，以震旦系为核部，呈鼻状倾伏端指向 S20°W，长 3km，翼部为塔山群下组。

上述 ⑥⑦⑥⑧ 两条 NE 向褶皱，呈右行雁行式排列。

综合上述，南岭西段及都庞岭、阳明山地区，加里东早—中期褶皱构造以 NE 向、呈右行雁行式排列为主，主要是 EW 至近 EW 顺时针向扭应力作用下形成的。畚箕窝西的雪花顶加里东期第二阶段第一次黑云母花岗岩体（3）呈 N25°W，长 23km，宽 7 ～ 8km。该岩体侵入寒武系及震旦系地层。

2. 加里东晚期褶皱构造

由以下三个地段的褶皱构造组成。

1）阳明山 NE 段 SE 侧褶皱

（1）白水背斜 ㉓：由塔山群中组与上组波状弯曲形成的倾伏端指向西的背斜，长 1.5km。

（2）莲塘西背斜 ㉕：核部为塔山群下组，呈 N85°E，略向北凸出弯曲，长 5km，翼部为塔山群中组。

（3）门楼下 NE 背斜 ㉔：位于门楼下 N65°E10km，其组成与背斜 ㉓ 同，呈 N85°E，长 3km。

2）都庞岭—雪花顶西褶皱

（1）月岩南两条向斜 ㊿：位于都庞岭 NE 段 SE、月岩南 6km，由上奥陶统地层产状变化形成的两条向斜，均呈 N45°E，长 3 ～ 9km。该处两向斜，自 NE 而 SW，呈左行雁行式排列。

（2）上江头 NW 两条向斜 ㊾：其组成与向斜 ㊿ 同，呈 N50°E，由 NE 向 SW 依次长 3 ～ 5km。该处两向斜、自 NE 而 SW，呈左行雁行式排列。

（3）夏层铺 NW 向斜 ㉚：位于都庞岭 SW 段 SE、夏层铺 NW3km，以上奥陶统为槽部，呈 N65°E，长 15km，翼部为中奥陶统。按其 SW 转折端地层波状弯曲显示的簸箕状向斜的左行雁行式排列情况，该向斜 ㉚，主要是近 SN 方向地应力作用下形成的。

（4）五星岭东向斜 ㉔：位于五星岭东 5km，由上奥陶统地层产状变化形成，呈 N80°E、长 9km。

（5）双井圩 SWW 倒转向斜 ㉕：由上奥陶统地层产状变化形成的向 SSE 倒转的向斜，呈 N80°E，长 7km。

（6）上梧江 NE 向斜 ㉖：位于上梧江 N75°E5km，以中奥陶统为槽部，呈 N42°E，长 4km，翼部为上奥陶统。

（7）江村 NE 向斜 ㉗：位于江村 NE8km，由上奥陶统地层产状变化形成，呈 N60°E，长 7km。

（8）江村 SE 向斜 ㉘：位于江村 SE7km，其组成与向斜 ㉗ 同，呈 N55°E，长 13km。

上述 ㉖㉗㉘ 三条褶皱，呈左行雁行式排列。

（9）其昌岭 SW 两条背斜 ㉞：均以寒武系塔山群下组为核部，呈 N62°E，长大于 10km，翼部为塔山群中组。

（10）雪花顶西向斜 ㉟：位于雪花顶西 9km，以塔山群上组为槽部，呈 N50°E，长大于 13km，翼部为塔山群中组。

（11）小朋背斜 ㊱：以震旦系为核部，呈 N45°E，长大于 17km，翼部为塔山群下组。

（12）背斜 ㊲：位于小朋背斜 ㊱ 南侧，其组成与背斜 ㊱ 同，呈 N45°E，长大于 17km。

上述 ㊱㊲ 两背斜，呈左行雁行式排列。

（13）湘江 SW 向斜 ㊳：以塔山群中组为槽部，呈 N50°E，长 10km，翼部为塔山群下组。

（14）水口镇背斜：以塔山群下组为核部，呈 N48°E，长大于 8km，翼部为塔山群中组。该湘江 SW 向斜 ㊳ 与水口镇背斜，呈左行雁行式排列。

（15）向斜 ㊶：槽部为塔山群中组，呈 N65°E，长大于 10km，翼部为塔山群下组。

（16）大锡 NW 背斜 ㊷：核部为塔山群下组，呈 N45°E，长大于 8km，翼部为塔山群中统。

该处㊶㊷两条褶皱，呈左行雁行式排列。

（17）鲤鱼塘 NW 向斜 ㊸：位于鲤鱼塘 N75°W8km，其组成与向斜 ㊶ 同，呈 N57°E，长大于 10km。

（18）鲤鱼塘西背斜 ㊹：位于鲤鱼塘西 7km，其组成与背斜 ㊷ 同，呈 N62°E，长 12km。

上述 ㊸㊹ 两褶皱呈左行雁行式排列。

3）南岭西段褶皱

（1）水市南向斜 ㉛：位于水市南 5km，槽部为下奥陶统，呈 N48°E，长 5km，翼部为塔山群上组。

（2）背斜：以塔山群中组为核部，呈 N50°E，长大于 23km，翼部为塔山群上组。

上述两褶皱，自北而南呈左行雁行式排列。

（3）背斜 ㉜：核部为塔山群中组，呈 N70°E，长大于 4km，翼部为塔山群上组。

（4）其昌岭东倒转背斜 ㉝：位于其昌岭东 11km，核部为塔山群下组，呈 N50°E，长大于 7km，翼部为塔山群中组。此为向 NW 倒转的背斜。

（5）荆竹西向斜 ㊺：位于荆竹西 9km，槽部为塔山群中组，呈 N35°E，长大于 5km，翼部为塔山群下组。

上述 ㉜㉝㊺ 三条褶皱，由北向南，呈左行雁行式排列。

（6）荆竹 SW 向斜 ㊻：位于荆竹 S20°W12km，槽部为塔山群下组，呈 N65°E，长 10km，翼部为震旦系。

（7）贝江东背斜 ㊵：位于贝江东 5km，其组成与背斜 ㉝ 同，呈 N60°E，长大于 23km。

（8）向斜 ㊼：其组成与向斜 ㊶ 同，呈 N70°E，长 12km。

（9）大锡 NE 向斜 ㊽：位于大锡 N15°E10km，以塔山群下组为槽部，呈 N55°E，长 6km，翼部为震旦统。

上述 ㊻㊵、㊼㊽ 褶皱，均呈左行雁行式排列。

（10）楠市 SW 背斜 (54)：位于楠市 SW7km，以塔山群中组为核部，呈 N73°W，长大于 7km，翼部塔山群上组。

（11）半山向斜 (55)：以塔山群上组为槽部，呈 N70°W，长大于 4km，翼部为塔山群中组。

（12）蓝山西背斜 ㊻：位于蓝山西 5km，核部为塔山群下组，呈 N75°W，长 8km，翼部为塔山群中组。

上述 ㊺㊻ 两条褶皱，由北而南呈右行雁行式排列。

（13）蓝山 SW 背斜 ㊼：位于蓝山 SW10km，其组成与背斜 ㊹ 同，呈 N73°W，长大于 8km，并略向 SW 凸出弯曲的弧形。

（14）大桥 SW 背斜 63：位于大桥 S45°W14km，以震旦统为核部，呈 N70°E，长大于 14km，翼部为塔山群下组。

（15）清水西向斜 64：位于清水西 14km，槽部为塔山群下组，呈 N70°E，长大 7km，翼部为震旦系。

（16）向斜 65：其组成与向斜 64 同，呈 N65°E，长 10km。

此处 63 64 65 三条褶皱，自北而南，呈左行雁行式排列。

（17）蓝山 SE 向斜 58：位于蓝山 S50°E，以塔山群上组为槽部，呈 N75°E，长大于 4km，翼部为塔山群中组。

（18）背斜 59：位于向斜 58SE 侧，核部为塔山群下组，呈 S75°E，长大于 4km，翼部为塔山群中组。

上述 58 59 两褶皱，自 NW 而 SE，呈右行雁行式排列。

（19）蓝山 SE 向斜 60：位于蓝山 S70°E15km，槽部为塔山群上组，呈 N80°W，长大于 12km，翼部为塔山群中组。

（20）两江口背斜：位于两江口北 4km、向斜 60 南侧，以塔山群下组为核部，呈近 EW 向，并为略向南凸出弯曲的弧形，长 7km，翼部为塔山群中组。

（21）西山 NE 向斜 62 位于西山 NE5km，以塔山群中组为槽部，呈 N70°W，长大于 7.5km，翼部为塔山群下组。

上述 60 62 等三条褶皱，自 NW 而 SE，呈右行雁行式排列。

上述阳明山 NE 段 SE 侧、都庞岭—雪花顶西、南岭西段加里东晚期褶皱构造，以 NE—NEE 向，呈左行雁行式排列为主，而南岭西段、半山—蓝山—西山附近，则为 NWW 向，呈右行雁行式排列，均为以向地应力作用下形成的。

（四）苗儿山—越城岭北段加里东早—中期褶皱

（1）苗儿山背斜 ⑥：以板溪群高涧组为核部呈 N30°E，长 5km，翼部为漠滨组。

（2）新宁 SW 向斜 ⑤：位于新宁 S45°W10km，以下奥陶统为槽部，呈簸箕状开口指向北，长大于 7km，翼部为上寒武统。

（3）茶园头 SW 背斜 ㊺：以下寒武统为核部，呈鼻状倾伏端指向 S45°W，长 3km，翼部为中寒武统。

上述三条褶皱均为 EW 至近 EW 向地应力作用下形成的。

苗儿山加里东期第二阶段第一次黑云母花岗岩体（4）呈向，长 20 ～ 40km，宽 20km（湖南境内）。越城岭加里东期第二阶段第一次黑云母花岗岩（5）呈 N20°E，长约 30km，宽 15 ～ 27km（湖南境内）。

（五）五峰铺—鹿角塘加里东早—中期褶皱

（1）鹿角塘 NW 背斜 ㉖：位于鹿角塘 N55°W10km，核部为上寒武统，由北而南，呈 N10°W—S35°E，具向西凸出弯曲的弧形，长 8km，翼部为下奥陶统。

（2）灵官 SW 向斜：位于灵官 SW5km，以下奥陶统桥亭子组为槽部，由北而南呈近 SN 至 S25°W，具向东凸出弯曲的弧形，翼部为下奥陶统白水溪组。

（3）灵官 NW 背斜 ㉗：位于灵官 NW6km，以上寒武统为核部，呈 N30°W，长大于 5km，翼部为下奥陶统。该背斜被 NNW 向断裂切错成两段。

（4）高峰背斜 ㉘：以下奥陶统为核部，呈 N35°W，长大于 10km，翼部为中奥陶统。该背斜 NW、SE 两端均被中泥盆统以角度不整合覆盖。

上述 ㉑㉗㉘ 等褶皱，自 SE 而 NW，呈左行雁行式排列，是 EW—近 EW 向反时针向地应力作用下形成的。

（六）禾青—新田铺、龙山加里东早—中期褶皱

（1）禾青—新田铺背斜 ⑬：以下震旦统为核部，呈 N30°E，长 20km，翼部为上震旦统及下寒武统。

（2）龙山背斜 ⑭：核部为下震旦统，呈 N40°E，长 12km，翼部为上震旦统、下寒武统。

上述 ⑬⑭ 两背斜呈右行雁行式排列，为 EW—近 EW 顺时针向扭应力作用下形成。

以上所述南岭—都庞岭—越城岭—阳明山及其他地区加里东期褶皱与湘中南的东、西两带相似，均为加里东早—中期褶皱构造形成时期，以 EW 至近 EW 向地应力作用为主；加里东晚期褶皱构造形成时期，以 SN 向地应力作用为主。

第二节　海西期褶皱

湘中南地区上古生界地层广泛分布，主要位于加里东期隆起带所包围的盆地中，且在新化、娄底、隆回、邵阳、邵东等地，下三叠统与上二叠统呈整合接触。因此，只能通过分析，并同桂北、粤北海西期褶皱构造对比、综合研究才可能推测、判定主要分布在靠近加里东期隆起附近的海西早—中期褶皱构造。按其分布情况，从 NW 向 SE，有五个地段海西早—中期褶皱构造发育，概述如下：

1. 雪峰山 NE 段 SE 侧褶皱

（1）平口向斜 ①：以上泥盆统为槽部，呈簸箕状开口指向 N50°E，长 7km，翼部为中泥盆统。

（2）背斜 ②：位于平口向斜 ① 的 SE，以中泥盆统为核部，呈鼻状倾伏端指

向 N50°E，长 4km。

此处①②两条褶皱，呈左行雁行式排列。

（3）白溪 SW 向斜③：位于白溪 S70°W，长 10km，槽部为上泥盆统，呈 EW 向，长 10km，翼部为中泥盆统。

（4）背斜④：位于向斜③南侧，以中泥盆统为核部，呈鼻状、倾伏端指向东，长 5km，翼部为上泥盆统。

（5）横阳向斜⑤：以上泥盆统为槽部，呈簸箕状、开口指向东，长 2～4km，翼部为中泥盆统。

2. 双峰—孟公坳—东井褶皱

（1）双峰 SW 向斜⑨：位于双峰 SW10km，槽部为下石炭统，呈簸箕状开口指向 S50°W，长 5km，翼部为上泥盆统。

（2）桥亭子 NW 背斜⑩：位于桥亭子 N75°W10km，以上泥盆统佘田桥组为核部，呈鼻状倾伏端指向 S70°W，长 1.5km，翼部为上泥盆统锡矿山组。

（3）黄龙 NW 背斜⑪：位于黄龙 NW9km，其组成与背斜⑩同，倾伏端指向 S70°W，长大于 2km。

上述⑨⑩⑪三条褶皱，自 NE 而 SW，呈左行雁行式排列。

（4）朝阳 SW 背斜⑫：位于朝阳 SW10km，以上泥盆统锡矿山组为核部，呈 N80°E，长 9km，翼部为下石炭统。

（5）孟公坳南向斜⑬：以下石炭统大塘组为槽部，呈簸箕状开口指向 S80°W，长 4km，翼部为下石炭统岩关组。

（6）廉桥东向斜⑭：其组成与向斜⑨同，呈簸箕状开口指向 S5°W，长 1.5km。

上述⑫⑬⑭三条褶皱，自 NE 而 SW，呈左行雁行式排列。

（7）崇山铺 NW 背斜⑮：位于崇山铺 N35°W9km，以上泥盆统为核部，呈鼻状倾伏端指向 S85°W，长 3km，翼部为下石炭统。

（8）曲兰西背斜⑯：位于曲兰西 10km，以中泥盆统为核部，呈鼻状倾伏端指向西，长 4km，翼部为上泥盆统。

（9）金兰北背斜⑰：以中泥盆统跳马涧组为核部，呈 EW 向，长 4km，翼部为中泥盆统沙河中组。

（10）古井 NE 向斜⑱：位于古井 NE5km，此向斜由上泥盆统佘田桥组地层产状变化形成，呈 EW 向，长 8km。

3. 祁阳 NW—黄市 NE 褶皱

（1）祁阳 NW 向斜⑲：位于祁阳 NW10km，槽部为下石炭统，呈簸箕状开口指向西，长 4km，翼部为上泥盆统。

（2）祁阳背斜⑳：以中泥盆统棋子桥组和上泥盆统马鞍山组为核部，呈鼻状倾伏端指向西，长 4km，翼部为上泥盆统锡矿山组。

（3）白水东背斜㉑：位于白水东 12km，以上泥盆统马鞍山组为核部，呈 EW 向，长 9km，翼部为锡矿山组。

（4）黄市 NE 背斜㉒：位于黄市 N65°E13km，以中泥盆统为核部，呈 N70°E，长 9km，NNW 翼为上泥盆统马鞍山组，SSE 翼隔断裂为下石炭统。

（5）向斜㉓：位于背斜㉒南侧，以下石炭统为槽部，呈 N70°E，长大于 8km，NNW 翼隔断裂为中泥盆统，SSE 翼为上泥盆统。

（6）黄市东背斜㉔：位于黄市东 15km，以中泥盆统半山组、跳马涧组为核部，呈 EW 向，长大于 2km，翼部为中泥盆统棋子桥组。该背斜东段被下白垩统以角度不整合覆盖，西段隔 SN 向断裂为上奥陶统。

4. 新田—香花岭—蓝山褶皱

（1）山口洞 NE 背斜②：位于山口洞 NE6km，其组成与背斜㉔同，呈 EW 向，长 5km。

（2）山口洞 SE 向斜③：位于山口洞 SE3km，以上泥盆统马鞍山组为槽部，呈 N80°E，长大于 3km，翼部为中泥盆统棋子桥组。

（3）嘉禾 NW 背斜④：位于嘉禾 NW10km，核部为中泥盆统跳马涧组，呈 EW 向，略向北凸出弯曲，长 8km，翼部为上泥盆统棋子桥组。

（4）黑子窝 NE 背斜⑤：其组成与背斜④同，呈 EW 向，略向北凸出弯曲，长 5km。

（5）新圩 NW 向斜⑥：位于新圩 NW14km，槽部为中泥盆统棋子桥组，呈 EW 向，长大于 3km，翼部为中泥盆统跳马涧组。

（6）何家渡南背斜⑧：位于何家渡南 10km，核部为上泥盆统，呈 EW 向，长大于 3km，翼部为下石炭统。

（7）龙潭 NE 背斜⑨：位于龙潭 NE5km，其组成与背斜⑧同，呈 EW 向，长大于 3km。

（8）龙潭南向斜⑩：位于龙潭南 9km，槽部为中—上石炭统，呈 EW 向，长 3km，翼部为下石炭统。

5. 严湖—五峰仙褶皱

（1）严湖向斜㉚：位于衡山 N75°E35km，以中泥盆统为槽部，呈 N80°E，长 8km，翼部中元古界冷家溪系，槽部与翼部地层呈角度不整合。

（2）渡口 SE 向斜㉛：以下石炭统为槽部，呈 N65°E，长 5km，翼部为上泥盆统。

（3）安仁 NW 背斜㉜：核部为上泥盆统，呈 N60°E，长 3km，翼部为下石炭统。

（4）樟树脚南向斜㉝：位于樟树脚南 6～7km，以下石炭统为槽部，呈簸箕状开口指向 S75°W 至近 EW，长大于 3～4km，翼部为上泥盆统。

（5）五峰仙东背斜㉞：位于五峰仙东 8～9km，由中—上石炭统与下二叠统界线波状弯曲形成的两条背斜，呈鼻状、倾伏端指向 S50°W，长 3km。该处两背斜，呈左行雁行式排列。

（6）五峰仙南背斜 ㉟：以上泥盆统马鞍山组为核部，呈 EW 向，并略具波状弯曲，长 8bn，翼部为木井塘组。

综合上述湘中南地区海西早—中期褶皱构造，以 EW 至近 EW 向为主，或为 NEE 向，呈左行雁行式排列，均为 NS 向地应力作用下形成的。

第三节　印支期褶皱及其侵入岩

湘中南地区是南岭及其毗邻地区印支期褶皱构造最发育的地区，现分两个地段，将卷入下三叠统的印支期褶皱构造概述如下。有三叠系下统地层分布的印支期褶皱附近的，与印支期褶皱平行或近于平行的未卷入下三叠统的石炭系、二叠系地层的褶皱，只能推断它们也可能属于印支期褶皱。

（一）雪峰山 SE 麓至娄底—双峰—祁东—新田—蓝山一线以西的褶皱构造

1. 天龙山—龙山以北的褶皱

（1）白溪向斜 ㉟：以下二叠统为槽部，呈 SE 向、略向西凸出弯曲的弧形，长 6km，翼部为上石炭统。

（2）仙溪南向斜位 ⑥：于仙溪南 6km，以上石炭统为槽部，呈 N42°E，长 23km，翼部为中—下石炭统。

（3）向斜 ⑥：位于向斜 ⑥SE7km，其组成与向斜 ㉟ 同，呈 N50°E，长 13km。

（4）晨光 SW 向斜 ⑥：位于晨光 S70°W8km，其组成与向斜 ㉟ 同，呈 N42°E，长 20km。

（5）梅城 SW 背斜 ㉟：位于梅城 S55°W7km，核部为上泥盆统，呈鼻状倾伏端指向 S45°W，长 12km，翼部为下石炭统。

（6）白岩北向斜 ㉟：位于白岩北 7km，以中—下石炭统为槽部，自 SW 而 NE，呈 N37° ～ 65°E，并略向 NW 凸出弯曲，长 l0km，翼部为上泥盆统。

上述 ㉟⑥、⑥⑥、㉟㉟ 三组褶皱，均呈右行雁行式排列。

（7）炉观 NE 向斜 ⑥：位于炉观 NE5km，以下石炭统为槽部，由南而北呈 N5° ～ 15°E，长 7km，翼部为上泥盆统。

（8）横阳 SE 背斜 ⑥：位于横阳 SE11km，核部为上泥盆统，呈 N30°E，且略向 NW 凸出弯曲的弧形，长 12km，翼部为下石炭统。

（9）背斜 ⑥：其组成与背斜 ⑥ 同，亦呈 N30°E，长 7km，翼部为下石炭统。

（10）新化西向斜 ⑥：位于新化西 4km，以中石炭统为槽部，呈 N15°E，长 6km，翼部为下石炭统。

（11）新化北向斜 ⑦：位于新化北 4km，其组成与白溪向斜 ⑤ 同，呈 N8°E，长 10km。

（12）水江 NW 向斜 ⑦：以上二叠统及部分下二叠统为槽部，呈 N35°E，长 10km，翼部为下石炭统。

（13）晨光 SW 背斜 ⑦：位于晨光 S40°W10km，以中—上石炭统为槽部，呈鼻状倾伏端指向 S30°W，长 12km，翼部为下二叠统。

（14）白岩向斜 ⑥：以二叠系为槽部，呈 N45°E，长 20km，翼部为上石炭统。

（15）白岩东背、向斜 ⑤：位于白岩东 7km，为下石炭统与上泥盆统地层界线揉肠状弯曲形成的、呈簸箕状开口指向 S45°W 的向斜、呈鼻状倾伏端指向 S45°W 的背斜，长均为 2km。

上述 ⑥⑥⑥、⑥⑦⑦⑦⑥⑤ 两组褶皱，均为由 SW 向 NE，呈右行雁行式排列。

（16）新化 NE 向斜 ⑦：位于新化 NE6km，以下三叠统为槽部，呈 N45°E，长 17km，翼部为上二叠统。

（17）冷水江 NW 背斜 ⑦：位于冷水江 NW5km，核部为下石炭统，呈 N20°E，长 10km，翼部为中—上石炭统。

（18）锡矿山 SW 向斜 ⑦：位于锡矿山 SW5km，以上石炭统为槽部，由北而南呈近 SN 至 S45°W，呈向 SE 凸出弯曲的牛轭形，长 8km，翼部为中石炭统。

（19）锡矿山北背斜 ⑦：位于锡矿山北 5km，以下石炭统为核部，呈 SN 向，长 6km，翼部为中石炭统。

（20）车田江东向斜 ⑥：其组成与向斜 ⑦ 同，呈 N25°E，长 15km。

上述 ⑦⑥、⑦⑦⑦⑥ 两组褶皱，均由 SW 向 NE、呈右行雁行式排列。

（21）涟源西向斜 ⑥：位于涟源西 5km，其组成与白溪向斜 ⑤ 同，呈 N50°E，为略向 NW 凸出弯曲的弧形，长 7km。

（22）桥头河向斜 ⑦：其组成与向斜 ⑦ 同，呈 N45°E，长 24km。

（23）壶天 SW 向斜 ㉗：其组成与向斜 ⑦ 同，呈 N55°E，长 15km。

上述 ⑥⑦㉗ 三条褶皱，呈右行雁行式排列。

（24）洪溪 NE 背斜 ⑦：以上泥盆统为核部，呈鼻状倾伏端指向 N25°E，长 3km，翼部为下石炭统。

（25）涟源南背斜 ㉞：其组成与背斜 ⑦ 同，呈鼻状倾伏端指向 N55°E，长 7km。

（26）沙河 NW 向斜 ㉟：位于沙河 NW10km，以中上石炭统为槽部，呈 N40°E，为略向 NW 凸出弯曲的弧形，长 25km，翼部为下石炭统。

上述 ⑦㉞㉟ 三条褶皱，由 SW 向 NE，呈右行雁行式排列。

（27）斗笠山向斜 ㉘：其组成与向斜 ⑦ 同，呈向西凸出弯曲的尖棱状，NE

段呈 N55°E，长 10km，SE 段呈 S65°E7km。

（28）娄底背斜 ㉙：以中—上石炭统为核部，呈 N65°E，长 16km，翼部为下二叠统。

（29）娄底 SW 向斜 ㉚：位于娄底 SW7km，以上二叠统为槽部，呈 N60°E，长 3km，翼部为下二叠统。该向斜 NW 翼被 NE 向断裂切错。

（30）娄底 SE 背斜 ㉛：位于娄底 SE8km，以上泥盆统为核部，呈 N52°E，长大于 18km，翼部为下石炭统。

（31）碧溪南向斜 ㉜：位于碧溪南 10km，以中—上石炭统为槽部，呈 N30°E，长 12km，翼部为下石炭统。

上述褶皱，自 SW 而 NE，斗笠山向斜 ㉘ 的 NE 段与 ㉙㉚㉛㉜ 褶皱，呈右行雁行式排列。

（32）沙河 NE 背斜 ㊱：位于沙河 N60°E13km，其组成与背斜 ㉛ 同，呈 N60°E，长 4km。

（33）洪山 NE 向斜 ㊲：位于洪山 N35°E8km，以下二叠统为槽部，呈 N60°E，长 5km，翼部为中—上石炭统。

上述 ㊱㊲ 两条褶皱，呈右行雁行式排列。

（34）塘湾北向斜 ㉝：位于塘湾北 6km，以下石炭统为槽部，呈 SN 向，长 6km，翼部为上泥盆统。

（35）洪山 SE 向斜 ㊳：位于洪山 SE5km，其组成与向斜 ㉘ 同，呈 N70°E，长 8km。

上述褶皱构造，以 NNE 向、呈右行雁行式排列为主，是印支期 EW 至近 EW 向挤压应力作用下形成的。

雪峰山 NE 与 SW 段之间，冷水江—新邵以西，印支期第二阶段第一次侵入岩：

（1）天龙山黑云母二长花岗岩体（8）：似椭圆状，长轴呈 N15°W，长 l0km，宽 6km，侵入上奥陶统、中—上泥盆统及石炭系。

（2）高坪黑云母二长花岗岩体（9）：似铁饼状，长轴呈 N70°W，长 16km，宽 6km，侵入加里东期第二阶段第一次花岗岩。该岩体中间被印支期第二阶段第二次望云山二云母花岗岩体（16）侵吞。此岩体亦呈 N70°W，长 9km，宽 5km。

（3）印支期第二阶段第二次冷风界二云母花岗岩体（17）：似半椭球状，呈 N70°W，长 20km，宽 9～11km。该岩体侵入加里东期第二阶段第一次二长花岗岩体（2）。

上述印支期（8）（9）（17）三岩体由东往西，波及长 70 余千米，宽 10 余千米，似呈左行雁行式排列。

2. 天龙山—龙山以南，邵阳—新宁—资源断裂的褶皱

（1）洞口 NE 向斜 ㉜：位于洞口 NE10km，以石灰系为槽部，呈 N65°E，为

略向 NW 凸出弯曲的弧形，长 8km，翼部为上泥盆统。

（2）竹市 NE 向斜 ⑧：位于竹市 NE5km，以石炭系为槽部，呈 N30°E，长 15km，翼部为上泥盆统。

（3）碧山向斜 ⑧：以石炭系为槽部，呈 N37°E，长 30km，翼部为上泥盆统。

（4）桐木桥南背斜 ⑧：位于桐木桥南 6km，以上泥盆统佘田桥组为核部，呈 N45°E，长 7km，翼部为锡矿山组。

（5）桐木桥 NE 向斜 ⑧：位于桐木桥 NE7km，以下石炭统为槽部，呈 N55°E，长 7km，翼部为上泥盆统。该向斜 SE 翼部 NE 向断裂切错。

（6）荷香桥向斜 ⑧：以中—上石炭统为槽部，呈 N45°E，长 8km，翼部为下石炭统。

（7）巨口铺西向斜 ⑧：位于巨口铺西 10km，以下石炭统大塘组为槽部，呈 N37°E，长 4km，翼部为岩关组。

（8）巨口铺 NW 向斜 ⑧：位于巨口铺 NW9km，其组成与向斜 ⑧ 同，呈 N25°E，长 4km。

上述 ⑧⑧⑧⑧⑧⑧⑧⑧ 八条褶皱，由 SW 向 NE 呈右行雁行式排列。

（9）洞口 SE 向斜 ⑤：位于洞口 SE8km，以下石炭统为槽部，呈 N20°E，长大于 13km，翼部为上泥盆统。

（10）竹市 SW 向斜 ⑥：以二叠系为槽部，呈 N25°E，长 14km，翼部上石炭统。

（11）石江 SE 背斜 ⑦：位于石江 SE3km，核部为上泥盆统，呈 N20°E，长 3km，翼部为下石炭统。该背斜 NW 翼被 NE 向断裂切错。

（12）黄桥北向斜 ⑧：位于黄桥北 6km，其组成与向斜 ⑥ 同，呈 N10°E，长大于 8km。

（13）隆回西向斜 ③：位于隆回西 7km，其组成与向斜 ⑥ 同，呈 N10°E，略具向 NW 凸出弯曲的弧形，长大于 20km。

（14）滩头向斜 ⑧：以下三叠统为槽部，呈 N45°E，长 19km，翼部为上二叠统。

上述 ⑤⑥、⑦⑧、③⑧ 三组褶皱，由 SW 向 NE，均呈右行雁行式排列。

（15）关峡北向斜 ⑳：位于关峡北 15km，槽部为上泥盆统，呈 N25°W，略具 S 形，长 9km，翼部为中泥盆统。

（16）背斜 ⑳：位于向斜 ⑳SE 段的东侧，以中泥盆统半山组、跳马涧组为核部，呈 N10°E，略具向 SE 凸出弯曲的弧形，长 6km，翼部为上泥盆统。

（17）关峡东向斜 ⑳：位于关峡东 2km，以上泥盆统佘田桥组为槽部，呈 N15°E，长 4km，翼部为中泥盆统。

（18）关峡 NE 背斜 ⑳：其组成与背斜 ⑳ 同，呈 N25°E，长 12km。该背斜 SE 翼被 NE 向断裂切错。

上述 ㉗㉘ 两条褶皱，呈左行雁行式排列，㉙㉚ 两条褶皱，呈右行雁行式排列，均为近 EW 向挤压应力作用下形成的。

（19）蒋坊向斜 ㊳：以上泥盆统为槽部，呈 N10°～35°E，略具向 NW 凸出弯曲的弧形，长 16km，翼部为中泥盆统。

（20）武冈西向斜 ㉝：位于武冈西 6km，其组成与向斜 ㊳ 同，呈 N32°E，长 2km。

（21）背斜 ㉛：以中泥盆统为核部，呈 N40°E，长 8km，翼部为上泥盆统。

（22）湾头桥向斜 ㉜：以下石炭统为槽部，呈 SN 向，长大于 3km，翼部为上泥盆统。

（23）勒石 SW 向斜 ㊴：位于勒石 SW6km，以下宕炭统为槽部，呈簸箕状开口指向 N10°W，略具 S 形、长 10km，翼部为上泥盆统。

（24）武冈东向斜 ㉞：位于武冈东 10km，槽部为二叠系，呈近 SN 向，并向东凸出弯曲的弧形，长 15km，翼部为上石炭统。

（25）田家渡 NW 向斜 ⑨：其组成与向斜 ㊴ 同，呈 N5°W，长 7km。

（26）黄桥东向斜 ⑩：位于黄桥东 2km，槽部为中—上石炭统，呈 N5°E，长 3km，翼部为下石炭统。

上述 ㉛㉜、⑨⑩ 两组褶皱，均为由 SW 而 NE，呈右行雁行式排列。

（27）新宁 NW 向斜 ㊵：位于新宁 NW10km，以下石炭统为槽部，呈簸箕状开口指向 N15°E，长 2km，翼部为上泥盆统。

（28）勒石东向斜 ㊶：位于勒石东 5km，其组成与向斜 ⑩ 同，呈 SN 向，略向西凸出弯曲，长 6km。

（29）温塘西向斜 ㉟：位于温塘西 7km，以下石炭统大塘组为槽部，呈近 SN 向，略向东凸出变曲的弧形，长 9km，翼部为岩关组。

（30）晏田 NE 向斜 ⑰：位于晏田 NE5km，其组成与向斜 ⑤ 同，呈近 SN 向，略具波状弯曲，长 9km。

（31）田家渡 NE 背斜 ⑮：位于田家渡 NE5km，以上泥盆统佘田桥组为核部，呈 N35°E 略向 NW 凸出弯曲的弧形，长 9km，翼部为下石炭统。

上述 ㊵㊶、㉟⑰⑮ 两组褶皱，由 SSW 向 NNE，呈右行雁行式排列。

（32）新宁 NW 向斜 ㊷：位于新宁 N17°W11km，槽部为下三叠统，呈 SN 向，长大于 4km，翼部为上二叠统。该向斜南段被白垩系以角度不整合覆盖。

（33）烟村 SE 背斜 ㊸：位于烟村 S45°E3km，核部为上泥盆统佘田桥组，呈 N7°E，长 8km，翼部为锡矿山组。

（34）烟村东向斜 ㊱：位于烟村东 7km，其组成与向斜 ㊶ 同，南段呈 SN、北段呈 N20°W，为向 NE 弯曲的弧形，长 10km。

（35）清江背斜 ㊲：核部为上泥盆统，呈 N20°E，略向 NW 凸出弯曲，长 9km，翼部为下石炭统。

上述 ㊷㊸㊱㊲ 四条褶皱，由 SW 向 NE，呈右行雁行式排列。

（36）杨柳东向斜⑱：位于杨柳东 5km，其组成与向斜㊶同，呈 N10°W，长 17km。

（37）邓家铺 SW 向斜⑲：位于邓家铺 SW5km，以下二叠统为槽部，呈 SN 向，长 7km，翼部为上石炭统。该向斜东翼被 SN 向断裂切错。

（38）邓家铺向斜⑳：以下三叠统为槽部，呈 SN 向，长 15km，翼部为上二叠统。

（39）邓家铺东背斜㉑：位于邓家铺东 5km，以下石炭统为核部，呈鼻状倾伏端指向北，长 5km，翼部为中—上石炭统。

（40）蔡桥 SW 向斜㉒：位于蔡桥 SW5km，以中石炭统为槽部，呈近 SN，并具向西凸出弯曲的弧形，长 4km，翼部为下石炭统。

（41）蔡桥 SE 向斜㉓：位于蔡桥 S20°E5km，呈 N25°E，其组成与向斜㉒同，且为向 SE 凸出弯曲的弧形，长 5km。

此 ㉒㉓ 两向斜，组成一个 EW 长 6km，SN 宽 3km 的椭圆环。

（42）洞头东向斜㉔：位于洞头东 7km，以下二叠统为槽部，呈 N45°W，长大于 9km，翼部为上石炭统。

（43）紫云山 NW 背斜㉕：位于紫云山 N50°W10km，核部为上泥盆统，呈 N35°W，长大于 7km，翼部为下石炭统。

上述 ㉔㉕ 两条褶皱，似组成 ㉒㉓ 椭圆环形褶皱的 SW 侧外环。

（44）罗白背斜④：位于隆回南 6km，核部为上泥盆统，呈 SN 向，长 5km，翼部为下石炭统。

（45）罗白 SE 背斜⑫：位于罗白 SE5km，其组成与背斜④同，呈 N55°E，长 55km。

（46）雨山 SE 向斜⑨⓪：位于雨山 SE6km，其组成与邓家铺向斜⑳同，呈 N45°E，长 19km。

（47）长阳铺 SW 向斜⑨①：位于长阳铺 SW5km，其组成与向斜③同，呈 N45°E，略具向 NW 凸出弯曲的弧形，长 8km。

上述 ⑫⑨⓪⑨① 三条褶皱，由 SW 向 NE，呈右行雁行式排列。

（48）桥亭市向斜⑬：其组成与向斜㉔同，呈 N5°E，长 6km。

（49）小溪市西背斜⑨②：位于小溪市西 5km，以下石炭统为核部，呈 N35°E，长 15km，具波状弯曲，翼部为中—上石炭统。

（50）九公桥西向斜⑨⑨：其组成与向斜⑳同，呈 N30°E，长 7km。

上述 ⑬⑨②⑨⑨ 三条褶皱，呈右行雁行式排列。

（51）回龙寺北向斜⑨④：以下石炭统为槽部，呈 SN 向，北段向 NW 弯曲，长大于 4km，翼部为上泥盆统。

（52）双清 SW 背斜群⑨⑤：位于双清 S15°W7～8km，以上石炭统与下二叠统地层界线揉肠状弯曲形成的，呈鼻状倾伏端指向 NNW 至近 SN 向的背斜，共有三条，长 2 ～ 4km。

（53）双清西向斜 ⑯：其组成与向斜 ㊷ 同，呈 N15°E，略呈向 NW 凸出弯曲的弧形，长 9km。

（54）双清东向斜 ㊾：其组成与向斜 ㊷ 同，呈 N15°E，略呈向 SE 凸出弯曲的弧形，长 9km。

该处 ⑯㊾ 两向斜中段连在一起，共同组成一个长轴呈 N15°E 的环形向斜。

（55）邵阳 NE 背斜 ⑱：位于邵阳 N25°E4km，以下二叠统为核部，呈 N15°E，长 4km，翼部为上二叠统。

（56）九公桥 SW 向斜：位于九公桥 S25°W10km，其组成与向斜 ⑳ 同，呈 N20°E，长 10km。该向斜与九公桥西向斜 ⑲ 连在一起，应为同一向斜。

上述 ⑭⑮⑯㊾⑱ 等褶皱，由 SW 向 NE，呈右行雁行式排列。

综合上述，印支期褶皱构造以 NNE 向、呈右行雁行式排列为主，是在 EW 至近 EW 向挤压应力作用下形成的。

雪峰山 SW 段—八十里大南山 NE 段印支期侵入岩：

（1）第一阶段第一次铁山 SW 花岗岩体（12）：位于铁山 SW3 ～ 5km，呈倒（挂的）钟状，SN 长 6km，EW 宽 4 ～ 5km，侵入震旦系。

（2）第二阶段第一次崇阳坪中粒（斑状）电气石黑云母二长花岗岩体（13）：似呈倒钟状，SN 长 11km，EW 宽 5 ～ 8km，侵入奥陶系及寒武系、震旦系。

（3）第二阶段第一次瓦屋场黑云母二长花岗岩体（14）：似呈椭圆状，EW 长 30km，SN 宽 20 余千米，侵入奥陶系、志留系及中泥盆统。

上述印支期（12）（13）（14）三条岩体，位于东经 110°15' 附近，SN 长 60km。

（4）印支期第二阶段第一次五团细—中细粒二云母花岗岩体（6）：呈 SN 向，长 15km，宽约 12km。

3. 天龙山—龙山以南，邵阳—新宁—资源断裂东南、五峰铺—祁阳北以北的褶皱构造

（1）新邵 SW 向斜 ㊴：位于新邵 SW6km，其组成与向斜 ③ 同，呈 N35°E，长 6km。

（2）新邵向斜 ㊵：以中—下石炭统为槽部，呈簸箕状开口指向 S33°E，长 5km，翼部为上泥盆统。

（3）陈家坊西向斜 ㊶：位于陈家坊西 7km，其组成与向斜 ㊵ 同，呈 N25°E，长 5km。

上述 ㊴㊵㊶ 三条褶皱，呈右行雁行式排列。

（4）邵阳市东向斜 ㊷：位于邵阳市东 5km，其组成与向斜 ⑳ 同，呈 N50°E，并略具 S 形，长 20km。

（5）牛马司向斜 ㊸：其组成与向斜 ⑳ 同，呈 N20°E，长 5km。

（6）牛马司 NE 向斜 ㊹：位于牛马司 NE5km，以中石炭统为槽部，呈簸箕状开口指向 S35°W，长 4km，翼部为下石炭统。

（7）马鞍山西向斜 ㊺：位于马鞍山西 7km，以下石炭统为槽部，呈簸箕状开口指出 S15°W，长 9km，翼部为上泥盆统。

上述 ㊷㊸㊹㊺ 四条向斜，自 SW 而 NE，呈右行雁行式排列。

（8）黄塘 NE 背斜 ㊻：位于黄塘 N35°E10km，以上泥盆统为核部，呈 N45°E，长大于 14km，翼部为下石炭统。

（9）谷洲背斜 ㊼：以上泥盆统马鞍山组为核部，呈 N25°E，长 15km，翼部为上泥盆统木井塘组。

（10）五峰铺 NW 向斜 ①：位于五峰铺 NW4km，以二叠系为槽部，由 SW 向 NE 一分为二，呈 N10°～30°，长依次为 14km、17km，翼部为上石炭统。

（11）谷洲 SE 向斜 ②：位于谷洲 NE7km，其组成与向斜 ① 同，呈 N40°E，长大于 3km。

（12）牛马司南背斜 ④：位于牛马司南 8km，以下石炭统为核部，总体呈 N45°E，具向 SE 凸出弯曲的弧形，长 9km，翼部为中石炭统。

（13）邵东向斜 ⑤：以下三叠统为槽部，呈 N30°E，长大于 12km，翼部为上二叠统。

（14）砂石向斜 ⑥：以下三叠统、上二叠统为槽部，由北向南呈 N5°～30°E，并具向 SE 凸出弯曲的弧形，长 15km，翼部为下二叠统。

（15）崇山铺西向斜 ⑦：以中石炭统为槽部，呈 N45°E，长 5km，翼部为下石炭统。

上述 ㊻㊼、①②④⑤⑥⑦ 两组褶皱，自 SW 而 NE，均呈右行雁行式排列。

（16）杉木桥背斜 ⑧，以上泥盆统佘田桥组为核部，呈 N35°E，长 5km，翼部为锡矿山组。

（17）龙公桥 SW 背斜 ⑨：位于龙公桥 SW10km，以中泥盆统为核部，呈 N10°E，长 4km，翼部为上泥盆统。

（18）佘田桥 NW 向斜 ⑩：位于佘田桥 NW4km，以下石炭统为槽部，呈 N15°E，长 14km，翼部为上泥盆统。

上述 ⑧⑨⑩ 三条褶皱，由 SW 向 NE，呈右行雁行式排列。

（19）五峰铺 NE 向斜 ⑬：位于五峰铺 NE12km，以上石炭统为槽部，呈 N50°E，长 5km，翼部为中石炭统。

（20）杉木桥 SE 向斜 ⑭：位于杉木桥 S20°E，7km，槽部为下石炭统，呈 SN 向长 2km，翼部为上泥盆统。

（21）蒋家桥西背、向斜 ⑫：位于蒋家桥西（五峰铺 NE17km）5km，以中—上泥盆统地层界线揉肠状弯曲形成的向斜、背斜，依次由 SW 至 NE，长均为 2km，呈右行雁行式排列。

上述印支期褶皱构造，以 NNE 向为主，呈右行雁行式排列，均为 EW 至近 EW 向地应力作用下形成的。

印支期第二阶段第一次侵入岩：

（1）紫云山黑云母二长花岗岩体（10）：南段呈近 SN、北段呈 N30°W，长 35km，宽 10 ～ 15km，侵入冷家溪群、震旦系、寒武系等。该岩体中段有印支期第二阶段第二次花岗岩体（18），北端呈 NNW，中—南段呈近 SN，长 15km，宽 6 ～ 8km。

（2）关帝庙（角闪石）黑云母二长花岗岩（9）：呈 N70°W，长 30km，SE 宽 13km，NW 宽 8km，侵入震旦系及寒武系、奥陶系。该岩体中段有印支期第二阶段第二次花岗岩体（15），亦呈 N70°W，长 9km，宽 3 ～ 6km。更小的印支期第二阶段第三次二长花岗岩，也以呈 NWW 向为主，长 3 ～ 5km，宽小于 1km。

4. 天龙山—龙山以南，邵阳—新宁—资源断裂东南、五峰铺—祁阳北以南的褶皱构造

（1）东安 SE 向斜 ㊾：位于东安 SE9km，其组成与向斜 ㉔ 同，核部分为紧靠在一起的两枝，西枝呈 SN 向，长 4.5km，东枝呈 N25°W、长 8km。

（2）大庙口东向斜 ㊿：位于东安 SE9km，其组成与向斜 ㉔ 同，核部分为紧靠在一起的两枝，西枝呈 SN 向，长 4.5km，东枝呈 N25°W，长 8km。

（3）川岩 NE 背斜 (51)：位于川岩 NE5km，以中泥盆统为核部，呈鼻状倾伏端指向 S25°E，长 8km，翼部为上泥盆统。

（4）川岩西背斜 (52)：其组成、倾伏均与向斜 (51) 同，长 2km。

（5）东安 NW 背斜 (53)：位于东安 NW8km，以中—上泥盆统为核部，呈 N25°W，长 11km，翼部为下石炭统。

上述 ㊾㊿、(51)(52)(53) 两组褶皱，由 SEE 向 NWW，或由东向西，均呈左行雁行式排列。

（6）紫云山 NE 向斜 (54)：位于紫云山 NE12km，其组成与向斜 ㊾ 同，呈 N20°W，长 25km。

（7）回龙寺东向斜 (55)：位于回龙寺东 8km，以中石炭统为槽部，呈簸箕状开口指向南，长大于 1km，翼部为下石炭统。

（8）背斜 (56)：位于背斜 (55) 的胃侧，以下石炭统为核部，呈鼻状倾伏端指向南，长大于 1km，翼部为中石炭统。

（9）白仓 SW 向斜 (57)：位于白仓 S15°W9km，以下石炭统为槽部，呈簸箕状开口指向 N10°W，长 4km，翼部为上泥盆统。

（10）白仓西向斜 (58)：位于白仓西 7km，以二叠系为槽部，呈簸箕状开口指向 N10°W，长 6km，翼部为上石炭统。

上述 ⑤⑥、⑤⑦⑤⑧ 两组褶皱，从 SE 向 NW，呈左行雁行式排列。

（11）梅溪 NW 向斜 ⑭：位于梅溪 N55°W12km，其组成与向斜 ⑭同，呈 N20°W，长 10km。该向斜被 NW 断裂切割错移，分为两段。

（12）向斜 ⑮：位于向斜 ⑭ 的西侧，以下石炭统为槽部，呈 N20°W，为略向西凸出弯曲的弧形，长 4km，翼部为上泥盆统。

（13）冷水滩东向斜 ⑯：位于冷水滩东 12km，其组成与向斜 ⑮同，呈 N20°E，长大于 7km。

上述 ⑭、⑮、⑯ 三条向斜，似组成两条向西呈凸出弯曲的弧形。

（14）茶山 NW 向斜 ⑱：位于茶山 N55°W10km，以二叠系为槽部，呈 N35°W，长大于 4km，翼部为上石炭统。

（15）祁阳 SW 向斜 ⑲：位于祁阳 SW11km，以中—上石炭统为槽部，呈 N30°W，长大于 10km，翼部为下石炭统。

（16）冷水滩 NE 向斜 ⑳：位于冷水滩 N15°E9km，其组成与向斜 ⑱同，呈 N33°W，长大于 8km。

（17）西江桥向斜 ㉑：其组成与向斜 ⑲同，呈 N10°W，长 10km。

上述 ⑱⑲⑳㉑ 四条褶皱，由 SEE 向 NWW，呈左行雁行式排列。

（18）卢洪市 NE 向斜 ㉒：位于卢洪市 N75°E17km，以中—上石炭系为槽部，呈簸箕状开口指向 S20°E，翼部为下石炭统。

（19）新圩江东向斜 ㉔：位于新圩江东 l0km，以中石炭统为槽部，呈 N33°W，长大于 6km，翼部为下石炭统。

（20）卢洪市 NE 向斜 ㉓：位于卢洪市 NE12km，以上泥盆统木井塘组为槽部，呈簸箕状开口指向 S15°W，长 7km，翼部为马鞍山组。

（21）文明 SW 向斜 ㉕：位于文明 S60°W9km，以下二叠统为槽部，由北向南，呈 N30°E—近 SN，略呈向 NW 凸出弯曲的弧形，长 4km，翼部为上石炭统。

上述 ㉒㉔ 两条向斜，呈左行雁行式排列。㉔ 与 ㉓、㉕ 向斜，似组成向西凸出弯曲的弧形。

（22）黄土铺 SE 向斜 ㉖：位于黄土铺 S35°E12km，以二叠系为槽部，呈 N25°W，长大于 13km，翼部为上石炭统。

（23）祁东 SW 向斜 ㊹：位于祁东 S60°W6km，以下石炭统为槽部，呈簸箕状开口指向 S25°E 长 5km，翼部为上泥盆统。

上述 ㉖㊹ 两向斜，呈左行雁行式排列。

上述 NNW 向褶皱，以呈左行雁行式排列为主，或呈 NNE，并组成向西凸出弯曲的弧形褶皱带，其形成时均为 EW 至近 EW 向挤压应力作下形成的。

5. 永州—双牌—道县—江永—江华褶皱构造

湘桂交界东侧于家向斜 ㊸ 以下三叠统为槽部外，其他印支期褶皱构造均由上古生界地层组成，与毗邻地区印支期褶皱构造的延伸方向、形态特征、排列方式极其相似，只是由于它们都是推测出来的，就不再赘述。

（二）湘东南地区，即罗霄山—万洋山—诸广山西侧至衡阳—常宁—嘉禾一线以东褶皱构造

1. 郴州—怀集深断裂及其 NE 延伸部分 SE 的褶皱

（1）锡田向斜 ⑧⑤：以下石炭统为槽部，呈 N35°E，长 7km，翼部为上泥盆统。

（2）巨田 SE 向斜 ⑧⑥：位于巨田 SE6km，以二叠系为槽部，呈 N45°E，长大于 5km，翼部为上石炭统。

（3）严塘向斜 ⑧⑦：以下石炭统为槽部，呈 N45°E，长大于 14km，翼部为上泥盆统。

上述 ⑧⑤⑧⑥ 向斜，呈右行雁行式排列。

（4）酃县西向斜 ⑧⑧：位于酃县西 6km，以上泥盆统为槽部，呈 N30°E，长大于 5km，翼部为中泥盆统。

（5）向斜 ⑧⑨：位于向斜 ⑧⑧ 西侧，其组成与向斜 ⑧⑦ 同，呈 SN 向并向西凸出弯曲，长大于 15km。

上述 ⑧⑧⑧⑨ 两向斜，自南而北，呈右行雁行式排列。

（6）水口南向斜 ⑨⓪：其组成与严塘向斜 ⑧⑦ 同，南段 N5°E，北段 N20°E，呈向西凸出弯曲的弧步，长 22km。

（7）上洞 NE 向斜 ⑨①：位于上洞 N55°7km，以中泥盆统棋子桥组成为槽部，呈 N20°E，长 4km，翼部为跳马涧组。

（8）上洞背斜 ⑨②：核部为上泥盆统，呈 N22°E，长大于 7km，翼部为下石炭统。

（9）八面山东向斜 ⑨③：位于八面山东 9km，槽部为上泥盆统，南段近 SN、北段为 N20°E，略呈向 NW 凸出弯曲的弧形，长 9km，翼部为中泥盆统。该向斜东翼被 NE 向断裂切错。

（10）资兴市南向斜 ⑭：以下二叠统为槽部，呈 N30°E，长大于 21km，翼部为上石炭统。

（11）背斜 ⑮：位于向斜 ⑭NE 端 SE 侧，由向斜 ⑭NE 端扭转为 S30°W、形成呈鼻状倾伏端指向 N30°E 的背斜，长 4km，核部为上石炭统，翼部为下二叠统。

（12）鲤鱼江 SW 向斜 ⑯：位于鲤鱼江 S30°W10km，槽部为下石炭统大塘组，呈 N20°E，长大于 12km，翼部为下石炭统岩关组。

（13）郴州市 NE 向斜 ⑰：位于郴州市 NE5km，以上二叠统为槽部，呈 N17°E，长大于 10km，翼部为下二叠统。

上述 ⑰⑯⑭⑮ 四条褶皱，由 SWW 向 NEE，呈右行雁行式排列。

（14）千里山 SW 背斜 ⑱：位于千里山 SW8km，以中泥盆统半山组、跳马涧组为核部，呈近 SN 向、并向西凸波状弯曲，长大于 12km，翼部为中泥盆统棋子桥组。

（15）杨梅山 NE 向斜 ⑩：以下石炭统大塘组为槽部，呈 N35°E，长 14km，翼部为岩关组。

（16）瑶岗仙南向斜 ⑪：位于瑶岗仙南 5km，槽部为中—上石炭统，呈 35°E，长 9km，翼部为下石炭统。

（17）汝城 NW 向斜 ⑲：以下石炭统大塘组为槽部，可分为 NE、SW 两段，前者呈 N20°E，长 8km，后者呈 N50°E，长 15km，翼部均为下石炭统岩关组。

上述 ⑩⑪⑲ 三条褶皱，由 SWW 向 NEE，呈右行雁行式排列。

（18）田庄 NW 向斜 ⑨：位于田庄 NW5km，以上泥盆统为槽部，呈 N15°E，长 5km，翼部为中泥盆统。

（19）白香带南向斜 ⑳：位于白香带南 7km，槽部为二叠系，呈 N45°W，长 3km，翼部为上石炭统。

（20）汝城向斜 ㉑：其组成与向斜 ⑳ 同，呈簸箕状开口指向北，长大于 5km。该向斜北段被 NE 向断裂切错。

（21）大坪向斜 ㉓：以中—上石炭统为槽部，呈近 SN 向，长 4km，翼部为下石炭统。该向斜东侧，隔 SN 向断裂有一向斜，以下石炭统为槽部，呈 SN 向，长大于 5km，翼部为上泥盆统。

上述四条向斜，除向斜 ⑳ 为 N45°W 外，其余三条均为 NNE 至近 SN。

综合上述，印支期褶皱构造以 NNE 向、呈右行雁行式排列为主，是印支期 EW 至近 EW 向地应力作用下形成的。

2. 郴州—杯集深断裂 NE 延伸地段（北纬 26°00' 以北）NW 侧的褶皱

（1）黄丰桥 NE 背斜 ⑯：位于黄丰桥 N60°E12km，以下石炭统为核部，呈 N10°E，长 4km，翼部为中—上石炭统。

（2）黄丰桥向斜 ⑰：槽部为下三叠统，呈 N55°E，长 3.5km，翼部为上二叠统。

（3）峦山北向斜位 ⑱：于峦山北 6km，以下三叠统为槽部，自 NE 而 SW 呈 N40° ~ 65°E，长 14km，翼部为上二叠统。

（4）漕泊 SW 背、向斜 ⑲：由上、下二叠统地层界线揉肠状弯曲形成、呈鼻状倾伏端指向 N25°E 的背斜、呈簸箕状开口指向 N25°E 的向斜，长均为 1.5km，由 SSW 向 NNE，呈右行雁行式排列。

（5）峦山向斜 ⑳：以 NW 向断裂分为两段，NE 段槽部为中—上石炭统，呈 N45°E，长大于 5km，翼部为下石炭统；SW 段槽部为下石炭统，呈 N45°E，长 6km，翼部为上泥盆统。

（6）茶陵 NW 向斜 ㉑：位于茶陵 N70°W10km，以下石炭统为槽部，呈

N25°E，长大于 7km，翼部为上泥盆统。该向斜 NE 端及 SE 翼，均被下侏罗统以角度不整合覆盖。

（7）老君河 NW 向斜 ⑥：以上二叠统为槽部，北段近 SN、南段 N20°W，呈向 SW 凸出弯曲的弧形，长 12km，翼部为下二叠统及上石炭统。

（8）石峡背、向斜 ⑥：由下石炭统与中—上石炭统地层界线揉肠状弯曲形成的，由西向东依次为呈簸箕状开口指向 N10°W 的向斜、呈鼻状倾伏端指向 N10°W 的背斜，其长均为 7km。

（9）石峡 SE 向斜位 ⑭：位于石峡 SE6km，以中—上石炭统为槽部，呈簸箕状开口指向 N10°W，长 3km，翼部为下石炭统。

（10）草市东背斜 ⑥：位于草市东 3km，以下石炭统为槽部，呈 N20°W，长大于 4km，翼部为中—上石炭统。

（11）水口山西向斜 ㊱：位于水口山西 7km，以下三叠统为槽部，呈N33°W，略向 NE 凸出弯曲，长 9km，翼部为上二叠统。

（12）向斜 ㊲：位于向斜 ㊱SE 段 SW 侧，以二叠系为槽部，呈簸箕状开口指向 N40°E 的向斜，长 4～6km，翼部为上石炭统。

上述 ㊱ 与 ㊲ 向斜，共同组成一向东呈波状弯曲的褶皱带。

（13）常宁 NW 背斜 ㊳：位于常宁 NW2km，以下石炭统为核部，呈 N20°E，长 8km，翼部为中—上石炭统。

（14）仙桥北背斜 ㊴：位于仙桥北 6km，以上泥盆统为核部，呈 N15°W，翼部为下石炭统，该背斜西翼被 NW 向断裂切错。

（15）常宁背斜 ㊵：核部为上泥盆统，北段呈 N20°E，南段呈 S30°E，共同组成一个向西凸出弯曲的弧形，总长 9km，翼部为下石炭统。

上述 ㊳㊴㊵ 三条背斜共同组成向西呈凸出弯曲弧形褶皱带。

（16）常宁 NE 向斜 ㊶：位于常宁 N30°E8km，以下石炭统为槽部，呈簸箕状开口指向 N25°E，长 5km，翼部为上泥盆统。

（17）常宁东背斜 ㊷：位于常宁东 10km，核部为上泥盆统，呈 N30°E，长 15km，翼部为下石炭统。

（18）烟竹湖北向斜 ㊸：位于烟竹湖北 8km，以下三叠统为槽部，呈 N30°E，长 17km，翼部为上二叠统。

（19）水口山南向斜 ㊹：其组成与 ㊸ 向斜同，近 SN 向，并呈向西凸出弯曲的弧形，长大于 8km。

（20）向斜 ㊺：位于向斜 ㊸SE3～4km，以二叠系为槽部，呈簸箕状开口指向 N30°E，长 6km，翼部为上石炭统。

上述 ㊷㊸㊺ 三条褶皱，呈右行雁行式排列。

（21）西岭背斜 ㊻：以上泥盆统马鞍山组为核部，呈 N15°W，长 15km，翼部为锡矿山组。

（22）莲塘 SE 向斜㊼：位于莲塘 SE7km，以中—上石炭统为槽部，呈簸箕状开口指向南，长 7km，翼部为下石炭统。

（23）耒阳 NW 向斜㊿：位于耒阳 NW5km，槽部为下石炭统，呈 N12°E，长 8km，翼部为上泥盆统。

（24）南京 SW 向斜(51)：位于南京 SW5km，以上二叠统为槽部，北段呈 N20°E，南段呈 S8°E，长大于 30km，翼部为下二叠统。

（25）西岭东向斜(52)：位于西岭东 8km，槽部为下二叠统，呈 N5°W，长 4km，翼部为上石炭统。

（26）白沙北背斜(53)：位于白沙北 5km，以下石炭统大塘组为核部，呈 N14°W，长 4km，翼部为中石炭统。

（27）文昌阁 SW 向斜(54)：位于文昌阁 S15°W5km，槽部为下石炭统，呈 SN 向，长 5km，翼部为上泥盆统。

（28）文昌阁 SE 背斜(55)：位于文昌阁 SE4km，以上泥盆统马鞍山组为核部，呈近 SN 向、并略向西凸出弯曲，长 4.5km，翼部为木井塘组。

（29）白沙 NE 向斜(56)：位于白沙 NE8km，其组成与向斜㊼同，呈 N10°W，长 7km。

（30）施壁塘 SE 背斜(57)：位于施壁塘 SE3km，核部为上泥盆统，呈鼻状倾伏端指向 S8°W 的背斜，长 3km，翼部为下石炭统。

（31）马田西背斜(58)：位于马田西 5km，以下石炭统为核部，呈 N15°W，长 2km，翼部为中—上石炭统。

（32）白沙 SE 背斜(59)：位于白沙 S70°E9km，其组成与背斜(57)同，呈鼻状倾伏端指向 S10°E，长 5km。

（33）油麻 SW 背斜(60)：位于油麻 SW7km，其组成与背斜(57)同，呈 N7°E，长 3.5km。

（34）油麻南向斜(61)：位于油麻南 6km，其组成与(52)向斜同，由南向北呈 S15°W 至近 SN，长大于 8km。

上述㊱㊲㊳㊴㊵㊶㊷㊸㊹㊺㊻㊼㊿(51)(52)(53)(54)(55)(56)(57)(58)(59)(60)(61)24 条褶皱，位于耒阳—马田一线以西，总体上看以近 SN 向为主，且在常宁—烟竹湖、南京—西岭—白沙，组成呈向西凸出弯曲的弧形褶皱带；水口山西部，组成向东凸出弯曲的弧形褶皱带，均为 EW 至近 EW 向地应力作用下形成的。

（35）榜状园东背斜㊽㊾：位于榜状园东 12km，均以上泥盆统为核部；且背斜㊽呈 N45°E，长大于 6km；背斜㊾呈 S35°E，长大于 7km，且均具波状或揉肠状弯曲，翼部均为下石炭统。

（36）张家坪—龙塘北向斜(72)(73)(74)：以下三叠统管子山组为槽部，由 SW 而 NE，呈 N10°E、N30° ~ 50°E 至 N25°E、N18°E，长 5km、10km、8km，翼部为下三叠统张家坪组。

（37）长冲 NE 背、向斜 ⑦⑦：由下三叠统管子山组、张家坪组地层界线揉肠状弯曲形成的两条呈簸箕状开口指向 S25°W 的向斜、两条呈鼻状倾伏端指向 S25°W 的背斜，长 8km。

（38）长冲南向斜 ⑦：槽部为中三叠统，呈 N10°E，长 3.5km，翼部为下三叠统。

（39）长冲东向斜 ⑦：其组成与向斜 ⑦ 同，南段呈 S20°E，北段呈 N20°E，中段呈 S20°E，长 15km。总体上看此向斜呈向西凸出弯曲的弧形。

（40）洞口 SW 向斜 ⑦：位于洞口 S60°W，长 12km，以二叠统为槽部，呈 N15°E，长 2km，翼部为上石炭统。

（41）背斜 ⑧：位于向斜 ⑦SW，以中石炭统为核部，呈 N30°E，长大于 4km，翼部为上石炭统。

（42）塘门口西背斜 ⑧：位于塘门口西 10km，其组成与背斜 ⑧ 同，呈 SN 向，长 6km。

（43）塘门口 SW 向斜 ⑧：位于塘门口 S45°W5km，以下三叠统为槽部，呈簸箕状开口指向 S38°W，长 5km，翼部为上二叠统。

（44）马田 SE 向斜 ⑧：其组成与向斜 ⑦ 同，呈近 SN 向，且略向西凸出弯曲，长 5km，翼部为下三叠统。

上述 ⑧⑧⑦⑦⑦⑦⑦⑦⑦⑦⑧⑧⑧⑧ 14 条褶皱，绝大多数由中—下三叠统组成，以 NNE 向为主，且呈 S 形波状弯曲，是 EW 至近 EW 向地应力作用下形成的。

大义山南体—阳明山印支期第二阶段第一次侵入岩：

（1）大义山南体角闪黑云母花岗岩体（19）：呈 N30°W，长 12～14km，宽 7km，侵入上泥盆统及石炭统、下二叠统，该岩体中部有燕山期第三阶段第一次花岗岩。

（2）塔山电气石黑云母花岗岩体（18）：呈 N65°W，长 23km，SE 段宽 10km，NW 段宽 5km，侵入寒武系、奥陶系及泥盆系。

（3）白果市电气石白云母花岗岩体（16）：主体呈 N65°W，长 9km，宽 4～5km，侵入奥陶系。

（4）阳明山电气石白云母花岗岩体（15）：呈 N55°W，长 9km，宽 3～4km，侵入奥陶系。

上述（19）（18）（16）（15）四条岩体，EW 长 87km，SN 宽 15～30km，总体上看亦呈左行雁行式排列。

3. 郴州—怀集深断裂（北纬 26°00′ 以南）NW 侧的褶皱

（1）新田 SE 背斜 ⑦：位于新田 S60°E5km，核部为中泥盆统跳马涧组，呈 N32°E，长大于 5km，翼部为棋子桥组。

（2）下漕洞 NE 向斜 ⑦：位于下漕洞 N60°E8km，以中—上石炭统为槽部，呈 N10°E，略具向东凸出弯曲的弧形，长 4km，翼部为下石炭统。

（3）向斜 (61)：位于向斜 (72)NE6km，槽部为下石炭统大塘组，北段为 N50°W，南段为 S40°W，总体上呈向东凸出弯曲的弧形长大于 8km，翼部为岩关组。

（4）飞仙西背斜 (62)：位于飞仙西 3km，以上泥盆统为核部，呈 SN 向，长 7km，翼部为下石炭统。

（5）余田背斜 (63)：其组成与背斜 (62) 同，南段为 N10°W，北段为近 SN 向，长 10km。

（6）余田 NE 向斜 (64)：位于余田 NE7km，槽部为上二叠统，呈 N10°W，长 7km，翼部为下二叠统。

（7）洋市 NW 背斜 (65)：位于洋市 N65°W14km，以中—上石炭统为核部，呈鼻状倾伏端指向 S10°W 的背斜，长 10km，翼部为下二叠统。

（8）向斜 (66)：位于背斜 (65) 南，两条向斜均以上二叠统为槽部，呈 N7°E，西长 8km，东长 6km，翼部为下二叠统。

（9）何家渡 SW 向斜 (68)：位于何家渡 SW14km，以下三叠统为槽部，呈 N10°E，长 11km，翼部为上二叠统。

（10）嘉禾东背斜 (69)：位于嘉禾东 2km，以上泥盆统为核部，中—南段呈 S8°W，北段呈 N20°W，共同组成略向东凸出弯曲的弧形背斜，长 17km，翼部为下石炭统。

（11）龙潭 SW 向斜 (70)：位于龙潭 SW7km，其组成与向斜 (68) 同，呈 SN 向，长大于 10km。

上述 (71)(72)(61)(62)(63)(64)(65)(66)(68)(69)(70)11 条褶皱，均以近 SN 向为主，位于耒阳西—泗洲山—临武断裂附近及其西侧。

（12）洋市 SW 向斜 (54)：位于洋市 SW5km，以下二叠统为槽部，呈 N10°E，长 2km，翼部为上石炭统。

（13）洋市南向斜 (55)：位于洋市南 13km，三条向斜其组成均与向斜 (54) 同，北部的两条，均呈 N10°E，长 2km；南面的那条呈 N50°E，长大于 5km，并可继续向 N10°E 延伸，总长大于 13km。

（14）桂阳 NW 背斜 (56)：位于桂阳 NW4km，核部为上泥盆统，呈 N50°E，长 5km，翼部为下石炭统。

（15）桂阳 SW 向斜 (57)：位于桂阳 S45°W5km，以中—上石炭统为槽部，呈 N15°E，翼部为下石炭统。

（16）黄沙坪西背斜 (58)：位于黄沙坪西 4km，以下石炭统为核部，呈鼻状倾伏端指向 N25°E，长 2km，翼部为中—上石炭统。

（17）燕塘东背斜 (59)：位于燕塘东 6km，核部为上泥盆统，呈 N15°E，略具波状弯曲，长大于 13km，翼部为下石炭统。

（18）鲁塘西向斜 ⑥⓪：位于鲁塘西 8km，两向斜均以中—上石炭统为槽部，呈 N20°E，长 4 ～ 6km，翼部为下石炭统。

（19）金江 NW 背斜 ㉚㉜、向斜 ㉙㉛：位于金江 N25°W12km 至金江西 4km，由下石炭统与上泥盆统地层揉肠状弯曲形成的呈簸箕状开口指向 N13°E 的向斜 ㉙㉛，长 6km、10km；呈鼻状倾伏端指向 N5°E 的背斜 ㉚㉜，长 13km、9km。

（20）鲁塘 SE 向斜 ㉝：位于鲁塘 S15°E5km，以上二叠统为槽部，呈 N18°E，长 9km，翼部为下二叠统。

（21）金江向斜 ㉞：其组成与向斜 ㉝ 同，呈 N80°W，具向西凸出弯曲的弧形，长大于 7km。

（22）郴州 NW 背斜 ⑲：位于郴州 NW2km，以中—上石炭统为核部，呈 N30°E，长 7km，翼部为下二叠统。

（23）保和东向斜 ㉑：位于保和东 9km，以下二叠统为槽部，呈 SN 向，长大于 2km，翼部为上石炭统。

（24）栖风渡 SW 背斜 ㉒：位于栖风渡 S55°W14km，其组成与背斜 ⑲ 同，呈 N15°E，长 9km。

（25）洋市 SE 背斜 ㉓：位于洋市 S40°E9km，以上泥盆统为核部，呈 N5°E，长 7km，翼部为下石炭统。

（26）背斜 ㉔：其组成与背斜 ⑲ 同，呈 N30°E，长 7km。

（27）郴州西背斜 ㉖：位于郴州西 10km，其组成与背斜 ⑲ 同，呈 N45°E，长 13km。

（28）桂阳东向斜 ㉗：位于桂阳东 7km，其组成与向斜 ⑥⑧ 同，呈 N35°E，长 4km。

（29）宜章向斜 ㉟：两向斜均以下二叠统为槽部，呈 N33°E，长 5km，翼部为上石炭统。

（30）骑田岭 SW 向斜 ㊱：其组成与向斜 ⑥⑧ 同，由 NE 至 SW，呈 N30°E—SN，长 8km。

（31）梅田 NE 向斜 ㊸：位于梅田 N50°E5km，其组成与向斜 ⑥⑧ 同，呈 N30°E，长 2km。

上述 ㊴㊵㊶㊷㊸㊹⑥⓪㉙㉛㉚㉜㉝㉞⑲㉑㉒㉓㉔㉖㉗㊳㊱㊸23 条褶皱，均位于耒阳西—泗洲山—临武断裂东侧，郴州—怀集深断裂西侧，以呈 NNW 至近 SN 向为主，是 EW—近 EW 向地应力作用下形成的。

郴州—怀集深断裂及其 NE 延伸部分的 NW 侧，印支期侵入岩：

（1）第二阶段第一次骑田岭黑云母花岗岩体（8）：似椭圆状，长轴呈 N25°E，长 33km，宽 25km，侵入石炭系及二叠系、下三叠统。

（2）第一阶段第一次五峰仙二长花岗岩体（16）：长轴呈近 EW 向，长 27km，宽 17km，侵入泥盆系、石炭系及二叠系。该岩体中部有印支期第一阶段第二次花岗岩体（23）似呈菱形，边长 10km。

（3）第三阶段第一次丫江桥二云母花岗岩体（20）：长轴呈 N50°W，长大于 15km，宽 16.5km，侵入冷家溪群及中—上泥盆统。该岩体 SE 段被下白垩统以角度不整合覆盖。

4. 临武—迎春—狗牙洞褶皱构造

由 SEE 向 NWW 有：

（1）狗牙洞 NW 向斜 ㊳：以二叠系为槽部，呈 N20°E，长大于 4km，翼部隔断裂为上石炭统。

（2）狗牙洞西背斜 ㊴：位于狗牙洞西 5km，以中泥盆统为核部，NE 段呈 N50°E，SW 段呈 S30°E，共同组成两条呈向西凸出弯曲的弧形，长 21km，翼部为上泥盆统。

（3）向斜 ⑩：位于背斜 ㊴NW5km，以下二叠统为槽部，呈 N55°E，长 7km，翼部为上石炭统。

（4）长村 SE 向斜 ㊵：位于长村 SE5km，其组成与向斜 ⑩ 同，NE 段呈 N60°E，SE 段呈 S45°E，共同组成向西呈弧形弯曲的向斜，长 15km。

（5）长村东向斜 ㊻：位于长村东 2km，其组成与向斜 ㊵ 同，呈 N55°E，长 6km。

（6）背斜 ㊹：位于 ㊸㊻ 两向斜之间，以中石炭统为核部，呈 N55°E，长 4km，翼部为上石炭统。

（7）长村 NW 向斜 ㊼：此处两向斜位于长村 NW，分别为 2km、3km，其组成与向斜 ⑩ 同，呈 45°E，长分别大于 3km、7km。

（8）迎春北背斜 ㊿：位于迎春北 6km，核部为上泥盆统，呈 N60°E，长大于 6km，翼部为下石炭统。

（9）临武东向斜 (52)：位于临武东 7km，以下石炭统为槽部，呈 N55°E，长大于 3km，翼部为上泥盆统。

（10）背斜 (51)：位于 ㊿(52) 两褶皱的夹持部的 NE 侧，以中泥盆统棋子桥组为核部，呈 N58°E，长 2.5km，翼部为上泥盆统。

（11）莽山 NE 背斜 ㊶：位于莽山 N5°E8km，其组成与背斜 ㊿ 同，呈 N5°E，长大于 7km。

（12）天塘南背斜 ㊷：两条背斜均以下石炭统岩关组为核部，由南向北呈近 SN—N23°W，长大于 3km、7km，翼部为下石炭统大塘组。

（13）迎春南背斜 ㊽：位于迎春南 8km，其组成与背斜 (51) 同，NW 端、SE 端均呈 SN，中段呈 N45°W，共同组成似呈 S 形的背斜，长 23km。

上述 ㊳㊴㊵㊸㊻㊹㊼㊿(52)(51)㊶㊷㊽13 条褶皱，共同组成临武—迎春—狗牙洞 NWW—SEE 长 45km，宽 20 ～ 25km，呈向 NWW 凸出弯曲的 4 ～ 5 组弧形褶皱，主要是印支期 EW 至近 EW 向地应力作用下形成的。

湘东南地区罗霄山—诸广山印支期第二阶段第一次侵入岩：

（1）汉背（八团）黑云母花岗岩主体（17）：呈 SN 向，长约 20km，宽 13km，侵入寒武系、中—上泥盆统及下石炭统。该岩体南段隔 NE 向断裂与上白垩统接触。

（2）寨前黑云母花岗岩体（18）（5）：紧靠湘赣边界，位于万洋山与诸广山之间。该岩体南段呈 N15°E，北段呈 N55°E，总长 120 余千米，宽 7～13km，侵入加里东期第二阶段第一次二长花岗岩。

综合上述，湘中南地区加里东早—中期褶皱，在罗霄山—万洋山 W—NW 侧形成了赣中遂川—宁冈—莲花—安福向西凸出弯曲的弧形褶皱带的西侧外缘部分。在溆浦—三江深断裂 SE，形成了雪峰山—八十里大南山 NE—NNE 向、呈右行雁行式排列的褶皱群。在南岭东段，形成可与粤北、赣南相衔接的 NWW 向褶皱带。印支期褶皱，在邵东—五峰铺—冷水滩弧形断裂以西、加里东期雪峰山—八十里大南山褶皱带、苗儿山、越城岭以东，形成了向西凸出弯曲的弧形褶皱构造，与加里东早—中期褶皱构造的延伸方向、形态特征、排列方式颇为相似。海西早—中期褶皱，以 EW 至近 EW 向为主，多分布在加里东期褶皱构造的边缘。总之，湘中南地区加里东早—中期，海西早—中期、印支期褶皱构造，具有"隔期相似，临期相异"的特征。

南岭雄居湘赣粤桂四省区中心部位，西起湘桂交界的姑婆山、湘粤交界的九嶷山；向东经湘赣粤交界的九峰—油山、大东山—贵东，EW 绵延 300km，SN 宽 30～90km。

综合以上第八、九、十、十一章所述，南岭及其邻区的褶皱构造，加里东期褶皱中心分布在广西东部大瑶山—大桂山及其邻区。加里东早—中期主体褶皱带，位于昭平—藤县，呈 SN 向，长 110km，宽 20km；加里东晚期 EW 至近 EW 向褶皱分布在昭平—藤县 SN 向褶皱带的两侧。该加里东褶皱构造中心 SE，有 3 组加里东早—中期褶皱，从 SW 向 NE 延伸：

（1）博白—梧州（N45°E）深断裂、陆川—岑溪深断裂附近，呈 NE 向的加里东早—中期褶皱向 NE 延伸，经封开、怀集，再往 NE 跨越燕山期第三期阳山花岗岩体（29），转呈 NW 向的培地背斜 ③。

（2）吴川—四会（N40°～45°E）深断裂 NE 段的 NW 侧，连滩—德庆、凤村—四会 NE 向褶皱 ③④、⑦⑧ 向 N55°E 延伸，经清远北老屋场、英德 SE 抵达雪山嶂，长约 270～280km。在雪山嶂北逐渐转为 NW，掠过曲江—乳源，转呈 NNW，沿着 SN 长 60 余千米，宽 10～20km 的瑶山分布着 ㉝㉞㉟㊱㊲㊳ 等褶皱，由 NNW—SN—NNE，组成波状弯曲，抵达云祖仙南。

（3）恩平—新丰（阳江—南丰）（N45°E）深断裂 SE 加里东早—中期褶皱 ⑫⑬⑭⑮，以 NNE、呈右行雁行式排列为主，向北延伸 380km，宽 10km 至 20～30km，抵达九连山—司前，分为东、西两部。西部由司前北往 NW 经瑶岭、凡口至黄洞山 SW，主要褶皱 ⑨ ～ ㉕、呈近 SN 向，㉗ ～ ㉓ 呈近 SN—NW 向，具左行雁行式排列，长近 100km。东部主要褶皱由雪峰山、九连山至江西全南、定南、龙南，呈 NE 至近 SN 向，长 120km，宽 20 ～ 30km；再往北 ㉞㉢ 褶皱呈 SN，㊻㊼㊽、㊶ ～ ㊼ 褶皱转呈 NW。由上犹、赣州往 NNW 经遂川、万安，多处褶皱呈左行雁行式排列。在湘赣交界的武功山 SW 麓、罗霄山中南段、万洋山，即安福、莲花、永新、宁冈、鄳县，形成加里东早—中期向西凸出弯曲的褶皱带，总长 180 ～ 220km，宽 80 ～ 120km。湘西雪峰山、八十里大南山长 300 多千米，宽 30 ～ 50km，加里东早—中期褶皱，以 NNE 至 NE 向，呈右行雁行式排列为主。

南岭地区加里东晚期褶皱构造，从西往东出露在湘南、粤北九嶷山 SN 两侧、八面山—诸广山及赣南、粤北，EW 长 300 多千米，宽 30 ～ 40km 至 60 ～ 70km 不等，主要为 NWW 至近 EW 向，呈右行雁行式排列，或为 NEE 向，呈左行雁行式排列。

南岭及其邻区，海西早—中期褶皱主要分布在北纬 24°00' ～ 24°40' 附近。桂北北纬 24°40' 附近，宜山—柳城向南凸出、并具波状弯曲的弧形断裂带 SN 两侧，西起 NW 的南丹、向 SE 经河池—宜山—柳城至黄冕，总长 260 余千米，宽 20 ～ 30km。西段的褶皱，以 NWW 至近 EW、呈右行雁行式排列为主；东段的褶皱，以 NEE 至近 EW 呈左行雁行式排列为主。宜山—柳城弧形断裂带的东段，宜山—柳城之间的北侧，有八条海西晚期 NEE 向褶皱，呈右行雁行式排列。粤北北纬 24°00' ～ 24°40' 之间，黄思脑穹隆背斜 ①，EW 长 50 余千米，SN 宽 20 余千米。该背斜 ① 及其周围的次级褶皱，从西向东，即阳山至泽平长 150km，从南向北，即英德至韶关北宽 80km。海西晚期褶皱呈 NE—NNE 向，穿越黄思脑穹隆背斜 ① 核部。

桂东印支期褶皱构造集中分布在柳（城）—忻（城）—宾（阳）—武（宣）—象（州）一线，似呈 SN 长 150km，EW 宽 100km 的椭圆形褶皱带，位于海西期宜山—柳城弧形褶皱带以南。主要褶皱长 10km 至 20 ～ 30km，槽部多含三叠系下—中统地层。边缘部分褶皱与椭圆形褶皱带的边缘弧近于平行，中心部分褶皱以 SN—近 SN、NNE、NNW 向为主。广东印支期褶皱，多分布在粤西北星子—连县、黄垒—阳山，呈 NNE 向、长 60km、宽 30 ～ 40km 的似长方形地区，以呈 NNE 向、下—中三叠统为槽部的向斜为主，最长者可达 20 ～ 30km。湘中南地区印支期褶皱主要分布在雪峰山 SE、越城岭以东，双峰—祁阳—永州一线以西，SN 长 270km，宽 70 ～ 80km 至 100 余千米。多处为以下三叠统为槽部的向斜，呈 SN、NNE—NE，最长者可达 20 ～ 30km。由北向南组成似呈 S 型弯曲的褶皱群。湘东南安仁、耒阳经骑田岭 NW、SE 两侧至湘粤边界，长 200km，宽 50 ～ 60km 至 70 ～ 80km，以下三叠统为槽部的向斜广泛分布，呈近 SN—NNE，最长者可达 30 余千米，组成呈波状弯曲的褶皱群。

　　现今的南岭山脉主要由抗风化能力强的燕山早—中期，EW 至近 EW 向分布的花岗岩体组成。从北向南依次为九峰—油山岩体（12），EW 长 150km、宽 10 ～ 20km 至 40 ～ 50km；九嶷山岩体（15）（18），EW 长 60km、宽 20 ～ 30km；姑婆山岩体（12）（13）（14）（15）（16），似呈 EW 长径 30km、短径 20km 的椭圆状；大东山—贵东岩体（17），EW 长 190km，宽 10 ～ 20km 至 50km。

　　上述情况表明，如果把 EW 至近 EW 向分布的燕山早—中期花岗岩体包括进去，南岭及其邻区加里东早—中期褶皱、海西早—中期褶皱、印支期褶皱及燕山早—中期花岗岩体，按延伸方向、形态特征、排列方式、分布规律，亦具有"隔期相似，临期相异"的特征。

第十二章　九万大山西南麓褶皱构造及其侵入岩

前述第八至十一章，桂东、广东、赣中南、湘中南各地区所述南岭及其邻区各期主要褶皱构造，按其延伸方向、形态特征、排列方式，虽然具有"隔期相似，临期相异"的特征，但是由于只有加里东早—中期、海西早—中期、印支期即三期的资料，所以不够完善。为全面、完整地分析、对比，并探寻出南岭及其邻区不同期次褶皱构造延伸方向、形态特征、排列方式，只得在扬子准地台南缘及闽西北地区选择出中—新元古代时期褶皱构造分布比较规范的地区进行研究。

四堡期褶皱，位于桂北九万大山 SW，罗城 NW。该期褶皱主要由中元古界四堡群不同组地层组成，并有四堡期基性岩、雪峰晚期花岗岩侵入，新元古界丹洲群以角度不整合覆盖。

九万大山地区四堡期褶皱，由下述背斜、向斜组成。

（1）红岗山背斜①：位于红岗山南面，核部为文通组，呈 NWW 至近 EW，向东倾伏，长近 8km，宽 3km，翼部为鱼西组。该背斜北翼及东面倾伏端外缘，有四堡期辉石岩顺层侵入，西段被雪峰晚期花岗岩侵吞。

（2）向斜②：位于红岗山背斜北面，以鱼西组为槽部，文通组为翼部，呈 N70°～80°W，长近 10km，宽 3km。其西端被 NNE 至近 SN 向断裂切错，东端为丹洲群以角度不整合覆盖。

（3）向斜③：位于红岗山背斜南面五地 NE，其组成与向斜②同，呈 N80°E 至近 EW 向，长 8km，宽 4km，西端被雪峰晚期花岗岩吞噬，东端被丹洲群以角度不整合覆盖。

以上背、向斜褶皱构造，均可向 E、W 两侧延伸，如其东面，在四堡—宝坛街北北东向断裂以东，又有出露，与其上述向斜②、向斜③依次相对应的为向斜④、向斜⑤，褶皱轴近 EW 向，只是往东很快即为丹洲群地层以角度不整合覆盖，其长度仅为 2～5km。在其西部，旧峒南东，有一背斜⑥，核部为文通组，翼部及北西西转折端外缘为丹洲群以角度不整合覆盖，长近 10km，呈 N60°W 向，SE 端被近 SN 向断裂切截，中段被雪峰晚期花岗岩侵吞。

根据上述褶皱构造走向及其分布情况，即西面的背斜⑥，呈 N60°W，中间的红岗山背斜①呈近 EW，向斜②呈 N70°～80°W、向斜③呈 N80°E 至近 EW，和东面的与其对应的向斜⑤、向斜④已转向近东西的情况，推测上述褶皱往东延伸在丹洲群等不整合下面。

四堡期褶皱已趋向于转呈东西向。故总体上看，九万大山南西的四堡期复式褶皱，为一向南凸出弯曲的弧形，应当是在 NS 向挤压应力作用下形成的。四堡第一期早阶段超基性、基性岩浆，伴随四堡运动顺层状侵入弯曲的四堡期地层。红岗山背斜①北翼及东部倾伏端，均为辉石岩（1）相伴。向斜⑤的南翼辉石岩（6），顺层侵入。上述辉石岩（1）（6）均以 NWW 向为主，似呈右行雁行式排列。老高山 SE，超基性岩（3）、辉石岩（4）、文通北辉石岩（5），均为 NWW 向，长由 1～2km 至大于 7km，宽小于 1km，自 NW 而 SE，呈右行雁行式排列。故总体上看（3）（4）（5）与（1）（6）岩体，共同组成呈右行雁行式排列的岩带。本洞 NE8～9km 超基性岩（8）、基性岩（9），均为 NW—NWW，亦呈右行雁行式排列。旧峒南 8～9km 四堡第一期晚阶段斜长花岗岩（10），呈 N60°W，长 7km，宽 3km，与背斜⑥走向平行。四堡—宝坛街 NNE 向断裂 SE 侧的下盘，四堡第一期晚阶段斜长花岗岩（11）（12），均呈 NNE 向延伸，长 13～14km，宽 3～4km，与 NNE 向断裂延伸一致，并被断裂切割。四堡第一期晚阶段本洞花岗闪长岩（13），长 10km，宽 5km，亦呈 NNE 向。红岗山 SW 的雪峰晚期花岗岩（15）（16），以及宝坛街东面的花岗岩（17），规模较大，均呈 NNE，与 NNE 向断裂平行或被断裂切割。

总之，四堡第一期早阶段的基性岩（1）（6）（4）（5）、超基性岩（3）（8），一般规模较小均为顺层状侵入中元古界四堡群。四堡第一期晚阶段仅在背斜⑥南翼外缘的斜长花岗岩（10），似呈 NW 向顺层状。斜长花岗岩（11）（12），本洞花岗闪长岩（13），均呈 NNE 向。雪峰晚期花岗岩（15）（16）（17），规模巨大，均呈 NNE 向。

第十三章　冷家溪—益阳地区褶皱构造及其侵入岩

中—新元古代武陵—雪峰期主要褶皱，概述如下。

1. 冷家溪—益阳地区褶皱构造

（1）三堂街背斜①：位于桃江岩体（1）NW、三堂街一带，由冷家溪群不同层组组成，近 EW 向，且略呈向北凸出弯曲的弧形，长 30 多千米。

（2）武潭倒转背斜②：位于桃江 SWW15km 至武潭 SWW15km。其中西大部分地段由冷家溪群不同层组组成；东段由冷家溪群及板溪群组成，为一褶皱轴面向南倾斜的倒转背斜。该背斜近东西向，略向北凸出弯曲，长近 50km。

（3）冷家溪 NE 背斜③：位于冷家溪 NE 至逆江坪 SW，核部为冷家溪群，翼部为板溪群，长 40km，其褶皱轴自 SW 而 NE 由 N85°E 逐渐转至 N60°E。

（4）冷家溪 SW 背斜④：位于冷家溪 SW8km，以冷家溪群为核部，板溪群为翼部，长 40 多千米，近东西向，且略呈向北凸出弯曲的弧形。

上述主要背斜①②，几乎似叠瓦状重叠在一起，西端呈左行雁行式排列，东端呈右行雁行式排列；③④ 两背斜自 NNE 而 SWW 呈左行雁行式排列。

2. 丰家铺西南褶皱

从 NE 向 SW 有四条褶皱：

（1）丰家铺西背斜⑤：位于丰家铺 SWW10km，以冷家溪群为核部，长 7 ～ 8km，宽 5km，翼部及西部转折端外缘为板溪群。此为一呈鼻状的倾伏端指向西的背斜。

（2）向斜⑥：以板溪群上部五强溪组为槽部，呈 N70°E，长 6 ～ 7km，NW翼及 SW 转折端外缘为板溪群下部马底驿组。此为一呈簸箕状的开口指向 NE 的向斜。

（3）背斜⑦：以板溪群下部马底驿组为核部，自 NE 而 SW 呈 N60°E 至 N75°E，长 4km，SE 翼及 NE 转折端外缘为板溪群上部五强溪组。此为一呈鼻状的倾伏端指向 NE 的背斜。

（4）向斜⑧：以板溪群五强溪组为槽部、呈簸箕状开口指向 S80°W 的向斜，长 2km，翼部为马底驿组。

上述 ⑤⑥⑦⑧ 四条褶皱，自 NEE 而 SWW 呈左行雁行式排列。

3. 逆江坪东至冷家溪东褶皱

（1）逆江坪东向斜 ⑨：位于逆江坪东 5km，为以板溪群为槽部呈簸箕状开口指向 NEE 的向斜，自 SW 而 NE 呈 N65°～70°E，略呈向 NW 凸出弯曲的弧形，长 12km，宽 2～3km，翼部及 SW 转折端外缘为冷家溪群。

（2）冷家溪向斜 ⑩：位于冷家溪东 12km，为以板溪群五强溪组为槽部、呈簸箕状开口指向东的向斜，长 7km，翼部为冷家溪群。

此处 ⑨⑩ 两向斜及向斜 ⑧ 与前述 ③④ 两条背斜，自 NEE — SWW 均呈左行雁行式排列。

茶庵铺北约 7～10km，均由板溪群马底驿组、五强溪组间呈揉肠状弯曲的地层界线组成的裙边式褶皱：向斜 ⑫、背斜 ⑬、向斜 ⑭，其长度依次为 4km、5km、8km，呈近 EW 向，自 NE 而 SW，呈左行雁行式排列。

4. 冷家溪西南褶皱

（1）向斜 ⑮：以板溪群五强溪组为槽部，呈 EW 向，略向北凸出弯曲，长 12km，宽 2km，北翼及西部转折端外缘为板溪群马底驿组。此为一呈簸箕状开口指向东的向斜。

（2）背斜 ⑯：以板溪群马底驿组为核部，自 SWW 而 NEE 由 N60°E 转呈 N85°E，略向 NW 凸出弯曲，长 12km，宽 1km，SE 翼及东部转折端外缘为五强溪组。此为一呈鼻状的倾伏端指向 NEE 的背斜。

上述向斜 ⑮、背斜 ⑯，向 NEE 至 SWW 呈左行雁行式排列。

5. 桃江北东褶皱

（1）益阳西倒转背斜 ⑱：NW 起自丰家铺 SEE22km，向 SE 由 N50°W 逐渐转呈近 EW 至 NEE，抵达益阳 SW，长达 50 余千米，略呈向南凸出弯曲的弧形。

（2）向斜 ⑲：位于倒转背斜 ⑱SW，呈 N50°W，长 9km。

上述两褶皱均由冷家溪群不同层组组成。

（3）桃江 SE 向斜 ⑳：位于桃江 SE，以板溪群五强溪组为槽部，自 NW 向 SE，由 N50°W 逐渐转呈 NWW 至近 EW，长 40 多千米，翼部为马底驿组。

上述 ⑱⑲⑳ 三条褶皱自 NW 而 SE，呈右行雁行式排列。

6. 武潭背斜 ② 两侧次级向斜

（1）桃江西向斜 ⑰：位于武潭背斜 ②NE、桃江西 10km，以板溪群为槽部，呈簸箕状开口指向 S75°E，长 10 余千米，宽 4km，翼部为冷家溪群。

（2）向斜 ㉑：位于武潭背斜 ②SW、马迹塘 NWW8km，以板溪群为槽部，呈簸箕状开口指向 S15°W 的向斜，长 4km，翼部为冷家溪群。

综合上述，近 EW 向的主褶皱 ①②、③④，尤其是主背斜 ①② 西侧丰家铺断裂 NW 的主背斜 ③④ 和许多 NEE 至近 EW 的次级褶皱群，呈左行雁行式排列；主背斜 ①②NE 侧 NW—NWW 向次级褶皱群，呈右行雁行式排列。以上情况表明冷家溪—益阳地区武陵运动及其后的雪峰运动，以近 NS 向挤压应力作用为主。

　　加里东期第二阶段第一期岩坝桥花岗闪长岩（2）位于丰家铺东 10km，即略向北凸出弯曲的主要背斜 ①② 的北侧，呈椭球状，EW 长 9km，SN 宽 7km。桃江花岗闪长岩（1）夹持于略向北凸出弯曲的主要背斜 ①② 与桃江 NE⑱⑲⑳ 三条 NW 向、呈右行雁行式排列褶皱群之间，似呈椭圆状，长径呈 N25°W，长 25km，短径 12km。以上情况表明加里东期第二阶段第一次岩浆沿着冷家溪—益阳地区东段武陵期褶皱构造带间活动，冷凝形成桃江岩基（1）及岩坝桥岩株（2）。

第十四章　九岭山地区褶皱构造及其岩浆岩

九岭山地区位于赣西北修水以南，萍乡—南昌以北，主要褶皱构造为晋宁期九岭复背斜，由中元古界双桥山群上、下亚群等组成，并有大面积新元古代早期富斜花岗岩侵入。

中元古代晋宁期九岭复背斜，自北而南由以下数条褶皱组成。

（1）李阳斗—新民背斜①：以双桥山群下亚群为核部，西起万春北，向东经李阳斗南、漫江至山口，由 N75°E 逐渐转呈近 EW、S70°E，长约 35km。山口至其以东 10km 的地段为近 EW 向，随后转呈 N65°E，经何市为 N60°E，而后又转向 NEE，在官庄北至高湖北为近 EW 向，且略呈向北凸出弯曲的弧形，以后又转呈 S80°～85°E，直抵新民 NW。此背斜东段为一褶皱轴面向南倾斜、向北倒转的背斜。总长约 150km。此背斜核部中段何市至官庄一带被晋宁期即新元古代早期第一次富斜花岗岩吞噬，南翼中西段为双桥山群上亚群，北翼为双桥山群上亚群、落可岽群及震旦系下部硐门组。平面上看，该背斜似为一弯曲度较小的正弦形构造，或为西段短、东段长极不对称的向南凸出弯曲的弧形构造。

（2）大口段—九仙汤向斜②：以双桥山群上亚群为槽部，西起大口段南，向 NEE 经万春南逐渐转为近 EW 向，继续延伸转呈 S75°～45°E 至古桥 SW，以后又转为 NEE，过上奉以南转为 N60°～65°E。该向斜，总长 80 余千米，翼部为双桥山群下亚群。在古桥、上奉等处，该向斜②被晋宁期富斜花岗岩吞噬。总体上看，此向斜似呈反 S 型。

（3）大围山—奉新背斜③：以双桥山群下亚群为核部，西起大围山南，向东经黄岗南、双峰南，长 45 多千米，为近 EW 向，且略呈向南凸出弯曲的弧形；由双峰 SW，转呈 N80°E 至 N75°E，至花桥长 30 余千米；花桥以东转呈 N70°E，经奉新南、太平等地逐渐转为 N45°E，长约 90 余千米。该背斜总长 170 多千米，翼部为双桥山群上亚群，西段近 EW，东段为 NEE 至 NE，为一褶皱轴面向 SSE 倾斜、向 NNW 倒转的背斜，其大部分地段被晋宁期、即新元古代早期第一次富斜花岗岩吞噬。总体上看，此背斜似呈向 SE 凸出弯曲的弧形。

此外，在西面向斜②、背斜③之间，黄金洞南面（湖南省境内），有由冷家溪群第四亚组为槽部，第三亚组为翼部的两条近 EW 向的向斜，自北而南依次为向斜④，长 15km，宽 2km；向斜⑤，长 5km，宽 1km。

以上褶皱①②③④⑤共向组成的九岭山复背斜，总体呈 NEE 至近 EW，总长 200 多千米，宽 60～70km。尤其明显的是，该复式背斜北侧①、②两条呈 S型的褶皱，表明其形成时期，即晋宁运动 I 幕、Ⅱ 幕，经受了 NS 方向强烈挤压。

晋宁期新元古代早期第一次九岭富斜花岗岩带，主要由三部分组成，自北而南为：

（1）西起漫江，向东经何市延伸 20km 后转向 NEE，过官庄并抵达其 NE，总长 90 多千米。EW 两段仅宽 5～7km，中段何市 NE10km 至官庄北长 40km的地段，宽约 20 多千米，似呈向 NNW 凸出弯曲的透镜状，大体上侵入李阳斗—新民背斜①的中段。

（2）西起棋坪东 18km，向东经古桥、上奉南逐渐转向 N80°E，至靖安抵达新民北转为 N55°E，故为一略向 SSE 凸出弯曲的弧形，总长大于 120km，EW 两段分别长 20 多千米、35km，宽为 5～7km。中段西起九仙汤 SW，东至靖安长50 多千米的地带，SN 宽约 20 余千米，并与前述其一中段的南缘连在一起。

（3）西段西起长三背西，向东经大围山至黄岗、双峰，长近 45km，呈近EW；中段由双峰 NW，经花桥北、抵达赤田北，长近 90km，呈 N80°E；东段由赤田起转向 N60°E，过红星、太平等转至 N40°E，抵达新棋周南西，长 50 多千米。总体上看，此为一向 SE 凸出弯曲的弧形岩体，大体上沿着大围山—奉新背斜③的轴部分布，总长 190 多千米。其东西两段各宽约为 5～15km，中段宽约15～25km，且与上述其二（2）的中段南缘连在一起。

此外，在其西段的南面，山口、大皇山、高村一带，尚有一小岩体（4），亦属新元古代早期富斜花岗岩，呈 N65°E，长 45km，宽 5～10km。

综合上述，九岭复式岩带由（1）（2）（3）三条 EW 至 NEE、且其中段略呈向 SSE 方向凸出弯曲的大岩体组成。三条岩体自北而南其长度逐条加大，各岩体均为东西两段窄，中段宽，且连在一起。故其延伸方向、形态特征与前述①②③及④⑤褶皱构造大体一致，表明其形成时期经受了 NS 方向强烈挤压。

第十五章　闽西北地区褶皱构造及其侵入岩

第一节　新元古代晋宁—澄江期

晋宁—澄江运动，即晋宁Ⅱ幕至澄江期构造运动，使下震旦统丁屋岭组与下伏吴墩组呈假整合接触，使龙北溪组与迪口组间微角度不整合，使闽西北地区浦城—将乐一带麻源群各段、震旦系各组形成褶皱，并出现 NE 向隆起。

（一）晋宁—澄江早—中期主要褶皱

（1）五峰岗 W 背斜①：位于五峰岗 SW10km，以麻源群第一段为核部，呈 N55°～60°E，长 10 余千米，翼部为麻源群第二段。

（2）背斜②：位于建阳 NE，其组成与背斜①同，呈 N45°E，长 10 余千米。

（3）背斜③：紧靠下周墩，其组成与背斜①同，呈 N45°E，长近 4km.

（4）背斜④：位于下周墩 SW，呈 N55°E，其组成均与背斜①同，长 3km。

（5）大金山 NW 背斜⑤：位于大金山 NW，以麻源群第一段为核部，呈 N55°E，长约 35km，翼部为麻源群第二段.

（6）向斜⑥：位于桃花山—仁寿 SE，何厝坑—郭岩山 NW，以麻源群第四段为槽部，自 NE 至 SW 由 N50°E 转为 N80°E，长约 50km，且其中段为向 NW 倒转、向 SE 倾斜并略凸出弯曲的向斜，翼部为麻源群第三段。

（7）馒头岩 NE 向斜⑦：位于馒头岩 NE，此向斜由地层产状确定，呈 N75°E，长约 10km，槽部、翼部均为麻源群第四段。

（8）背斜⑧：由郭岩山东 7～8km，向 SW 至高唐 SE，以麻源群第二段为核部，长约 60km，自 NE 至 SW 呈 N50°～65°E，翼部为麻源群第三段。此背斜中段谢坑至顺昌西被燕山早期花岗岩侵吞。

（9）背斜⑨：位于将乐西至陇源北，以麻源群第三段为核部，从 NE 往 SW 呈 N35°E～N75°E，长约 40km，为略向 SE 凸出弯曲的弧形，翼部为麻源群第四段。此背斜由于中部被 N60°W 断裂切错，又受挤压位移，故其 NE 段转为 NNE 向。

（10）背斜⑩：位于夏坊 SW，以麻源群第三段为核部，呈 NEE 向，长约

5km，北翼隔断裂为下震旦统吴墩组，南翼隔断裂为丁屋岭组。

（11）背斜⑪：位于枫溪西，其核部与背斜⑩同，呈 NEE 至近 EW，长 3km，北翼为麻源群第四段，南翼隔断裂为丁屋岭组。

上述褶皱位于闽 WN，由 NE 至 SW 波及 150km，宽 40 余千米。从 NE 向 SW①②、③④褶皱呈左行雁行式排列，①③④或①⑤、①②⑥⑧褶皱，均呈左行雁行式排列。如果背斜⑨没有遭受 NWW 向断裂切错，NE 段末转呈 NNE，⑦⑨两条褶皱也呈左行雁行式排列。南西端的背斜⑩⑪，亦呈左行雁行式排列。

（二）晋宁—澄江晚期褶皱

位于五峰岗—罗古岩以东：

（1）麻源向斜⑫：位于罗古岩以东 7km，向北延伸至五峰岗 NE10km，以麻源群第三段为槽部，呈 N15°E，长大于 20km，翼部为麻源群第二段。此向斜 SN 两端均被燕山早期花岗岩吞噬，中段略呈向 NW 凸出弯曲的弧形。

（2）水吉背斜⑬：以麻源群第一段为核部，与麻源向斜⑫近于平行，长约 10km，翼部为麻源群第二段。该背斜 NE 端被燕山早期花岗岩吞噬，南端被上侏罗统坂头组覆盖。

（3）濠村背斜⑭：位于濠村东 5km，核部为麻源群第一段，呈 N15°E，长大于 17km，翼部为麻源群第二段。此背斜南端和中段均被燕山早期花岗岩侵吞，北端被 NW 向断裂切错。

以上三条褶皱波及 NEE—SSW 长 400 余千米，宽 20 余千米，向斜⑫与背斜⑭或背斜⑬与背斜⑭，均呈右行雁行式排列。

综合上述晋宁—澄江早—中期 NE—NEE 向①③④或①⑤、①②⑥⑧、⑦⑨⑩⑪褶皱，呈左行雁行式排列，是 NS 向地应力作用下形成的。晋宁—澄江晚期 NNE 向⑫⑭、⑬⑭褶皱，呈右行雁行式排列，是近 EW 的顺时针向扭压应力作用下形成的。

第二节　加里东期

（一）加里东早—中期褶皱

分布在五峰岗—将乐 NE 向新元古期澄江期褶皱带的两侧。

1.NW 侧褶皱

出露在 NE 向崇安—石城深断裂带 NW：

（1）里心背斜⑮：位于武夷山脉 SE 侧里心以西，核部为下震旦统丁屋岭组，呈 N20°E，长大于 30km，宽大于 10km，翼部为上震旦统，其片理与褶皱轴平行。此背斜似呈略向西凸出弯曲的弧形，SSW 段被加里东期片麻状黑云母二长花岗岩侵吞。

（2）建宁背斜 ⑯：以下震旦统丁屋岭组为核部，呈 N30°E，长大于 20km，翼部为上震旦统。此背斜中段被加里东期混合花岗岩侵吞，南段被下白垩统石帽山群覆盖，北段被燕山早期花岗岩及加里东期混合花岗岩侵吞。

（3）泰宁 NE 背斜 ⑰：位于泰宁 NE，以下震旦统丁屋岭组为核部，呈 N35°E，长大于 10km，翼部为上震旦统。

（4）神下向斜 ⑱：位于神下 SW，槽部为寒武系中—下统林田群上段，呈 N10°E，长大于 7km，东翼为林田群下段，西翼隔断裂为上震旦统。

（5）东堡西向斜 ⑲：位于东堡西 5km，以寒武系中—下统林田群为槽部，由南向北呈 N15°～25°E，长大于 25km，略向 NW 凸出弯曲，翼部为上震旦统。此向斜多处遭受燕山早期花岗岩侵吞及下侏罗统梨山组覆盖。

上述五条褶皱由 SW 至 NE 波及长 120km，宽 20 余千米，呈右行雁行式排列。

（6）官心岭 NW 背斜 ⑳：以丁屋岭组为核部，由 SW 至 NE 长大于 50km，呈 N10°～20°E，为略向 NW 凸出弯曲的弧形，翼部为上震旦统。

（7）香林铺北向斜 ㉑：以寒武系下—中统林田群下组为槽部，长大于 5km，呈 N30°E，略向 NW 凸出弯曲，翼部上震旦统。

（8）周远山背斜 ㉒：以丁屋岭组为核部，呈 N35°E，长大于 50km，宽约 5～6km，翼部为上震旦统。该背斜南端邵武市以西转为 NEE，并被燕山早期二长花岗岩吞噬，NE 端及中部多处被燕山早期花岗岩侵吞。

（9）邵武向斜 ㉓：位于邵武—五福羊 NE，以上震旦统为槽部，长大于 60km，由 NE 向 SW 呈 N35°～60°E，略向 SE 凸出弯曲，翼部为丁屋岭组。

（10）将乐向斜 ㉕：位于将乐以北，以寒武系中—下统林田群上段为槽部，呈近 SN 向，长大于 15km，EW 两翼均被近 SN 向断裂切错，西翼隔断裂为震旦系和麻源群；东翼隔断裂为石炭系、二叠系及侏罗系，更远处可见麻源群。

以上所述由 SW 向 NE，⑮⑯、⑰⑱、⑳㉑、㉒㉓ 褶皱呈右行雁行式排列。

2. SE 侧褶皱

分布在松溪—建瓯—南平 SE，NNE 向政和—大埔深断裂带的 NW，由南向北为：

（1）向斜 ㉖：位于江边 SW，以上震旦统—下古生界为槽部，呈 SN 向，略向东凸出弯曲，长 7km，翼部为下震旦统龙北溪组。

（2）向斜 ㉘：位于龙北溪南 3km，其组成与向斜 ㉖ 同，呈 10°E，长 2km。

（3）东岩背斜 ㉗：以下震旦统龙北溪组为核部，长 4km，呈 N20°E，翼部为上震旦统—下古生界。

（4）大历 NE 向斜 ㉛：槽部上震旦统—下古生界，呈 N20°E，长 4km，翼部为龙北溪组。

（5）向斜 ㉙：位于宫焙 NE10km，其组成与向斜 ㉛ 同，呈 N30°E，长 2km。

（6）背斜 ⑳：以龙北溪组为核部，呈 N25°E，长 4km，翼部为上震旦统—下古生界。

（7）背斜 ㉝：其组成与背斜 ⑳ 同，呈近 SN 并向西凸出弯曲的弧形，长 3km。

以上褶皱规模较小，且多为次级褶皱，由 SW 往 NE，㉖㉘、㉗㉛、㉙㉚㉝ 褶皱，均呈右行雁行式排列。

（8）建瓯 NE 向斜 ㉜：以下震旦统龙北溪组为槽部，呈 N30°E，长大于 10km，NW、SE 两翼隔断裂均为下震旦统迪口组。

（9）来龙岗背斜 ㉞：以龙北溪组为核部，呈 N30°E，长 40 多千米，略向 NW 凸出弯曲，其 NE 段隔断裂为上震旦统—下古生界。

（10）政和北向斜 ㉟：以上震旦统—下古生界为槽部，呈 N30°E，长约 18km，翼部为龙北溪组。

上述 ㉜㉞㉟ 褶皱，由 SW 向 NE，波及长 70 余千米，宽 20km，呈右行雁行式排列。

（二）加里东晚期褶皱

位于澄江早—中期褶皱带 SW 段的 NW 侧，泰宁—将乐有 3 条褶皱，由北向南：

（1）背斜 ㉟：位于泰宁东 7～8km，以下震旦统丁屋岭组为核部，呈 EW 向、略向北凸出弯曲，长大于 7km，两翼为上震旦统。

（2）北坑背斜 ㊱：位于北坑东面，其组成与背斜 ㉟ 同，呈 EW 向，长大于 5km。该背斜西段被加里东期混合花岗岩侵吞，若不遭受混合花岗岩吞噬及 NE 向断裂切割位移，很可能 ㉟㊱ 两背斜能够连在一起。

（3）儒坊北向斜 ㊲：以寒武系中—下统林田群下段为槽部，由西向东呈 N55°E 至近 EW，长大于 20km，翼部为上震旦统。该向斜 SW 端被上侏罗统以角度不整合覆盖，东端被 NE 向断裂切错，中部由两条 NNE 向断裂切割成三段，且中段向北迁移。

㉟㊱㊲ 三条褶皱，由 NE 向 SW 呈左行雁行式排列，与前述加里东早—中期褶皱相反，为近 SN 向地应力作用之下形成的。

上述加里东早—中期 NNE—NE 向 ⑮⑯⑰⑱⑲、⑳㉑ 或 ㉒㉓ 褶皱，NNE 向 ㉖㉘、㉗㉛、㉙㉚㉝、㉜㉞㉟ 褶皱，呈右行雁行式排列，是经受 EW 向地应力作用的结果。NEE 至近 EW 向 ㉟㊱㊲ 褶皱，呈左行雁行式排列，为加里东晚期 SN 向地应力作用下形成的。

加里东期侵入岩，多数或绝大多数与该期褶皱构造伴生，长轴呈 NNE—NE 向，与呈右行雁行式排列的褶皱延伸方向大体一致。由 SW 向 NE 为：

（1）宁化片麻状黑云母二长花岗岩体（1）：呈长柱状，SN 长 75km，EW 宽近 30km。

（2）建宁混合花岗岩体（4）：似呈椭圆状，长径呈 N20°E，长约 13km，短径约 10km。

（3）新桥混合花岗岩体（8）：似呈长柱状，呈 N20°E，长 20km，宽近 10km，由于上侏罗统南园组覆盖，及 NE 向断裂切错，形态不甚规范。

（4）东堡混合花岗岩体（13）、竹洲混合花岗岩（15）：形态虽然不规则，但长轴仍呈 N30。E，长 13～15km，宽 6～8km。

（5）回潭混合花岗岩体（17）：长柱状，呈 N40°E，长 20km，宽大于 5km。

以上六条岩体，由 SW 向 NE，呈右行雁行式排列。

（6）泰宁 SW 的拥坑混合花岗岩体（9）：呈不规则的柱状，呈 N20°E，长约 10km，宽 2～3km。

（7）泰宁 SEE15～20km 北坑混合花岗岩体（11）：长轴亦呈 N20°E，长 10km，宽 4km。

（8）南平市 SW 下柳源 NE 混合花岗岩体（27）：似长柱状，呈 N20°E，长 10km，宽 1.5～3km。

（9）后谷 SW 混合花岗岩体（28）：长轴近 SN，长 12km，宽大于 6km。

以上（27）（28）两岩体，呈右行雁行式排列。

（10）建瓯东 25km 石州混合花岗岩体（33）：亦为长柱状呈 N20°E，长大于 15km，宽 5km。

第二节　海西晚期

闽西北地区，海西晚期褶皱主要分布在将乐—甘木潭—明溪一带，由 SW 向 NE：

（1）甘木潭东向斜 ㊳：位于甘木潭东 500km，槽部为下二叠统文笔山组，呈 N50°E，长大于 7km，翼部为石炭系上统与下二叠统栖霞组。

（2）行洛坑 NWW 向斜 ㊴：其组成与向斜 ㊳ 同，呈 N55°E，长 4km。

（3）向斜 ㊵：位于向斜 ㊴SWW，其组成与向斜 ㊴ 同，呈 N55°E，长大于 3km。

以上 ㊵㊴ 两向斜，由 SW 向 NE，呈右行雁行式排列。

明溪 NE 的褶皱有三条，从 NE 至 SW 为：

（1）向斜 ㊶：槽部为下二叠统童子岩组，呈 N40°E，长 2km，宽 0.5km，翼部为文笔山组。

（2）洋坑 NE 背斜 ㊷：核部为上石炭统船山组与下二叠统栖霞组并层，呈 N40°E，长 2km，翼部为文笔山组。此为一次级呈鼻状倾伏端指向 NE 的背斜。

（3）洋坑东向斜 ㊸：其组成与向斜 ㊷ 同，呈 N30°E，长 3km。

上述向斜 ㊽ 与背斜 ㊷ 呈右行雁行式排列。

将乐—林场北褶皱：

（1）将乐东背斜㊹：以上石炭统船山组—下二叠统栖霞组并层为核部，呈 SN 向，长 4km，翼部为二叠系。

（2）林场北向斜㊺：槽部为二叠系，呈 NNE 至近 SN 向，长约 4km，翼部为上石炭统船山组与下二叠统栖霞组并层。此为一呈簸箕状开口指向 NNE 向斜，与背斜㊹毗邻，且两者呈右行雁行式排列。

总之，海西晚期褶皱㊳㊴、㊶㊷，均以呈 NEE 向为主；㊵㊴、㊸㊷、㊹㊺，呈右行雁行式排列，为海西晚期 EW 向挤压应力作用下形成的。

闽西北地区未见纯海西期侵入岩，印支—海西期侵入岩主要分布在顺昌以南、明溪、南平等地：

（1）五云峰片麻状黑云母二长花岗岩体（19）：主体呈 N35°E，长 25～30km，宽 17km。

（2）夏茂片麻状石英闪长岩体：有一大（20）、一小（21），前者为向 SE 凸出弯曲的牛轭状，总体呈 N45°E，长约 25km；后者为椭圆状，呈 N45°E，长径 5km，宽 3.5km。

（3）下元片麻状花岗闪长岩（29）（30）：位于南平市 NE 约 3km。其北段主体（30）呈 N35°E，长大于 7～8km，宽约 1km，被上三叠统焦坑组、下侏罗统梨山组以角度不整合覆盖；南平市 SE 的片麻状花岗闪长岩（29）呈 N35°E，长近 20km，宽约 10km，中—北段部分地点被下侏罗统梨山组以角度不整合覆盖。印支—海西期侵入岩延伸方向、形态特征、排列方式与加里东期侵入岩类似，表明其岩体形成时期主要夹持在崇安—石城（邵武—河源）深断裂带、政和—大埔深断裂带之间，受 EW 向扭压应力的控制。

综上所述，闽西北地区新元古代晋宁—澄江早—中期 NE—NEE 向①③④或①⑤、①②⑥⑧、⑦⑨⑩⑪ 褶皱，呈左行雁行式排列，为 NS 向地应力作用下形成的；加里东早—中期 NNE—NE 向⑮⑯⑰⑱⑲、⑳㉑、㉒㉓、㉖㉘、㉗㉛、㉙㉚㉝、㉜㉞㉟ 褶皱，呈右行雁行式排列，为呈 EW 的顺时针向扭应力作用下形成的；上古生界地层零星分布，海西早—中期褶皱构造不发育；三叠系下—中统未见、上统极为零星，没形成褶皱，所谓褶皱构造"隔期相似，临期相异"不够完善。

第十二章至第十五章所述扬子准地台南缘及闽西北地区，四堡期、武陵—雪峰期、晋宁—澄江早—中期形成的褶皱构造，均为 NS 向地应力作用下形成的，与第八章至第十一章所述南岭及其邻区加里东早—中期、海西早—中期、印支期所形成的褶皱构造，按延伸方向、形态特征、排列方式共同组成南岭及其邻区的褶皱构造，具有"隔期相似，临期相异"的完整特征。

第十六章　贺兰山地区构造变形、褶皱构造及其岩浆岩

第一节　新太古代阜平—五台期混合岩—混合花岗岩构造变形

新太古代晚期褶皱，分布在贺兰山北段宁夏与内蒙古交界之处，位于北纬 39°10′～39°20′ 之间，EW 长 100 多千米，SN 宽 30km。组成褶皱构造的地层为新太古界贺兰山群，该群从北到南由老至新；变质作用、混合岩化和花岗岩化作用等由强变弱；多数混合花岗岩（1）（2），赋存于最北端的贺兰山群第一亚群中，且其片麻理亦呈 EW 至近 EW 向延伸，与区域性片理、片麻理方向一致；仅在宗别立—正谊关断裂西段北侧，混合花岗岩（3）（4）呈 NE 向。推测贺兰山群褶皱构造发生于新太古代阜平—五台期，最初由于 NS 方向强烈挤压，形成了一条近 EW 向的复背斜。贺兰山北端贺兰山群第三亚群、第二亚群为复背斜翼部，贺兰山群第一亚群为复背斜核部。

贺兰山地区 NE，新太古界乌拉山群集中分布在北纬 40°40′～41°00′ 西起乌拉特前旗，向东经乌拉山、大青山到集宁市，近 EW 向延伸约 360 多千米，最宽处可在 30～40km。该群下部以黑云角闪斜长片麻岩为主，夹铁矿、大理岩透镜体；中部以大理岩为主夹黑云斜长片麻岩；上部以黑云二长片麻岩为主体，总厚度大于 4158m。乌拉山群地层经同位素年龄测定，U-Pb 法 2521±3Ma、2470±22.4Ma 或 2470±22.8Ma，角闪石 K-Ar（稀释法）1872Ma、1803Ma。

总之，太古代晚期的构造运动（即阜平—五台期）形成的贺兰山群、乌拉山群中的褶皱构造，包括伴随其产生的片理、混合花岗岩及断裂，共同组成天山—阴山纬向带的雏型，即原始的纬向带。

第二节　古元古代末中条期褶皱及其岩浆岩

中条期褶皱及侵入岩分布在贺兰山南段，主要由两部分组成，由南而北

即为:

（1）赵池沟背斜①：位于贺兰山南段（马莲井子西14km）西侧内蒙古阿拉善左旗赵池沟一带，核部为下元古界赵池沟组，呈N5°W，长大于10km，宽2～3km，翼部为长城系黄旗口群，以角度不整合覆盖。该背斜南端及西翼被NW、NNW向断裂切错，北端被NE向断裂切错。

（2）黄旗口黑云斜长花岗岩体（5）：呈N10°～15°E，长近20km，最宽处可达6km。此岩体内部岩相分带清楚，西侧、南西侧及北端均为长城系黄旗口群以角度不整合覆盖，南侧为第四系。

以上两部分，共同组成贺兰山南段主体的核心部分，总体上呈近SN至NNE，长约80多千米，推测宽可达6～7km或10多千米，是中条期遭受EW向强烈挤压应力作用形成的。

第三节 中—新元古代沂峪—澄江期褶皱

贺兰山南段，中元古界蓟县系王全口群与下伏长城系黄旗口群呈平行不整合，震旦系上统镇木关组与下伏王全口群呈角度不整合，均表明沂峪—澄江期该地区曾发生过构造运动。

沂峪—澄江期形成的褶皱，自北而南概述如下。

（1）石炭井东背斜②：位于石炭井东8～10km，以蓟县系王全口群为核部，呈N85°W，长大于2km，宽不足1km，翼部为寒武系中统毛庄组以平行不整合覆盖。此为一呈鼻状的倾伏端指向西的背斜，其倾伏端处被石炭系中统靖远组以角度不整合覆盖。

（2）苏峪口NW背斜③：位于苏峪口NWW6～8km，核部为长城系黄旗口群，呈N80°W，长约2～3km，宽1.5km，翼部为震旦系镇木关组与其呈不整合。该背斜中部被NNE向断裂切错，故仅西部倾伏端清楚，东部隔断裂为奥陶系下统天景山组。

（3）黄旗口NW向斜④：位于黄旗口NW5～8km，为一呈簸箕状开口指向NWW—近EW向的向斜，槽部自NWW而SEE依次为镇木关组、王全口群、黄旗口群，呈N65°W至近EW，长大于33km，宽0.5～1km，翼部自NWW而SEE依次为王全口群、黄旗口群及中条期黑云斜长花岗岩体（5）。

（4）黄旗口南西背斜⑤：位于黄旗口SW8～11km，以长城系黄旗口群为核部，呈N65°～70°E，长约4km，宽近1km。此为一呈鼻状的倾伏端指向S65°～70°W的背斜，两翼及其SSW倾伏端外缘均为蓟县系王全口群。翼部与核部地层呈角度不整合。

综上所述，中元古代时期的褶皱构造，是在NS方向挤压应力作用下形成的，呈 EW 向、或 NWW、NEE 至近 EW 向，与新太古代晚期形成的贺兰山群的褶皱构造等近于平行。

第四节　加里东期褶皱

贺兰山地区奥陶系中统平凉组以平行不整合覆盖在其下统米钵山组之上，石炭系中统靖远组、羊虎沟组以角度不整合覆盖在寒武系、奥陶系之上，均为加里东运动的重要标志。

（一）加里东早—中期

主要褶皱自北而南有 7 条：

（1）王全口 NE 向斜 ⑥：位于贺兰山北段马兰沟 NE7～8km，以寒武系中统徐庄组为槽部，呈 N20°W，长 3.5km，宽 1.5km，翼部为中寒武统毛庄组。此向斜槽部遭受 NNW 向断裂切错，故其西半部残缺不全。

（2）向斜 ⑦：位于石炭井南西 6km，槽部为寒武系上统崮山组，呈 N50°W，长 1.5km，宽 0.5～1km，翼部为寒武系中统。

（3）镇木关 SW 背斜 ⑧：位于镇木关 S10°W3km，以震旦系镇木关组为核部，呈鼻状倾伏端指向 N33°E，长 5km，翼部为下寒武系统。该处下寒武统与镇木关组平行不整合。

（4）干沟梁 SE 向斜 ⑨：槽部为中寒武统，呈簸箕开口指向 S15°E，长 2km，翼部为下寒武统。

（5）背斜 ⑩：位于向斜 ⑨SW4km，以下奥陶统大南池组为核部，呈鼻状倾伏端指向南，长 1.5km，翼部为下奥陶统关天景山组。

（6）马莲井子 SW 向斜 ⑫：以上寒武统为槽部，呈簸箕状开口指向 S17°E，长 2km，翼部为中寒武统。此向斜 SE 端被 NW 向断裂切错。

（7）赵池沟南向斜 ⑬：以下奥陶统米钵山组为槽部，呈簸箕状开口指向 S30°W，长 2km，翼部为下奥陶统天景山组。

（8）向斜 ⑭：以中寒武统为槽部，呈簸箕状开口指向南，为 SN 向，长约 2km，翼部为蓟县系王全口群。此处中寒武统与下伏王全口群为平行不整合。

上述 ⑥⑦、⑨⑩、⑫⑬ 褶皱，呈左行雁行式排列；背斜 ⑧、倾伏端指向 NNE，向斜 ⑭、开口指向北，均为加里东早—中期 EW—近 EW 地应力作用下形成的。

（二）加里东晚期褶皱

有三条：

（1）赵池沟北背斜 ⑮：位于赵池沟北 2km，以中寒武统为核部，呈鼻状倾伏端指向东，长 1km，翼部为上寒武统。

（2）大井子西背斜⑯：位于大井子西 5km，核部为下奥陶统，呈鼻状，倾伏端指向 S65°E，长 2km，翼部为中奥陶统。此处中奥陶统与下奥陶统呈平行不整合。

（3）大井子 SW 向斜⑰：位于大井子 SW6km，以中奥陶统为槽部，呈簸箕状开口指向 S60°E，长 2km，翼部为下奥陶统。

上述 ⑯⑰ 褶皱呈右行雁行式排列，与呈鼻状倾伏端指向东的背斜 ⑮ 相同，均为加里东晚期 SN 向地应力作用下形成的。

以上情况表明，加里东早—中期贺兰山地区主要经受近 EW 向地应力作用，形成⑥⑦、⑧⑨⑩、⑫⑬⑭NNW 及 NNE、或 SN 向褶皱；加里东晚期主要经受 SN 向地应力作用，形成 EW 向背斜 ⑮、NWW 向呈右行雁行式排列的 ⑯⑰ 褶皱。

第五节　海西期褶皱

贺兰山地区缺失泥盆系地层，且其北段石炭系、二叠系各统组间均未发现不整合现象，又没有晚古生代侵入岩，故海西运动不发育。然而贺兰山地区南西，（中）卫（中）宁北部山区，石炭系下统臭牛沟组与泥盆系上统中卫组呈角度不整合，石炭系中统靖远组与臭牛沟组呈假整合；其南部香山地区、二叠系下统大黄沟群与太原组呈假整合等均表明海西运动存在。

现将卫宁北部山区东段海西期褶皱，从老至新概述如下：

（1）菊花台向斜①：位于卫宁北部山区东段菊花台山附近，以上泥盆统中卫组上段为槽部，自 NE 而 SW 呈 N70°～80°E，长 7km，宽大于 6km，翼部为中卫组下段。

（2）菊花台南背斜②：位于菊花台向斜南侧，核部为上泥盆统中卫组下段，自东而西呈 N80°E 至近 EW、而后又转为 N80°E，故总体上看略呈波状弯曲，长约 8km，宽 3～4km，翼部为中卫组上段。

（3）红山水 SEE 向斜③：位于红山水 SEE3～4km，以中卫组上段为槽部，近 EW 向略呈波状弯曲，长 10 多千米左右，翼部为中卫组下段。

（4）红山水 SE 背斜④：位于红山水 SE6～4km，核部为中卫组下段，近 EW 向，长 10 多千米，宽可达 3～4km，翼部为中卫组上段。

（5）向斜⑤：位于红山水 SE 背斜 ④ 南 3.5km，槽部为中卫组上段，呈 N70°E，长 3km，宽 0.7km，翼部为中卫组下段。此为呈簸箕状开口指向 NEE 的向斜。

（6）向斜⑥：位于向斜 ⑤ 的南面 2.5km，其组成与向斜 ⑤ 同，为呈簸箕状开口指向 S80°W 的向斜，长约 4km。

卫宁北部山区西段，黑山咀以西，有7条褶皱：

（1）单梁山背斜⑥⑦⑧：位于单梁山以西及其南面，此背斜西段⑥、核部为上泥盆统中卫组下段，其西段呈NWW，长10多千米，宽4km，翼部为下石炭统臭牛沟组。中段即单梁山SE背斜⑦，呈近EW，长5km，宽1.5km，其组成与西段相同，东段即照壁SE背斜⑧，核部由西往东依次为下—中石炭统臭牛沟组、靖远组，呈EW向，长7～8km，宽2～3km，翼部为中石炭统羊虎沟组下段。总体上看，单梁山背斜中段⑦为向南凸出弯曲的弧形，总长达20多千米，西段已延伸到内蒙古。

（2）石墩水背斜⑩：以石炭系中统靖远组为核部，东段N70°W，中段N70°，西段近EW，故总体上呈波状弯曲，长约10km，宽1.5km，翼部为羊虎沟组下段。此背斜东部倾伏端清楚，西段为第四系覆盖。

（3）向斜⑨：位于上述两背斜之间，槽部为中石炭统羊虎沟组上段，呈近EW向，并被SE向断裂分割成四段，总长18km，宽0.5km至1.5～4km不等，翼部为羊虎沟组中段。此向斜东部转折端清楚，西部为第四系覆盖。

（4）石墩水SEE向斜⑪：位于石墩水SEE3.5～7km，槽部为中石炭统羊虎沟组中段，呈N75°E，长约5km，宽大于1km，翼部为羊虎沟组下段。此为呈簸箕状的开口指向NEE的向斜，NNW翼被为断裂切错。

（5）镇罗堡北东背斜⑫：位于镇罗堡北东10km，核部为下石炭统臭牛沟组，自SW至NE为N45°E至近EW，呈向NW凸出弯曲的弧形，长10多千米，宽约1.5km，翼部为靖远组。此向斜两翼均被与其轴部近于平行的断裂切错，SW端和东端均为第四系覆盖。

中段即黑山咀以东，岔梁子以西，自北而南主要褶皱为：

（1）大石头井NW向斜⑬：位于大石头井NW6～10km，以羊虎沟组中段为槽部，呈EW向，长6km，宽3km，翼部为羊虎沟组下段。此为呈簸箕状开口指向西的向斜。

（2）大石头井SWW背斜⑭：此为呈鼻状倾伏端指向西的背斜，核部为中石炭统羊虎沟组下段，为EW向，长6～7km，宽1.5km，翼部为羊虎沟组中段。

（3）黑山咀NE向斜⑮：呈簸箕状开口指向西，其组成与向斜⑬同，呈EW向，长8.5km，宽约2km。

（4）在大疙瘩NE背斜⑯⑰：以下石炭统臭牛沟组为核部，近EW向，略呈波状弯曲，长14km，宽2.5km，翼部为石炭系中统靖远组。此背斜两翼均被近EW向断裂切错，东端被下第三系以角度不整合覆盖，西部倾伏端处被NWW向断切错。

（5）大疙瘩SW向斜⑱：槽部为中石炭统羊虎沟组上段，自SW而NEE为N60°E至近EW，呈向NW凸出弯曲凸出的弧形，长10多千米，宽1～4km，南翼为羊虎沟组中段，北翼隔断裂为羊虎沟组下段。此向斜SW段为第四系覆盖，东端被 NW 向断裂切错。

（6）余下渠北西背斜 ⑲：以泥盆系上统中卫组下段为核部，呈 N70°W，长 2.5km，宽 0.5km，翼部为石炭系下统臭牛沟组。此背斜 SW 翼被 NW 向断裂切错，东端被上第三系以角度不整合覆盖。

上述褶皱中长的或较长的均为 EW 至近 EW 向，且多处略呈波状弯曲的弧形，其中个别的小褶皱呈 NEE 或 NWW。总而言之，海西期褶皱构造是在 NS 方向挤压应力作用下形成的，与贺兰山地区加里东早—中期褶皱构造近于垂直。

第六节　印支期褶皱

贺兰山中—北段，三叠系下统缺失，三叠系中统纸坊组与其下伏二叠系上统石千峰组呈假整合；侏罗系下统缺失，中统延安组以角度不整合覆盖在三叠系上统延长群之上。以上两者，尤其是后者表明印支晚期构造运动相当强烈。

印支期褶皱自北东而南西共有 10 条：

（1）王全口 NE 向斜 ⑱：位于王全口北东 4～7km，槽部为上三叠统延长群，呈 SN 向，长 5km，宽 0.7km，翼部为中三叠统纸坊组。

（2）石炭井东向斜 ⑳：位于石炭井东 3km，槽部为上石炭统太原组，南段为 N25°～30°W，北段 N15°E，呈向西凸出弯曲的弧形，长大于 8km，宽 1～2km，翼部为中石炭统羊虎沟组。该向斜北段被近东西向宗别立一正谊关断裂断裂切截，西翼被 NNW 至近 SN 向断裂切错。

（3）石炭井西向斜 ㉑：位于石炭井西 2km，以二叠系上统为槽部，呈 N15°W，长 8km，宽 2～3km，翼部为二叠系下统。此为一呈簸箕状的开口指向 SSE 的向斜，SSE 端被近 EW 向断裂切错。

（4）向斜 ㉒：位于石炭井 SWW14km，槽部为三叠系中统纸坊组，呈 S10°E 向，长大于 7km，宽 3～4km，翼部为二叠系上统。此为一呈簸箕状开口指向 S10°E 的向斜，南段被北西西向断裂切错。

（5）背斜 ㉓：位于石炭井 SW15km，以中三叠统纸坊组为核部，呈 S10°～15°E，长 15km，宽 2～3km，翼部为上三叠统延长群。此为呈鼻状的倾伏端指向 SSE 的背斜。

（6）石嘴山市 SW 向斜 ㉔：以延长群为槽部，SW 段呈 N5°E，往 NE 转至 N45°E，后又转至近 SN，似呈反 S 形，总长大于 45km，宽 6～7km，翼部为纸坊组。该向斜 SW 端为第四系覆盖。

（7）贺兰山主峰 NW 背斜 ㉕：位于贺兰山主峰 NW7～8km，核部为纸坊组，呈 N25°～30°E，长 5～6km，宽 1.5～2.5km，翼部为延长群。此为一呈鼻状的倾伏端指向 NNE 的背斜。

（8）贺兰山主峰 NW 向斜 ㉖：以延长群为槽部，SW 段呈 N15°E，NE 段呈 N45°E，总长大于 20km，宽 6 ~ 7km，翼部为纸坊组。此为一呈簸箕状的开口指向 NE 的向斜。

（9）苏峪口北背斜 ㉘㉙：核部为二叠系上统及下统，NE、SW 两段均为 N35°E，中段呈 N15°E，总体上看似呈 S 形，长 22km，宽 2 ~ 4km，翼部为中三叠统纸坊组及上二叠统。此为一呈鼻状的倾伏端指向 NNE 的背斜。

上述 ㉕、㉖、㉘㉙、㉔ 四条褶皱，自 SW 而 NE 呈右行雁行式排列。

此外在贺兰山地区 SE，灵武县城东 23 ~ 25km 处的一条背斜 ㉚，以纸坊组为核部，近 SN 并向东凸出弯曲，长 7km，宽 3km，翼部为延长群，翼部与核部地层呈假整合。此背斜西翼被近 SN 向断裂切错，北端被白垩系下统以角度不整合覆盖，南段为第四系覆盖。

以上情况，表明贺兰山地区印支期近 SN 向褶皱、NNW 向褶皱、NNE 向呈右行雁行式排列的褶皱群，主要是在 EW 方向挤压应力作用下形成的，与中条期、加里东早—中期所受到地应力作用及其所形成的褶皱构造是完全相似的。也可以说，上述三期构造运动所形成的褶皱构造，组成了贺兰山的基础构造格架。而从 NNE 向 SSW、依次出现的新太古代阜平—五台期贺兰山群组成的 EW—近 EW 的复背斜、含 EW 向混合花岗岩（1）（2），沂峪—澄江期褶皱，海西早—中期褶皱，均呈 EW 至近 EW 向，是 NS 向地应力作用下形成的。总之贺兰山及其邻区，从新太古代阜平—五台期至印支期所形成的六期构造变形、褶皱构造及侵入岩总体上存在着"隔期相似，临期相异"的特征。

第十七章 大雪山—邛崃山地区构造变形、褶皱构造及其岩浆岩

大雪山—邛崃山地区位于四川西部，夹持于 NW 走向的鲜水河（道孚—康定）深断裂带与 NE 走向的北川—映秀（龙门山）深断裂带之间，其主要构造线似与其深断裂近于平行，组成顶角（近似直角）朝南的等腰三角形两边。在弧顶内侧，从南向北，由老至新分布着一系列弧顶向南凸出弯曲的弧形褶皱，且有断裂与其相伴。

第一节 中条期构造变形及其岩浆岩

太古代—古元古代基性火山岩及中酸性火山熔岩、火山碎屑岩与沉积岩等，经中条运动，遭受强区域变质作用，形成具麻粒构造、片麻构造的康定群。该群主体呈波状弯曲，断续地延伸在东经 102°00′ 东侧，分布在安宁河深断裂带、北川—映秀深断裂带 SW 段、磨船山深断裂带、金河—程海深断裂带之间，向南抵达云南元谋一带，称为苴林群。其 SN 长 600km，EW 宽仅 10～30km，最宽处可超过 40km。其两侧或为断裂切错，或为震旦系下统、上统以角度不整合覆盖。北川—映秀深断裂带中段 NW 侧，漩口—汶川一带，康定群总体呈 N35°E，长 50km，宽 10～15km，多处被晋宁期花岗岩、花岗闪长岩侵吞。

侵入康定群的石英闪长岩大岩基，主要有南北两组。其北组由孔玉至田湾长 110 多千米，最宽处 25km，从北往南有四个岩体。

（1）岩株（1）：长轴为 N25°W，长 12km，宽 8km，似呈梨状。

（2）岩基（2）：似呈一个开口指向东的长靴子状，SN（即底部）长 25km，北段（即脚部）宽 2～3km，南段（即桶部）宽 15km。

（3）岩基（3）：似呈一个顺时针向旋转 90° 的笔架状，NNE 向长 23km，最宽处 17km，最窄处 7km。

（4）V 形岩基：位于南端康定 SE 向南至田湾，总长 50 多千米，此段分成两叉，总宽近 25km，单个小叉宽 5～10km；南段合成一枝，最宽处 10 多千米，往南最窄处仅 2km。弓形岩基分布在冕宁—西昌 SW，以石英闪长岩并含基

性混合片麻岩，南端伴有碱性石英正长岩，SN 长约 80km，中间最宽处可达 20 多千米，故总体上形成了一个东边为弦、西边为弧的弓形（四川省地质矿产局，1991）。

夹持于茂汶深断裂带、北川—映秀深断裂带之间，汶川南面、宝兴附近的康定群，呈 NE 向分布，长 10～20km，最长可达 50km，宽仅 10～20km，且多处遭受印支期石英闪长岩、晋宁期花岗岩等侵入，并被后期断裂活动破坏，但也有形态完整的中条期小岩株保留下来。在漩口 NW 有：

（1）基性岩株（4）：位于漩口 NW10km，椭圆状，长轴呈 N25°E，长 4km，宽 2.5km。

（2）辉长岩株（5）：位于漩口北 17km，椭圆状，长轴为 NNE 至近 SN，长 4km，宽近 3km。以上两者，似呈右行雁行式排列。

宝兴 NNE20 多千米，有两条石英闪长岩枝：

（1）左边岩枝（6）：南段呈 SN 向，北段转呈 N35°E，总长 10km，宽 2～3km，其 NW 侧被 NE 向断裂切错。

（2）右边岩枝（7）：呈 SN 向，长大于 5km，宽 2km，其北端被 NE 向断裂切错。

以上所述（1）岩枝、（2）（3）岩基和（4）（5）岩株、（6）（7）岩枝岩株的形态特征及其分布，表明其形成时期，主要经受 EW 方向地应力作用。

云南境内古元古界苴林群位于元谋附近，呈 SN 向，长 70 余千米，宽 20km。瑶山群位于个旧 SE，呈 N45°W，长 70km，宽 10 余千米。哀牢山群呈 N45°W，长 350km，宽 10～20km，且向 SW 凸出弯曲。瑶山群与哀牢山群呈左行雁行式排列。大红山群位于哀牢山群 NW 段 NE 侧。该群三条地层，呈 N10°～25°W，长 20～30km，宽 8～15km，并据左行雁行式排列。苍山群位于大理及其由 SE 向 NW，呈 N45°W 至近 SN，呈向 SW 凸出弯曲的弧形，长约 100km，宽 15km（云南省地质矿产局，1990）。总体上看，SN 向的苴林群和 NW 向呈左行雁行式排列的瑶山群、哀牢山群、大红山群、苍山群的分布特征，均为近 EW 的反时针的扭应力作用下形成的。康定群与其上覆中元古界会理群，多为断层接触，仅在川陕边境陕西南郑碑坝，见中元古代的火地垭群、麻窝子组不整合在康定群后河组之上。麻窝子组底部为厚 50m 的石英岩、含砾石英岩，中夹四层砾岩，每层厚 2～4m。

第二节　晋宁—澄江期构造变形及其岩浆岩

邛崃山—大雪山地区 NE 有：

（1）青川北碧口—太平川倒转背斜 ②：以长城系碧口群阳坝组为核部，呈

N85°E 至近 EW，长 140km，翼部为白杨组。此倒转背斜以其向 NEE 延伸的甘肃境内为主。

（2）平武北—青川背斜：以碧口群为核部，呈 NEE 至近 EW 向，长约 150km，宽仅几公里，翼部为震旦系下统阴平组，与碧口群呈平行不整合（四川省地质矿产局，1991）。

以上两条褶皱呈左行雁行式排列。

在康滇地轴上，下震旦统的构造线方向与盖层大多一致，呈近 SN 向，而下伏会理群（中元古界）等变质岩系构造线多近 EW 向（四川省地质矿产局，1991），故后者主要是在近 NS 方向挤压应力作用下形成的。

上述两部分晋宁—澄江期 EW 至近 EW 向褶皱构造之间，北山—映川深断裂带 NW 和其两侧，中—新元古界集中分布在两个地段：

（1）汶川 SE 的中元古界①：呈 N50°E，长 50 多千米，宽 20 多千米。其多处遭受晋宁期花岗岩、石英闪长岩、花岗闪长岩侵入。该处中元古界地层两侧或为 NE 向区域性断裂切割，为震旦系上统以角度不整合覆盖。其中九顶山 SE 澄江期花岗岩体（18）、碱性花岗岩体（19）位于九顶山 SE7～17km，EW 长 10km，SN 宽 9.4km 至大于 13km，似呈顺时针向旋转 90° 的宝塔状，底坐在西端为花岗岩体（18），中—上部在中—东段，为碱性花岗岩体（19）。紧靠此岩体 NE，有一大型花岗闪长岩基（11），呈 N40°E，长 20km，宽 10km。该岩体 NW 端、NE 端均被上震旦统以角度不整合覆盖，SE 被 NE 向断裂切错。汶川县南晋宁期花岗岩体（15），位于汶川与都江堰之间，侵入康定群，顶部有中元古界捕房体，呈不规则状，EW 长 30 多千米，SN 宽 20 多千米。

（2）九里岗附近及其 SW、SE 的中元古界及其黄水河群②：呈 N50°～55°E，长 50 余千米，宽 20 多千米。其两侧亦为 NE 向区域性断裂切割，或为奥陶系以角度不整合覆盖。

以上两处中元古界地层①②，总体为 NE 向，且由 NE 往 SW，主体呈左行雁行式排列，表明其形成时期所受到的地应力作用，以 NS 向挤压应力作用为主。

综合上述，晋宁—澄江运动，主要使北川—映秀深断裂带中段 NW 及其 SW 段两侧的中元古界地层①②，呈 NE—NEE 向、左行雁行式排列；使北川—映秀深断裂带 NE 段 NW 侧由碧口群组成的褶皱，呈 NEE 至近 EW 向、左行雁行式排列；使康滇地轴上会理群等变质岩系构造线多呈近 EW 向。以上这些情况均表明其形成时期，主要经受了 NS 方向的地应力作用。

第三节　加里东晚期褶皱

加里东晚期褶皱分布在以下三个地段：

金汤弧及其以南，自 NW 而 SE 为：

（1）金汤弧形向斜 ①：总体上为一呈簸箕状的开口指向 NNW 的向斜 ①。此弧形构造 SW 翼，呈 N60°W，长 40km，宽 3～4km，自 SW 而 NE，出露地层依次为震旦系上统（与下伏中元古界呈角度不整合）、奥陶系、志留系。南东翼走向 N30°E，略呈 S 型，长 40km，宽 7～16km，自 SE 而 NW 依次为中元古界盐井群、奥陶系、志留系。

（2）孔玉背斜 ②：位于金汤弧 SW 翼的 NW 端，金汤 NW27～28km 的孔玉附近，为呈鼻状的倾伏端指向 NW 的背斜。卷入的地层由 SE 向 NW 为震旦系上统、奥陶系、志留系。该背斜长约 4km，宽 2～3km。其倾伏端前缘被 NE 向断裂切错。

（3）麦崩东裙边式褶皱 ③：位于金汤弧弧顶前弧西侧，麦崩东 3～8km，自西而东由一条呈鼻状的倾伏端指向 NNE 的背斜和一条呈簸箕的开口指向北的向斜组成，长 2～3km，宽 3km。卷入此裙边式褶皱的地层为以角度不整合覆盖在康定群之上的奥陶—志留系，其北面为泥盆系。

（4）天全西向斜 ④：位于天全西 30km 左右，为呈簸箕状开口指向 NW 至 NNW 的向斜。其槽部为奥陶—志留系，长 3.5km，宽 2km，翼部为震旦系下统。

（5）天全 NWW 裙边式褶皱 ⑤：位于天全 NWW10～15km，自西而东依次出现呈鼻状倾伏端指向 NE 的背斜和呈簸箕状开口指向 NE 的向斜，长宽均为 3～4km。卷入此裙边式褶皱的地层自 SW 而 NE，依次为震旦系上统、奥陶—志留系。

丹巴 NW30km 以内，有四条褶皱：

（1）大桑 SE 背斜 ⑥：以前志留系为核部，呈 N25°W，长 12km，翼部为志留系茂县群。

（2）金川 NW 背斜 ⑦：其组成与大桑 SE 背斜 ⑥ 同，由北而南呈近 SN 至 S25°E，长 15km。

（3）大桑 NW 背斜 ⑧：位于大桑 NW10km，其组成与大桑 SE 背斜 ⑥ 同，呈 SN 向，长 6km。

（4）大桑北背斜 ⑨：夹持于 ⑦⑧ 两背斜之间，其组成与背斜 ⑦ 同，呈 N30°E，长 4km。

总体上看，上述 ⑥⑦⑧⑨ 背斜共同组成 SN 长 31km，EW 宽 10～15km 的褶皱群。

汶川—茂县 NW 褶皱有：

（1）汶川 NNW 背斜 ⑩：以震旦系为核部，呈 N50°E，长大于 30km，翼部为志留系茂县群。

（2）茂县北背斜 ⑪：其组成与背斜 ⑩ 同：呈 N48°E，长 15km。上述 ⑩⑪ 两背斜，均位于茂汶深断裂带 NW 侧，呈右行雁行式排列。

上述丹巴 NW 褶皱群，汶川—茂县 NW 褶皱与金汤弧及其以南的褶皱类似，均为近 EW 的挤压（含近 EW 反时针向及顺时针向相对扭动）应力作用下形成的。

第四节　海西晚期褶皱及其岩浆岩

海西晚期褶皱，主要分布在由二叠系上统与三叠系下统界线组成的向南凸出弯曲的关州 SW—硗碛 NW—凉水井—卧龙弧形构造的南北侧，有以下两种组合形式：

（一）呈右行雁行式排列的褶皱群

在上述弧形构造 SW 翼的外缘，自 NW（汗牛 NE）而 SE（硗碛 SW）有三条背斜：

1. 汗牛 NE 背斜 ⑩

核部为志留系茂县群，呈 N60°W，长 7km，宽 1～2km，翼部为泥盆系棒塔群。此背斜为 NWW、SEE 两倾伏端和 NNE 都清晰的背斜，核部与其 SW 的茂县群连在一起。

2. 背斜 ⑪

以泥盆系棒塔群为核部，呈 N75°W，长 10km，宽 1～2km，翼部为石炭—二叠系。此为呈鼻状的倾伏端指向 SEE 的背斜。

3. 硗碛 SW 背斜 ⑫

位于硗碛 S80°W9～23km，以石炭—二叠系为核部，呈 N80°W—N80°E，长 18km，宽 2km。其 SW 端向 NW 弯转，故略呈向 SSW 凸出弯曲的弧形，翼部为二叠系上统。

以上三条褶皱，其波及范围长 40km，宽 5～10km。自 NW 而 SE，呈右行雁行式排列。

（二）呈左行雁行式排列的褶皱群

位于上述弧形构造 SE 翼的外缘，自 NE 而 SW 有如下褶皱：

1. 卧龙 SE 裙边式褶皱

位于卧龙 SE5～10km，由泥盆系与志留系茂县群地层界线弯曲而形成，自 NE 而 SW 主要褶皱依次为：其一，呈鼻状的倾伏端指向 SW 的背斜 ⑬，核部为茂县群，呈 N40°E，长 10 多千米，宽 2～4km，翼部为泥盆系。其二，呈簸箕状开口指向 SW 的向斜 ⑭，槽部为泥盆系，呈 N40°E，长 10 多千米，宽 2～4km，翼部为茂县群。

以上 ⑬⑭ 两条褶皱自 NE 而 SW，呈左行雁行式排列。

2. 鼻状背斜 ⑮

位于上述裙边式褶皱南西 10 多千米，自 NE 而 SW 依次由泥盆系、石炭—二叠系组成其核部，呈向 S65°W 倾伏，其长为 4km，翼部为石炭—二叠系、二叠系上统。

3. 鼻状背斜 ⑯

位于九里岗 NW—SWW8～15km，以泥盆系为核部，呈向 N75°～80°E 方向倾伏，长 12km，宽 1km，翼部依次为石炭—二叠系、二叠系上统。

以上 ⑮⑯ 两条呈鼻状背斜，自 NE 而 SW 呈左行雁行式排列。

4. 石窖头 NNW 背斜群

位于石窖头 NNW15～20km，硗碛 SW20～25km，主要由两条背斜组成。自 NE 而 SW，其一背斜 ⑰，核部为石炭—二叠系，呈 N80°E，长 7km，宽大于 2km，SE 翼为二叠系上统，NW 翼及 SW 转折端均被 NE 向断裂切错。其二背斜 ⑱，核部亦为石炭—二叠系，自 NE 至 SW 呈 N40°～70°E，长大于 10km，宽大于 1km，翼部为二叠系上统。其 SW 转折端被 NW 向断裂切错。

以上 ⑰⑱ 两条背斜，亦呈左行雁行式排列。

茂汶深断裂带 NW，还有两条褶皱：

（1）理县 NE 背斜 ⑯：位于理县 NE10km，以泥盆系为核部，呈鼻状倾伏端指向 S60°～65°W，长约 9km，翼部为二叠系上统。

（2）卧龙 NWW 背斜 ⑰：位于卧龙 NWW26～27km，其组成与背斜 ⑯ 同，亦呈鼻状倾伏端指向 S60°W，长约 40km。

上述 ⑯⑰ 两条背斜，从 NE 向 SW，波及长约 70 余千米，亦呈左行雁行式排列。

以上褶皱，自 NE 而 SW，波及长约 140km，宽约 10～15km，组成呈左行雁行式排列的褶皱群。

综合上述，海西晚期 NW 向 ⑩⑪⑫ 褶皱，呈右行雁行式排列的褶皱群，与 NE 向 ⑬⑭⑮⑯⑰⑱ 褶皱，呈左行雁行式排列的褶皱群，共同组成向南凸出弯曲的弧形褶皱。

东经 102°00′ 西侧，北起马儿帮 SW15km，南至康定，海西晚期超基性岩株共有（32）（33）（34）（35）（36）五条，均以 SN 向为主，或呈 NNW、NNE，长 3km，宽 1.5～2km，以侵入泥盆系为主，或位于石炭—二叠系与泥盆系 SN 交界附近。

第五节　印支期褶皱及其岩浆岩

印支早—中期褶皱，自西而东，可以分为如下几组：

（一）鲜水河深断裂带 SW 外侧褶皱

在鲜水河深断裂带道孚—康定段的 SW，自 NW 至 SE，有如下三组：

1. 呈左行雁行式排列的褶皱群

（1）额永通 SE 背斜 ㉑：以三叠系中—上统杂谷脑组为核部，其走向自 NW 而 SE，呈 N25°～60°W，长近 40km，宽 10km，翼部及转折端外缘均为三叠系上统侏倭组。此背斜 SE 段即进入本区，其 SW 侧被 NW 向断裂切错。

（2）道孚 SE 背斜 ㉒：位于道孚南 10km 至 SE45km，核部为侏倭组，呈 N30°W，长 36km，宽 3～5km，翼部为三叠系上统新都桥组。

上述两条背斜和其后者 NE 的（54）（55）（56）三条印支期石英闪长岩、二长闪长岩，均呈左行雁行式排列。

2. 近 SN 向褶皱群

（1）扎麦 SE 背斜 ㉓：位于扎麦 SE10 多千米，以侏倭组为核部，呈近 SN 向，长 8～9km，宽 5km，翼部为新都桥组。

（2）扎麦 NE 背斜 ㉔：位于扎麦 NE10 多千米，其组成与扎麦 SE 背斜 ㉓ 同，核部呈 N40°E，长 5km，宽 3km。

（3）扎麦 NW 背斜 ㉕：位于扎麦 N15°W22～30km，其组成与扎麦 SE 背斜 ㉓ 同，呈 N10°W，长 8km，宽 2～3km。

以上三条褶皱及其附近的印支期二长花岗岩体（64），石英闪长岩体（65），总体上看，均以呈近 SN 向排列为主。

3. 裙边式褶皱 ㉖

在麦扎与新都桥之间，三叠系上统新都桥组下段与其上段之间的近 EW 走向的地层界线，其西段呈波状弯曲，东段呈裙边式褶皱，后者由呈簸箕状开口指向 SSW 的次级向斜和呈鼻状倾伏端指向 SSW 的次级背斜组成。

以上三组裙边，均为近 EW 的强烈挤压应力作用的产物，且其前两者由于靠近 NW 向的鲜水河深断裂带，并受其影响，显示出反时针的扭动的特征。

（二）金汤弧形大断裂 SW 翼与鲜水河深断裂带之间褶皱

自 NW 而 SE 有四组褶皱：

1. 玉科南呈左行雁行式排列的揉肠状褶皱

位于玉科南 8～25km，由于三叠系中—上统与侏倭组弯曲形成的一对背、向斜，自东而西依次为呈鼻状倾伏端指向 N35°W 的背斜 ㉗，长 14km，宽 7～10km；呈簸箕状的开口指向 N35°W 的向斜 ㉘，长 15km，宽 4～7km。

以上两条褶皱呈左行雁行式排列，表明其形成时期经受了近 EW 的反时针向扭应力作用。

2. 龙金洪—奎棚间的裙边式褶皱

奎棚北面 10 多千米，三叠系中—上统杂谷脑组的北面，有一条窄长的三叠系下统菠茨沟组地层，宽仅 1～2km。菠茨沟组从 S、W、E 三面呈半封闭状环绕着二叠系上统。其南面的菠茨沟组虽总体呈近 EW 向，但却明显地呈波状弯曲，自西而东呈波状的倾伏端指向 SSE 的背斜 ㉙，与呈簸箕状的开口指向 SSE 的向斜 ㊴，交替出现，其长 4～5km，宽 3～4km 不等。总共有四条褶皱，组成呈左行雁行式排列的褶皱群。

3. 奎棚 SE 揉肠状褶皱 ㉚

位于奎棚南东 12～22km，二叠系上统与杂谷脑组之间，有一条窄长的三叠系下统菠茨沟组地层，呈揉肠状弯曲。在其 NS 两端各形成了由呈鼻状的倾伏端指向 N20°W 的背斜、呈簸箕状的开口指向 N20°W 的向斜组成的裙边式褶皱；由呈鼻状的倾伏端指向 S15°E 的背斜、呈簸箕状的开口指向 S5°E 的向斜组成的裙边式褶皱。总长 12km，宽仅 2～3km。

4. 近 SN 向斜 ㉛

位于康定—孔玉之间，沿东经 102°00′，以石炭—二叠系为槽部的向斜，呈近 SN 向，长 24km，宽 1～1.5km，翼部为泥盆系。

以上四组褶皱群，总体上看自 SE 而 NW，共同组成呈左行雁行式排列的褶皱群。

（三）金汤弧 NE 翼 SE 侧的褶皱

自 NE 而 SW 为：

1. 三江口 SE 背斜 ㉛

位于三江口 SE10km，以泥盆系上统组成核部，呈鼻状的倾伏端指向南，长 3～4km，宽 3km，翼部为二叠系。此背斜北段被 NE 向断裂切错。

2. 长河坝南向斜 ㉜

以三叠系下统为槽部，呈 SSE 向，长大于 4km，宽 1km，翼部为二叠系。此向斜南段被 NE 向断裂切错。

3. 宝兴 NE 裙边式褶皱 ㉝

位于宝兴 NE10km 左右，自 NE 而 SW，依次为以康定群为核部，呈鼻状倾伏端指向 SSW 向背斜，翼部为泥盆系；以二叠系为槽部，呈簸箕状开口指向 SSW 的向斜，翼部均为泥盆系。其长均为 3～4km，宽 1～1.5km。此处两条褶皱相伴而生、呈右行雁行式排列。

4. 天全 NW 褶皱群

位于金汤弧前缘南端偏东，天全 NW20～30km，共有三条褶皱，自西而东概述如下：

（1）向斜 ㉞：呈簸箕状开口指向 N20°W，槽部为泥盆系，长 4km，宽

1.5～3km，翼部为志留系。

（2）向斜 ㉟：呈簸箕状开口指向 N20°W，槽部为泥盆系，长 4km，宽 2km，翼部为奥陶—志留系。

（3）向斜 ㊱：呈簸箕状开口指向 S20°E，其组成与向斜 ㉟ 同，长 8km，宽 2km。

上述 ㉞㉟㊱ 三条向斜呈左行雁行式排列。

以上四组印支期褶皱，所卷入的地层为下三叠统、二叠系、石炭系、泥盆系等地层，自 NE 而 SW，波及长 130～140km，宽 10～20km，它们或组成呈右行雁行式排列的褶皱群，或组成左行雁行式排列的褶皱群，均表明其形成时期遭受近 EW 向强烈挤压的应力作用，同时受 NE 走向的北川—映秀深断裂带的控制。仅就其褶皱形成时期而论，除了长河坝南向斜㉜，以下三叠统为槽部，肯定是印支期形成的以外，其他的背、向斜，主要是按海西期、印支期主要地应力作用方向变化推断的。

（四）关州 NE—凉水井—卧龙弧形构造与金汤弧形构造间的褶皱

可分为两组：

其一，关州 NE—凉水井—卧龙弧西翼与金汤弧西翼间的褶皱，自 NW 而 SE 为：

1. 海子坪 SW 裙边式褶皱

由两条次级褶皱组成，自 NW 而 SE 为：

（1）背斜 ㊲：以志留系茂县群为核部，呈鼻状倾伏端指向北，长 12～13km，宽 4km，翼部为泥盆系。

（2）向斜 ㊳：以泥盆系为槽部，呈簸箕状开口指向北，长 10km，宽 5～6km，翼部为茂县群。

以上两条褶皱呈左行雁行式排列，其间被一条 NE 向断裂切错。

2. 关州西裙边式褶皱

位于金川与关州之间，其组成及排列方式均与海子坪裙边式褶皱类似，只是其规模略小，呈鼻状的背斜 ㊴ 倾伏端和呈簸箕状的向斜 ㊵ 开口均指向北。

3. 汗牛裙边式褶皱 ㊸

位于丹巴 SE15～40km 汗牛附近，卷入地层亦为志留系茂县群、泥盆系。最长的呈簸箕状开口端指向 S35°E 的向斜，长近 20km，宽 4km。该向斜 SE，呈鼻状，倾伏端指向 S35°E 的背斜，长 2～6km。总体上看，上述两条褶皱亦呈左行雁行式排列。

4. 孔玉 NE 裙边式褶皱

为分两组，其一位于孔玉 NE10km 左右裙边或褶皱 ㊷，主要以二叠系上统为槽部的向斜，呈 N35°W，长 11km，宽 2～3km，翼部为石炭—二叠系。该向斜 SE，为一呈鼻状的倾伏端指向 N35°W 的背斜，长 2km，宽 1～2km，翼部为二叠系上统。此处两条褶皱呈左行雁行式排列。

其二，位于孔玉 NE15～20km 的裙边式褶皱群 ㊶，自西向东以石炭—二叠系（含上三叠统）为槽部呈簸箕状开口指向 S35°E 的向斜与以泥盆系为核部、呈鼻状倾伏端指向 S35°E 的背斜，依次交替出现，其长、宽均为 2～3km。且由西向东地层界线弯转强度逐渐减弱，背、向斜规模相应变小。

上述褶皱构造共有 5 条，总体上看，呈左行雁行式排列。

5. 关州 NE—凉水井—卧龙弧形构造东翼与金汤弧东翼间的褶皱

位于九里岗北 10km 左右，由两条向斜组成，自东而西：

（1）向斜 ㊹：以三叠系下统菠茨沟组为槽部，自 NE 而 SW，呈 N35°E 至 N15°E，长 17～18km，宽 1～2km，翼部为二叠系上统。

（2）向斜 ㊺：其组成与向斜 ㊹ 同，呈 N40°E，长 9km，宽 1～1.5km。以上两条向斜呈右行雁行式排列。

（五）关州 NE—凉水井—卧龙弧形构造以北的褶皱

由南而北，可以分为以下 5 组：

1. 凉水井 SW 的裙边式褶皱

位于凉水井 S65°W10km 左右，由以二叠系上统、三叠系下统菠茨沟组，三叠系中—上统杂谷脑组间地层界线弯曲形成以下三条褶皱：

（1）背斜 ㊻：以二叠系上统为核部，呈鼻状倾伏端指向 N10°W，长 7km，宽 1～1.5km，翼部为菠茨沟组。

（2）向斜 ㊼：紧靠上述背斜 ㊻ 的东侧，以菠茨沟组及杂谷脑组为槽部，呈簸箕状开口指向 N15°E，长 2.5km，宽 1～2km，翼部为二叠系上统。

（3）向斜 ㊽：紧靠上述背斜 ㊻ 的西侧，呈簸箕状开口指向 N50°W，其组成与向斜 ㊼ 同，长 2～2.5km，宽约 2km。

以上三条次级褶皱，位于关州 NE—凉水井—卧龙弧形构造的前缘，背斜 ㊻ 与向斜 ㊼、呈右行雁行式排列，显示近东西向强烈挤压力作用下导致顺时针扭动而形成的褶皱组合；背斜 ㊻ 与向斜 ㊽、呈左行雁行式排列，显示近 EW 向强烈挤压力作用下导致反时针向扭动而形成的褶皱组合。

2. 桃梁西裙边式褶皱

位于桃梁西 5～10km 左右，自 SE 而 NW 依次为以杂谷脑组为核部，呈鼻状倾伏端指向 N65°W 的背斜 ㊾，长 3km，宽 1～2km，翼部为三叠系上统侏倭组；以侏倭组为槽部，呈簸箕状开口指向 N50°W 的向斜 ㊿，长 3km，宽 2km，翼部为杂谷脑组。

以上两条褶皱自 SEE 而 NWW，呈左行雁行式排列。

3. 日尔、独松、二楷一带 NWW（局部 NW）呈左行雁行式排列的褶皱群

其主要褶皱自 SE 而 NW 为：

（1）日尔背斜 ○51：以杂谷脑组为核部，呈鼻状倾伏端指向 N70°W，长

17km，宽 2 ～ 5km，翼部为侏倭组。

（2）独松向斜 (52)：以三叠系上统新都桥组为槽部，NW 段位于二楷北东 10km，向 SE 至独松，呈 N75°W，长 60 多千米；SE 段位于独松向 SE 至达维，其走向为 N35°W 至 N70°W，长达 70 多千米，合计 140km，宽 2 ～ 14km，翼部为侏倭组。

（3）二楷北背斜 (53)：以杂谷脑组为核部，自 NW 而 SE，呈 N45°E 至 N75°E，长达 80 多千米（总长 120km），宽 2 ～ 5km，翼部为侏倭组。

以上三条褶皱总体为 N60° ～ 70°W 走向，波及长 180 多千米，宽 10km 至 30 ～ 40km，呈左行雁行式排列。

4. 权边 SE 裙边式褶皱及其 SE 侧的背斜 (54)

此裙边式褶皱位于抚边南 l0km 至 SE15km，由侏倭组与新都桥组地层界线呈裙边式弯曲而形成。自西而东依次为以新都桥组为槽部，呈簸箕状开口指向 N60°W 的向斜，长 3km，宽 2km，翼部为侏倭组；以侏倭组为核部，呈鼻状倾伏端指向 N60°W 的背斜，长 3 ～ 4km，宽 3km，翼部为新都桥组。重复出现，共有背斜、向斜 4 条，组成呈左行雁行式排列的褶皱群。

在上述裙边式褶皱的 NNE，即抚边 N15°W28km 至其 S80°E20km，为以杂谷脑组为核部的背斜 (66)，NW 段呈 N25°W，SE 段呈 N45°W，且其 SE 端转至 NE。长 40 多千米，宽一般 2km，SE 端可达 5km，翼部为侏倭组。

裙边式褶皱的 NW，为以杂谷脑组为核部的金川西背斜 (55)，与前述独松向斜 (52) 近于平行，长 140 多千米，NW 段宽可达 15km，SE 段宽仅 1 ～ 2km，翼部为侏倭组。

以上所述 (65)(66) 两条背斜，以及其间的裙边式褶皱 (54)，总体上看，共同组成呈左行雁行式排列的褶皱群。

5. 米亚罗—沙坝—理县一带的褶皱

自 SE 而 NW，依次为：

（1）沙坝背斜 (56)：以杂谷脑组为核部，自 NW 而 SE，呈 N35°W 至 N50°W，略向 SW 凸出弯曲，长 35km，宽约 2km，翼部为侏倭组。

（2）米亚罗 SW 向斜 (57)：以新都桥组为槽部，由 NW 而 SE，呈 N10°W 至 N45°W，为向 SW 凸出弯曲，长 27km，宽 1 ～ 2km，翼部为侏倭组。

（3）米亚罗 NW 向斜 (58)：位于米亚罗 NW10 ～ 20km，槽部为新都桥组，呈 N50°W，出露长 10 多千米，宽 1 ～ 2km，翼部为侏倭组。

以上 (56)(57)(58) 三条褶皱，自 SE 而 NW，呈左行雁行式排列。

综合以上各组所述，关州 NE —凉水井—卧龙弧形构造以北的褶皱，均为 NW（含 NNW、NWW）向，且呈左行雁行式排列。

此外，在关州 NE—凉水井—卧龙弧形构造，NE 翼的 NW 侧，分布着卧龙 NW 裙边式褶皱群 (59)(60)(61)。自南而北，由三叠系侏倭组、杂谷脑组，菠茨沟组和二叠系上统、泥盆系等地层之间的界线，呈波状或揉肠状弯曲，形成呈鼻状倾伏端指向 S25°W 至 S40°W 的背斜，呈簸箕开口指向 S25°W 至 S40°W 的向斜。其长 3km 至 6～7km，宽 1～3km。该地段共有上述褶皱达 10 多条，其波及范围 NE—SW 长 30～40km，宽 20km，各相邻背斜、向斜间，均组成呈右行雁行式排列的褶皱群，为近 EW—EW 顺时针向扭应力作用下形成的。

印支晚期褶皱构造，主要分布在邛崃山北段米亚罗 SW—两河口—抚边—桃梁一带：

1. 米亚罗 SW—两河口—抚边

由北向南，三叠系上统侏倭组、新都桥组揉肠状弯曲形成的褶皱：

（1）鼻状背斜 ⑥④：倾伏端指向 N43°W，长 9km。

（2）簸箕状向斜 ⑥⑤：位于两河口北 6km，开口指向 N43°W，长 3km。

（3）抚边 NE 背斜 ⑥⑥：位于抚边 NE8km，前节已有描述。

上述 ⑥④⑥⑤⑥⑥ 三条褶皱，呈右行雁行式排列。

两河口 NE，杂谷脑组与侏倭组揉肠状弯曲形成的褶皱有：

（4）簸箕状向斜 ⑥⑦：开口指向 N43°W，长 8km。

（5）鼻状背斜 ⑥⑧：倾伏端指向 N43°W，长 8km。

（6）簸箕状向斜 ⑥⑨：开口指向 N40°W，长 10km。

（7）鼻状背斜 ⑦⑩：倾伏端指向 N40°W，长 10km。

上述 ⑥⑦⑥⑧⑥⑨⑦⑩ 四条褶皱，呈右行雁行式排列。

2. 抚边 SW、大垭口—桃梁一带

由 NW 向 SE 的褶皱：

（1）金川西背斜 ⑤⑤：可见前节描述。

（2）独松向斜 ⑤②：可见前节描述。

（3）小金背斜 ⑥②：位于马尔邦—小金至卧龙 SW，以杂谷脑组为核部，NW 段呈 N35°W，SE 段呈 N20°E，长 105km，总体上呈向 SW 凸出弯曲的弧形，翼部为上三叠统侏倭组。

（4）小金—桃梁间向斜 ⑥③：以三叠系上统新都桥组为槽部，长 90km，其形态特征与小金背斜 ⑥② 类似，翼部为侏倭组。

上述背斜 ⑤⑤SE 段，向斜 ⑤②SE 段与小金背斜 ⑥②、向斜 ⑥③，自 NW 而 SE，呈右行雁行式排列。

综合上述，印支晚期的主要褶皱构造，按其以 NW、呈右行雁行式排列，可以推断其形成时期主要经受了 SN 向地应力作用。

（六）印支期岩浆岩

以 SN 向为主，自 NE 而 SW 为：

1. 理县北至小金 NW 岩群

自 NEE 而 SSW 为：

（1）理县北西石英正长岩基（50）：位于理县NW10～30km，呈NNW—SN向，长28km，宽18km，略向西凸出弯曲。

（2）理县SW石英闪长岩枝（49）：位于理县SW10多千米，呈N55°W，长6km，宽3km。

（3）理县南西正长岩基（48）：位于理县S45°～60°W30多千米，呈N45°W，长20km，宽10～12km。该岩基NE端似呈向NE凸出弯曲的弧形，SW端与燕山早期花岗岩基（83）接触之处，似呈倒V字型。

（4）正长岩株（47）：靠近理县SW正长岩基（48）NW端，与其相距仅1～2km，呈N30°E，长9km，宽5km。

（5）抚边NE正长岩枝（46）：位于抚边NE13km，呈60°W，长9km，宽2～4km。

（6）大垭口北正长岩枝（44）：位于大垭口北6～12km，呈N35°W，长近10km，宽5km。

（7）大垭口SE石英正长岩枝（45）：位于大垭口南东5～10km，似呈N60°E的长方形，长9km，宽5km。

上述（49）（48）（47）（46）（44）岩基、岩枝，自NEE而SWW，呈左行雁行式排列。

2. 马儿帮南至泥曲—玉科大断裂NE岩体

（1）马儿帮SW石英正长岩基（43）：呈SN向，长近20km，宽10km，北端窄处仅4km。

（2）海子坪西二长闪长岩（42）：为极不规则的岩枝状，呈N15°E，长23km，宽2～4km。此岩体SW端，又转呈NNW至近SN。

（3）闪长岩枝（41）：紧靠泥曲—玉科大断裂，呈N10°W至近SN，长16km，宽4～5km。

3. 鲜水河深断裂带NE侧岩枝

（1）若皮尼亚盖南石英二长闪长岩（53）：呈SN向，并略向东凸出弯曲，长12km，宽2～3km。

（2）若皮尼亚盖NWW二长闪长岩（51）：位于该地NWW10多千米，呈N20°E，略具向NW凸出弯曲的弧形，长17km，宽3～5km。

（3）道孚SE二长闪长岩（52）：位于道孚SE15～20km，呈N20°W，长5km，宽2km。

综上所述，（53）（51）两岩枝，自SE而NW，呈左行雁行式排列，（51）（52）两岩枝组成一个向西凸出弯曲的弧形；（53）与（51）（52）共同组成一个长轴近似SN的椭圆形。

4. 鲜水河深断裂带SW侧，道孚SE50km（与协德之间）岩枝

自SE而NW为：

（1）石英闪长岩枝（54）：呈 N10°W，长 7km，宽 3～4km。

（2）二长闪长岩枝（55）：呈 N10°W，长 5km，宽 4～5km。其北北东端似呈向北北东凸出弯曲的弧形。

（3）二长闪长岩枝（56）：呈 N10°W，长 13km，宽 3～4km。

（4）石英闪长岩枝（62）：位于二长闪长岩南西，为一向南西凸出弯曲的弧形，长 13km，宽 1.5～3km。

总体上看，（54）（55）（56）岩枝，自 SE 而 NW 呈左行雁行式排列，（55）（62）较深部分可能连在一起，组成一个呈向东凸出弯曲的长柱形岩体。

5. 鲜水河深断裂带 SE 段与安宁河深断裂带北段相交处岩体

（1）二长花岗岩基（57）（58）：为一巨型岩基，自协德 NE，向 SE 经康定至安顺 NW，自南而北由 N10°W 转为 N25°W，长 1500km，宽 1.2～1.8km，略呈向 NE 凸出弯曲的弧形。

（2）冕宁—西昌花岗岩：呈 SN 向，并呈向西凸出弯曲的弧形，SN 长 800km，宽 7～8km 至 10km。

第六节　燕山早期褶皱及岩浆岩

燕山早期构造运动，主要发生在北川—映秀深断裂带 SW 段（即都江堰—泸定）的 SE 侧。该地段属龙门山前缘坳陷带，虽然侏罗纪时多为巨厚的冲积扇相砂砾沉积，且横向厚度变化激烈，但其主要褶皱仍呈线状延伸，且与海西晚期褶皱具有相同的排列方式。

自 NE 而 SW，主要褶皱概述如下：

（1）漩口南向斜 ⑦：槽部为侏罗系中统，自 SW 而 NE 呈 N25°～55°E，长 12km，宽 1～2km，略呈向 NW 凸出弯曲。翼部为侏罗系下统。

（2）怀远北西背斜 ⑧：以三叠系上统须家河组为核部，呈 N30°E，长近 10km，宽 1km，翼部为侏罗系下统。该背斜 SE 翼被 NE 向断裂切错，其核部须家河组隔断裂直接与侏罗系中—下统接触。

上述两条褶皱，呈左行雁行式排列。

（3）天官庙背斜 ⑧：以须家河组为核部，自 NE 而 SW 呈 N25°～40°E，长 30 多千米，宽 3～4km，翼部为侏罗系下统。此为一呈鼻状倾伏端指向 SW 的背斜，并略呈向 SE 凸出弯曲。

（4）高兴场 NE 背斜 ⑧：紧靠高兴场以北至其 NE，以侏罗系下统为核部，自 NE 而 SW 呈 N25°～45°E。长约 30km，宽 2km，略呈向 SE 凸出弯曲的弧形，翼部为侏罗系中统。此背斜 SE 翼有一断裂，与其背斜轴近于平行。

（5）高兴场 SE 背斜 ⑧：位于高兴场 SE6～7km，以侏罗系下统为核部，呈

N30°E，长近 8km，宽大于 1km，翼部为侏罗系中统。

以上 ⑧①⑧②⑧④ 三条背斜，自 NNE 至 SSW，呈左行雁行式排列。

（6）高兴场南西背斜 ⑧⑤：位于高兴场 SW10 ～ 16km，以侏罗系上统为核部，呈 N40°E，长 6km，宽不足 1km，翼部为白垩系下统。此背斜与上述高兴场 NE 背斜 ⑧②、天官庙背斜 ⑧①，呈左行雁行式排列。

综合上述，燕山早期 ⑦⑨⑧⑩⑧①⑧②⑧④⑧⑤ 等 NE 向褶皱，似呈左行雁行式排列褶皱群，其形成时期，主要经受了 NS 向地应力作用，并受 NE 向北川—映秀深断裂带的控制。

燕山早期花岗岩、二长花岗岩、花岗闪长岩，主要分布在鲜水河深断裂带与北川—映秀深断裂带间，向南凸出弯曲的弧形构造带北侧，侵入三叠系及泥盆系组成的褶皱中，且多数岩体呈 NW—NNW，与印支期岩体相伴而生。自 NE 而 SW 为：

（一）金川东侧、周山 NE 至大垭口北岩群

（1）周山 NE 二长花岗岩（78）：位于周山 NE15km 至周山 SE25km，呈 N25°W，长 23km，宽 8 ～ 9km，窄处宽仅 2km。形状极不规则，系由两部分组成，NNW 部分似呈长对角线指向 NE 的菱形，SSE 部分恰似向 SWW 长半径指向 SWW 的半个椭圆。

（2）两河口 SWW 二长花岗岩株（80）：位于两河口 N70°W20km，似呈菱形，长对角线呈 N15°W，长 16km，宽 9km；

（3）金川 SE 二长花岗岩基（79）：呈 N20°W，长 22km，宽 5 ～ 8km，略向西凸出弯曲。

上述三条岩体，共同组成 N20°W 的岩带，且略向 N60° ～ 70°W 凸出弯曲。

（4）抚边—卧龙之间的花岗岩基（83）：可分为 NE、SW 两部分。SW 部主体呈 N35°W，长 23km，宽 13km 的椭球状；NE 部亦呈 N35°W，长 18km，宽 3 ～ 5km，NE 侧与印支期正长岩 ⑧ 毗邻，似呈笔架状或锯齿状。

（二）周山 SE 的金川 SW 至鲜水河深断裂带 NE 主要岩体

（1）独松二长花岗岩枝（77）：位于金川 SSW10 ～ 18km，呈 SN 向，长 11km，宽 3km，略具向西凸出弯曲的弧形。

（2）马尔帮 NW 花岗岩（74）：呈 SN 向，长 24 ～ 25km，宽 6 ～ 8km，略向西凸出弯曲。

（3）海子坪 NNE 二长花岗岩枝（73）：位于海子坪 NNE6 ～ 15km，呈不规则的岩枝，主体呈 SN 向，长 10km，宽 7km。

（4）海子坪西二长花岗岩枝（72）：位于海子坪西 17km，呈 SN 向，长 12km，最宽处 6km。

上述（77）（74）（73）（72）岩体，似延 NE—SW 向分布，似呈右行雁行式排列。

（5）若皮尼亚盖北二长花岗岩基（71）：呈 SN 向，长 26km，宽 12km。该岩体 NE 被一条 NW 向断裂切错，其南段含呈 NE 的三叠系中—上统杂谷脑组。

（6）玉科 SE 花岗闪长岩基（70）：位于玉科 SE15～25km，呈 SN 向，长大于 15km，宽 9km。该岩基 SW 端被 NW 向断裂切错，略具向东凸出弯曲的弧形。

上述（71）（70）两岩基，沿着 NW 向泥曲—玉科大断裂分布，呈左行雁行式排列。

（7）若皮尼亚盖 SW 花岗闪长岩基（69）：呈 SN 向，长近 30km，宽 2.5～7km。此岩体位于若皮尼亚盖南印支期石英二长闪岩岩枝（53）的西边，呈向西凸出弯曲的弧形。

（8）玉科 SSE 二长花岗岩基（68）：位于玉科 SSE16～32km，呈 N5°W 至近 SN 向，长 15km，宽 8km。

上述（69）（68）两岩基，均位于泥曲—玉科大断裂 SW 侧，且沿此断裂呈左行雁行式排列。

综观上述燕山期岩浆岩，便可发现它们主要分布在玉科—周山 SE 与龙金洪—桃梁—卧龙 NW 之间，呈 N62°E，长 100～160km，宽 40～5km。主要花岗岩、二长花岗岩、花岗闪长岩体，以近 SN—SN 或 NNW 向为主，与印支期岩体形态大体类似。

综合上述大雪山—邛崃山及其邻区，中条期康定群主要分布于康定附近、向南至攀枝花的安宁河两侧和北川—映秀深断裂带 NW 侧的漩口—汶川一带。两者按其分布似呈右行雁行式排列。其中条期石英闪长岩基（1）（2）（3），以 SN 或 NNW 向为主；基性岩株（4）、辉长岩株（5）、石英闪长岩枝（6）（7），呈近 SN 或 NNE。康滇地轴南段云南境内古元古界，苴林群呈 SN 向，瑶山群、哀牢山群、大红山群、苍山群，均为 NW—NNW 向，由 SE 向 NW，呈左行雁行式排列。加里东晚期褶皱，金汤弧及其以南的背、向斜①②③④，以 NW 向为主，丹巴 NW 的背斜⑥⑦⑧，呈 NNW 至近 SN。印支早—中期鲜水河深断裂带 SW、NE 两侧，金汤弧形大断裂 SW、SE 侧，关州 NE—凉水井—卧龙弧形构造与金汤弧形大断裂间的褶皱，以 NW—NNW 或 NWW 向为主，多处呈左行雁行式排列。以上中条期、加里东晚期、印支早—中期地应力作用均以 EW 至近 EW 向挤压为主。

晋宁—澄江期北川—映秀深断裂带中段 NW 及其 SW 段两侧、NE—NEE 向的中元古界地层①②，呈左行雁行式排列。北川—映秀深断裂带 NE 段的 NW 侧，碧口群组成的 NEE 至近 EW 向的褶皱①②，呈左行雁行式排列。康滇地轴上中元古界会理群等变质岩系构造多呈近 EW 向（四川省地质矿产局，1991）。海西晚期关州 SW—汉牛—硗碛—凉水井—卧牛向南凸出弯曲的弧形构造两侧：NW 段 NE 侧、NWW 向⑩⑪⑫褶皱，呈右行雁行式排列；NE 段 NE—NEE 向

⑦⑦、⑬⑭、⑮⑯⑫、⑰⑱褶皱，呈左行雁行式排列。燕山早期分布在北川—映秀深断裂带 SW 段的 SE 侧，以 NE—NNE 为主的褶皱，呈左行雁行式排列。上述晋宁—澄江期、海西晚期、燕山早期褶皱构造是 NS 向地应力作用下形成的。

总而言之，大雪山—邛崃山及其邻区，中条期、晋宁—澄江期、加里东晚期、海西晚期、印支早—中期、燕山早期形成的主要褶皱构造，按其延伸方向、形态特征，排列方式，尤其是地应力作用，均具有"隔期相似，临期相异"的特征。

第十八章　中国三大纬向带及贺兰山、大雪山—邛崃山经向带褶皱构造的成因

第一节　古生代水圈变形追溯

水是粘度系数很小的极易变化的流体，只有通过对水体运动变化遗留下来的沉积物相、建造、厚度变化及其分布范围等的深入研究，才能追溯地质历史上水圈变化情况。由于沉积岩相、建造特征，受其形成时期古地理（地形、气候、动植物等）条件及其变化等诸因素的影响，更受着古构造运动的制约，因此必须选择两个以上的地形条件比较简单、地域开阔平坦，且其沉积物堆积过程中构造运动较少、纬度差较大的地区，加以对比，方能奏效。

现将中国东部中—低纬度地区早古生代沉积厚度与西伯利亚北部早古生代沉积厚度进行对比。早古生代、寒武纪时海水从西南入侵，逐渐淹没华南、华中、华北；经奥陶纪时海水在华南地区分布面积缩小，华北地区晚奥陶世海水撤出；到志留纪时华南地区海水大部分退却，仅残存一些海槽。上述情况清楚显示了中国东部加里东期逐渐海退的全过程。而此时期西伯利亚北部及其太梅尔半岛，寒武纪、奥陶纪、志留纪，均以稳定的碳酸盐岩型沉积为主夹细碎屑岩，并出现盐岩、石膏等，其最大厚度依次为13700m，2200～2400m，1700m。以上情况表明，加里东期低纬度地区曾发生广泛的海退，高纬度地区发生过持续海侵（亚洲地质图编写组，1982）。

海西期华南地区，主要显示出海侵过程，泥盆系在华南地区（桂北、桂东、桂东北、桂东南及粤西、粤西北、湘南）发育最全，厚度最大。向东北至湘中、粤北、赣中、赣南等地，缺失下统，到赣北、闽中一带，仅有上统。一般地区厚度2000m左右，最大厚度可达4000m。石炭系、二叠系，均以海相碳酸盐岩为主，并夹有海陆交互相含煤碎屑岩建造，总厚度100m至2000余m，最厚可达4000余m。中纬度的华北地区，虽然只发育石炭系中—上统，厚度只有100m，但也呈现出自东北向西南海侵的趋势，至二叠系下统山西组底部仍然可以偶见海相地层。西伯利亚北部，海西期则为海退，以陆相沉积为主，夹少量海相地层。

泥盆、石炭、二叠各系厚度依次减少，分别为1000m，780m、600 ～ 700m（亚洲地质图编写组，1982）。

将上述早古生代、晚古生代由于海水深度变化导致的沉积岩层厚度变化情况加以对比，便可发现，加里东期中国东部中—低纬度地区，寒武纪、奥陶纪、志留纪沉积岩层覆盖范围逐渐萎缩，厚度依次减少，主要表现为海退；而高纬度地区的西伯利亚北缘及更北面的北地群岛，寒武纪、奥掏纪、志留纪的沉积岩均以稳定的海相碳酸盐岩为主，部分范围也依次向南推移，主要表现为海进。海西期，中国东部中—低纬度地区，特别是华南，以巨厚的海相碳酸盐岩为主，表现为海进；而西伯利亚北缘则以陆相沉积为主，显示海退。

如果只把以上高纬度、中—低纬度地区海水进退变化说成是由于大面积升降引起的，还不如将其比喻为受翅翘板起伏的控制。而直接显示翘翘板南、北两侧起伏的海水进退，则以受地球自转角速度长期快、慢变化控制为宜。

第二节　北半球从北向南逐渐形成的劳亚大陆

由沉积岩层、变质岩层构造形变反映的构造运动，是地壳形成、发展及演变的真实记录，现将北美洲、欧洲和亚洲东南部地区的一些主要构造运动概述如下，以说明劳亚大陆由北向南增生、演化的趋势。

1. 北美洲的主要构造运动

劳伦运动，主要指加拿大地盾新太古代库契钦格组和基瓦丁统地层发生强烈褶皱和变质，并伴有劳伦花岗岩侵入，元古代地层以角度不整合覆盖。哈德逊运动，发生在加拿大苏必利尔区古元古界上部阿米基群，被新元古界上部基维诺群以角度不整合覆盖。塔康运动，美国东部阿帕拉契亚地槽区下奥陶统至下志留统地层经加里东运动褶皱成山。安特勒运动发生在美国西南部内华达州，从晚泥盆世至二叠纪构造脉动接联不断，古生代岩层广泛变形。拉拉米旋回，北美洲西部落基山、科迪勒拉山等地区的造山运动，包括从三叠纪初期到白垩纪末，相当于中国的印支旋回到燕山旋回。

2. 西欧及北欧地区主要构造运动

由古至新、即从北向南有：斯维可芬造山运动，为北欧瑞典、芬兰太古代的造山运动。开始为火山岩及沉积岩变质为长石麻粒岩，继之为褶皱作用并伴有斯维可芬花岗岩侵入、绿色岩岩脉贯入，后期斯维可芬花岗岩侵入以及混合岩化作用。卡累利阿运动，为波罗的地盾前寒武纪中期的一次造山运动，新元古界下约特群以角度不整合覆盖在古太古界卡累利阿杂岩上。加里东旋回，命名于英国苏格兰的加里东山，系指开始于寒武纪初期，结束于志留纪末的构造发展阶段。海西旋回，主要发生在欧洲中部，北纬50°00'附近。自下而上：

（1）布列唐幕：发生在德国西部莱茵片岩山北端，波兰、捷克斯洛伐克交界的苏台德山等地，为下石炭统与上泥盆统间的角度不整合。

（2）苏台德幕：主要位于苏台德山和德国中部黑森林山，上石炭统与中石炭统间呈角度不整合。

（3）阿斯特里幕：中、晚石炭统间呈角度不整合，以分布在苏台德、阿斯特里为主。

（4）萨阿尔幕：发生在苏台德山，以二叠系上、下统间角度不整合为主。

阿尔卑斯运动，以分布在北纬 45°00' 及其以北，法国、瑞士、德国、奥地利与意大利交界之处，三叠系与侏罗系之间，上、下白垩统之间，始新世与渐新世之间等的角度不整合，为中新生代构造运动，不像中国那样细划分为印支运动和燕山运动。

上述总的情况表明，欧洲像中国一样，自太古代起经元古代、古生代至中、新生代各个不同地质时期构造运动均具有逐渐从北向南延伸，且不断扩大的趋势。

3. 亚洲东南部主要构造运动

中国东部的华北地区，经古—中太古代迁西运动、新太古代阜平—五台运动，古元古代末吕梁（中条）运动，形成华北地台，即中朝准地台的主要部分。长江流域中—新元古代，经四堡运动、武陵运动、雪峰运动、晋宁运动、澄江运动形成扬子准地台。桂东和湘、粤、赣三省毗邻地区，经广西（即晚加里东）运动形成华南（后加里东期）准地台。按照通例，所谓台就应当是有一定高度的平地。地台就应当高出海平面。然而华南准地台形成之后，却又接受了海西期至印支期 201Ma 的以海相碳酸盐岩为主的巨厚沉积。

以上情况表明，北美洲、欧洲、亚洲东南部与大陆地壳形成相伴，或者称之为形成大陆地壳的构造运动，在北半球的劳亚大陆却有从古至新、由高纬度地区、中纬度地区向中—低纬度地区不断发展、延续的趋势。

组成南半球冈瓦纳大陆的南美洲、非洲、阿拉伯半岛、印度半岛、澳洲、南极洲，其形成时也应与劳亚大陆相似或相对应，即由南半球的高纬度、中纬度地区向中—低纬度地区不断发展、延续的趋势，只是由于地球梨状体的底盘在南半球。也就是说与地球旋转轴垂直，比赤道半径略长的半径在南半球低纬度地区，由地球旋转形成的纬向惯性力（比北半球、甚至赤道）大，迫使冈瓦纳大陆分裂成大小不等的六七块大陆，难予概述清晰。非洲、阿拉伯半岛、印度半岛已经达到南纬 10° ～ 15° 的地球上的最高部位，继而越过赤道，进入北半球，与欧亚大陆碰撞。

第三节　地球自转角速度快、慢变化和日—月引潮力对地应力形成、发展、变化的控制作用

是什么力量促使前述古生代水圈变形、北美洲、欧洲和亚洲东南部构造运动形成的大陆地壳从北向南、由古至新的趋势那么明显？看来只有将地球看成旋转椭球体，并通过其自转角速度由快变慢、由慢变快，且在漫长的从古至新的地质时代中多次演变，才能导致现今大陆地壳的形成。

地球表层大陆壳，是组成地球的物质经历漫长的地质时代，甚至包括一些地质史前时代，在地球地心引力、旋转地球惯性离心力的水平分力、纬向惯性力、地球化学、生物化学等多种因素作用下重新分异、组合形成的。在地心引力作用下铁镍等重者下沉，钙、镁、铝、硅、氧等轻者组成化合物，形成硅铝质、硅镁质地壳。碳、氢、氮、氧、硫等元素组成以水为主的液体，形成海洋。温度的变化对地壳的形成，起着明显的控制作用。温度降低、冷凝可以使气体变成液体，液体变成固体；温度升高可以使固体变成液体、液体变成气体。上述北半球大陆壳、即劳亚大陆形成时经历的地壳运动，是其形成全过程的简单概要的地质历史记录。

旋转着的地球表面惯性离心力水平分力、纬向惯性力的变化，温度的变化加速组成地球元素的分异，导致大陆地壳的形成。元古代、古生代、中生代海洋及大陆动植物的形成、繁衍、扩大、加速了大陆地壳的形成。掩埋在泥土里的动植物遗骸，其比重有时甚至比水还轻。

地球自转角速度变快时，地球表面由南、北半球指向赤道的惯性离心力水平分力加大，先是水圈、随后就是地球表层大陆壳、继而上地幔（软流层）均向赤道方向运行。地球自转角速度变慢时，指向赤道的惯性离心力水平分力减小，在指向南、北两极地区的地心引力水平分力的作用下，赤道附近低纬度地区的水圈、大陆壳、甚至上地幔（软流层），均经中纬度向南北两极地区运行。趁着这个时机，纬向惯性力起主导作用。

经过上述地球自转角速度从太古代经元古代至古生代的多次变化，导致北半球劳亚大陆、南半球的冈瓦纳大陆形成并连接在一起，泛大陆、即联合古陆形成。若按其所占面积计算，由亚洲、欧洲、北美洲组成的劳亚大陆 $7883 \times 10^4 km^2$，由非洲、南美洲、澳洲、南极洲及阿拉伯半岛、印度半岛等组成的冈瓦纳大陆 $6414 \times 10^4 km^2$。其两者合并后形成的联合大陆总面积 $14297 \times 10^4 km^2$。现今太平洋的总面积 $18000 \times 10^4 km^2$，比联合大陆大 $3703 \times 10^4 km^2$。

是什么使地球表面接连不断地发生地壳运动，即造陆运动、造山运动，促使联合古陆形成后又破裂的呢？如果把上述构造运动能量的来源都归根于 K-Ar、

U-Pb、Rb- Sr 等放射性元素的衰变上，至少是不够完善的。地球形成至今已有40 多亿年，上述元素的衰变早已精疲力竭。而在地质年代急速缩短的情况下，包括强烈地震、火山喷发等构造运动却有增无减。毫无疑问应当将其能量主要来源归功于地球自转角速度快慢变化形成的惯性离心力水平分力、纬向惯性力及日、月对地球的引力。现今地球上的潮汐现象，是月日引潮力，与旋转着的地球的纬向惯性力组成的合力共同作用的结果。月球和太阳对地球表面的引潮力，与它们各自的质量成正比，与它们各自和地球的距离的立方成反比。太阳质量约为月球质量的 2700×10^4 倍，日、地距离约是月、地距离的 390 倍。从质量对比来看，太阳引潮力是月球引潮力的 2700×10^4 倍；从距离对比来看，月球引潮力是太阳引潮力的 $(390)^3 = 5931.9 \times 10^4$ 倍。因此，太阳引潮力与月球引潮力之比为 $2700 \times 10^4 : 5931.9 \times 10^4 = 1 : 2.197$，近于 1 : 2.2，即月球引潮力似乎是太阳引潮力的 2.2 倍。

在阴历的每月朔月，月球位于太阳与地球之间，月球引潮力与太阳引潮力叠加在一起，引力最大、高潮最高。这个力加上地球自转角速度长期逐渐由慢变快，从高、中纬度地区指向低纬度地区的惯性离心力水平分力，再加上水圈与地壳表层沉积物、表层沉积物与表层地壳不同层间、地壳与上地幔（即软流层）间长期（即地质时代的世、纪、期等）摩擦积累的热量使沉积层软化，使地壳表层及地壳软化，使上地幔（即软流层）温度升高、膨胀，最终导致不同地质年代发生的以东西方向褶皱、断裂、岩浆活动为主的构造运动。勿容置疑，地球自转角速度长期由快变慢，最终导致南北方向为主的褶皱、断裂、岩浆活动的形成。

地（球）—月（球）系的地球、月球绕地—月的质量中心旋转。月球与地球的平均距离为 384401km，地球的质量为 5976×10^{24} kg，月球质量 73.5×10^{24} kg，地球质量为月球质量的 81.30 倍。地—月系的质量中心位于月球与地球的连线上。设地心与地—月系质量中心的距离为 x，

$$5976 \times 10^{24} \times x = 73.5 \times 10^{24} \times (384401 - x)$$
$$6049.5 \times 10^{24} \times x = 73.5 \times 10^{24} \times 384401$$
$$x = 4670.38 (km)$$

这就是说，地—月系质量中心在地球内部，位于地面以下 1700.738km 处（即平均半径 6371.118km-4670.38km）。月球和地球环绕着其共同的质量中心转动，月球离开这个质量中心 384401km - 4670.38km 即 379730.62km 绕大圈。地球中心距离地—月系质量中心 4670.38km，绕小圈。

如果有机会乘坐宇宙飞船到达金星，便可以在天穹里看到，有两颗闪闪发光的星星，它们彼此靠得很近，其距离始终不超过半度，构成一个异常美丽的"双星"系统。其主星就是地球，比平时看到的金星还亮，而伴星则是月球，像木星那样闪烁着光芒。两颗星星，一主一伴，形影不离地在天空中边转、边走，永不停息。

第四节　地球、月球各构造圈的特征及地—月系的形成

地球赤道半径 6378.160km、两极半径 6356.755km，两者相差 21.385km。地球是赤道突出、两极稍扁的三轴旋转椭球体。地壳由各种岩石组成，上部主要为沉积岩、花岗岩类，叫硅铝层。平均密度 2.6 ～ 2.7g/cm³。其厚度各地不等，在山区有时达 40km，平原区一般为 10 余千米，海洋区显著变薄。下部主要由玄武岩或辉长岩类组成，称为硅镁层。平均密度 2.9 ～ 3.0g/cm³。在大陆区硅镁层厚达 30km，在缺失花岗岩层的深海盆内的玄武岩层仅厚 5 ～ 8km。硅铝层和硅镁层之间以康拉德不连续面隔开。由花岗岩和玄武岩组成的地壳称为大陆型地壳；主要由玄武岩组成的地壳称为大洋型地层。地壳的平均厚度，大陆地区 35km，大洋地区 5 ～ 10km；中国西藏高原厚达 60 ～ 80km，西部地区 50 ～ 70km，东南沿海地区为 20 余千米。地幔，一般以地壳以下 1000km 为界分为上、下两部。上地幔部即 B 层（地壳底部莫霍面至 400km）和 C 层（400 ～ 1000km），曾称榴辉岩圈，物质成分除硅、氧外，铁、镁显著增加，铝退居次位，由类似橄榄岩的超基性岩组成，平均密度 3.8g/cm³。下地幔即 D 层（1000 ～ 2898km），曾称硫氧化物圈，物质成分除硅酸岩外，金属氧化物与硫化物、特别是铁、镍显著增加，平均密度 5.7g/cm³。地核为铁镍组成的熔融体。外核为其外层或上层，深度 2900 ～ 5100km，包含过渡带，相当于 E 层和 F 层，密度 9.5g/cm³；内核又称 G 层，即地核中心部分，地面以下深 5100 ～ 6371km，可能为固体，密度 10.5 ～ 15.5g/cm³。作为太阳系的行星，地球的平均密度 5.517g/cm³，其形成时间约在 46 亿年前。

月球与地球的平均距离为 384401km，直径为 3476km，为地球直径的 1/4。月球的引力为 3.7，是地球引力的 1/4。月球的体积 211.9×10⁸km³，等于地球体积的 1/50。月球最上部 0 ～ 2km，为岩石碎层、月壤和月尘。月球表层 2 ～ 25km 的上月壳，由斜长岩、月海玄武岩及非月海玄武岩组成，平均密度 3.0g/cm³；25 ～ 65km 的下月壳，由富斜长石的辉长岩、富铝玄武岩、斜长苏长岩组成，平均密度大致为 3.1 ～ 3.2g/cm³。月幔为月球表面以下 65 ～ 1388km，由大量致密矿物如石榴石和斜长石高压相或富含尖晶石（至少 25%）和橄榄石的岩石等组成，或者由下月壳物质的高压致密相的聚合体组成。月核，指月球表面以下 1388km 以下至月心部分，相当于地球的软流体，温度在 1600℃ 左右。月核可能是一个铁—镍—硫和硫辉岩组成的核，直径约 350km，密度为 60g/cm³，含硫 25%。月核占月球质量的 1%。月球的平均密度 3.341g/cm³。用各种方法对月球物质的直接测定证明，最老月岩的同位素年龄约为 46 亿年左右。

如果仅按以上所述地球形成于 46 亿年前，月球也形成于 46 亿年前，都是由太阳星云，或者由组成银河旋臂的氢气、尘埃等组成，那么其两者的平均密度应当相近或相似。为什么地球的平均密度 5.517g/cm³，月球的平均密度仅为 3.341g/cm³？

为什么面积 $179.63 \times 108km^2$，平均深 4.028km，最大深度 11.033km，约占地球海洋总面积 1/2 的太平洋壳，主要由玄武岩或辉长岩类、即硅镁层组成，缺少硅铝层？

地—月系的形成及其演化，许多年来一直是地学工作者关注的问题。海洋潮汐、大陆飘移、板块构造、造山运动，甚至岩浆活动、地幔对流等，无一不与月球对地球引潮力变化息息相关。早在 1879 年乔治·达尔文（George Darwin）提出分裂说，就认为"月亮是从地球分裂出去的物质形成的"。1882 年菲希尔（Fisher）在乔治·达尔文的基础上进一步认定，月球是在地球历史的早期，是由于其旋转作用同太阳的潮汐作用的共振效应而被分裂出去的。1911 年贝克（H.B.Baker）提出，月地分裂的时间是早新世或早上新世，由于地球轨道在那时的偏心率过大，地球内部的潮汐作用增加而使得地球的部分地壳分开。1934 年，尼森（H.Nissen）认为月地分离的时间是二叠纪，原因是巨大的太阳旋风撕裂大片地壳所致。1947 年中国地质学家章鸿钊认为，月球是在白垩纪时，太平洋的大量玄武岩爆发物质进入月球轨道形成的。所有的月地分离说的主张者都把月地的分离点认定在太平洋。1910 年泰勒（F.B.Taylor）提出俘获说，目的是为了解释地壳水平运动的机制，他认为月球原为一个独立的行星，其运行轨道距地球轨道甚近。在白垩纪末，当这个行星运行得更靠近地球时，落到地球的重力场中，被地球俘获而成卫星。20 世纪 50 年代以前，人们通过望远镜对月球进行了各种观测，并编制了各种月面图。

如果月球真的是从地球上分裂出去的物质形成的，那么人们不禁要问，地球自转角速度需要变得多大时，才能把类似太平洋那么大的硅铝层地壳抛出去，并形成月球。如果地球加大转速，抛出像太平洋那么大的硅铝壳，那么地球上的水在太平洋上的硅铝层抛出去之前就甩干了，还保留得住占地球表面 71% 的水圈吗？如果用俘获说解释，那么太平洋的硅铝壳，哪里去了？如果用俘获说能解释白垩纪末以后的地壳水平运动的机制，那么白垩纪及其以前海相或海陆交互相沉积层形成褶皱构造的地应力是从哪里来的？华北地区上寒武统长山阶的竹叶状灰岩是怎么形成的？

1959 年前苏联发射第一枚月球火箭揭示了月球背面特征；1966 年 2 月 3 日又发射了月球 6 号，第一次成功地在风暴洋软着陆。1969 年 7 月 22 日美国发射阿波罗 11 号载人宇宙飞船在静海登陆，从而开创了对地外星球的直接研究史。直到 1980 年底，已有 13 航次宇宙飞船在月陆上登陆。在美国已召开过 13 次行星和月球地质会议。共收集了数百公斤月球样品，对月球的"土壤"和岩石的类型、矿物成分、同位素组成及物理性质等作了详尽的分析和研究；同时对月球的形成和演化过程作了综合分析，并编制了各种比例尺的全月和区域月质图和构造图。随着时间的延续，人们对地—月系研究的加深，逐渐积累的实际资料越来越详尽、逼真，而进一步提高认识的难度也越来越大。看来，只有把俘获说与分裂说两者结合起来，才有可能对地—月系的形成找出比较合理的解释。以俘获的小行星碰撞地球表面，又把碰撞出去的硅铝壳碎片通过运转聚集在一起形成月球。几乎所有行星（包括逆转的金星），都遭受过小行星的碰撞。1994 年 2 月 21 日，中国科学报曾报道，根据美国国家航空和航天管理局（NASA）的说法，要不是在 40 亿年前，地球偶然和一个行星大小的天体碰撞，而使地球发生自转，则我们现在的一天，也许会超过 200 小时。……天体物理学家勒克·唐奈斯说："从当前地球的自转速度来看，我们认为在地球的形成时期，有一颗大约有地球十分之一大小，相当火星大小的某种天体撞到了地球并使其自转，就好像我们用手指旋转一个球体一样。"唐奈斯说：地球向东旋转也是个机遇问题。地球同样有可能从任何角度上被击中，这样它就会向另一个方向旋转。金星"反向"自转，天王星"反向"自转，这一事实进一步支持了他的大冲撞理论。如此一击也可以解释月球来源这一亘古疑案。唐奈斯说："冲撞使地球自转，也会使大量碎片被抛掷到围绕地球的轨道上，后来这些碎片聚集而形成了月球"。

地球形成的早期，除遭受过上述天体碰撞外，还有可能经历过大星体在其北极上方缓缓运移，巨大的引力或磁力使地球的旋转轴向北拉伸，形成了梨状体，并倾斜为 23°27'。

第五节　中国三大纬向带及贺兰山、大雪山—邛崃山经向带褶皱构造主要特征及促使其褶皱构造形成的地应力来源

迄今为止，地质学家或构造地质学都是以描述为主的。人或动植物的年龄是由地球环绕着太阳运行的规律确定的。地球自转一周为一天，绕太阳公转一周为一年。而地球的地质年代，如太古代、元古代、古生代、中生代等是怎么形成的，是受什么控制的？按地质构造运动年代划分的，如加里东、海西、印支、燕山等期次的褶皱、断裂及岩浆活动的地应力作用、变化，是怎样形成的？李四光教授开创的地质力学为探索地质年代和不同地质期次地应力作用变化，奠定了基础。近年来各省、市、自治区相继出版的区域地质志为深入探索上述问题提供了详尽的地质资料。

综合以上第一至十七章所述，属于阴山—天山纬向带东延部分的燕山地区形成的主要褶皱构造，可以向前推测，并划分出：古—中太古代迁西期，以 EW 向挤压为主，形成 SN 至近 SN 向褶皱；新太古代阜平—五台期，以 NS 向挤压为主，形成 EW 至近 EW 向褶皱；古元古代末吕梁期，以 EW 向挤压为主，形成 SN—NNE 向朱杖子向斜；中—新元古代，以 NS 向挤压为主，形成 EW 至近 EW 向褶皱。上述四期褶皱按其延伸方向、形态特征、排列方式，具有"隔期相似、临期相异"的特征。阴山地区古—中太古代、即集宁早期，新太古代、即集

宁晚期和乌拉山期，古元古代、即色尔滕山期所形成的褶皱构造，与燕山地区褶皱构造类似，均显示出"隔期相似、临期相异"的特点。天山及其相邻的库鲁克塔格地区，古元古代，即辛格尔期，中—新元古代塔里木期，加里东早—中期，海西早—中期，所形成的褶皱构造，与燕山地区太古代、元古代不同期次褶皱构造类似，均具有"隔期相似、临期相异"的特征。

　　秦岭—昆仑纬向带之间的中昆仑地区、西秦岭地区及秦岭东延的豫西南地区、大别山北东麓，古元古代末中条（淜河）期、中—新元古代晋宁（武陵、中塔里木）—澄江（雪峰？）期、加里东期、海西期、印支期等，主要褶皱构造按延伸方向、形态特征、排列方式，均具有"隔期相似，临期相异"的现象。据此判断其所经历的地应力作用方式，中条（淜河）期、加里东期、印支期，以 EW 向挤压或反时针向扭压为主，晋宁（武陵、中塔里木）—澄江（雪峰？）期、海西期，以 NS 向挤压应力作用为主。南岭及其邻区，加里东早—中期，以 EW 至近 EW 向挤压应力为主，主要形成桂东昭平—藤县 SN 向褶皱带和跨越桂粤赣湘四省区，行经 NE 向云开大山、云雾山、九连山，斜穿南岭转向 NNW—NW、呈向东凸出弯曲的弧形褶皱群。在湘赣交界附近的武功山、罗霄山、万洋山及其SE 麓，形成向西凸出弯曲的弧形褶皱带。海西早—中期形成 EW 至近 EW、或NW、NNE 向褶皱共同组成的桂北宜山—柳城向南凸出、并具波状弯曲的弧形褶皱带、粤北英德弧褶皱带及其北侧的黄思脑穹隆背斜①。桂东、湘中南地区印支期褶皱，以 SN 至近 SN、NNE、NNW，组成波状弯曲、且与边缘弧近于平行的褶皱为主。总体上看，南岭及其邻区，加里东早—中期、海西早—中期、印支期褶皱构造，存在着"隔期相似，临期相异"的特征。

　　贺兰山经向带，川滇经向带北段大雪山—邛崃山地区不同期次的褶皱构造，同样存在着"隔期相似，临期相异"的现象，而且与纬向带中不同期次的褶皱构造，可以相互联系进行对比。

　　桂东地区加里东早—中期昭平—藤县 SN 向褶皱带的东西两侧，加里东晚期褶皱呈 EW 至近 EW 向，应当是 SN 向地应力作用下形成的。海西早—中期褶皱构造发育的北天山东段博格达峰，西秦岭北带（即北秦岭）、西秦岭南带（即南秦岭）中—西段，粤北英德弧北侧黄思脑穹隆状背斜上，海西晚期褶皱，以呈NE—NNE 的次级背、向斜为主，应当是 EW 至近 EW 顺时针向扭应力作用下形成的。由此可见加里东晚期、海西晚期也存在着"临期相异"的情况，只是由于元古代、太古代的海相沉积层不像古生代海西期沉积层那样广泛，同一地区能与加里东晚期、海西晚期褶皱构造形成"隔期相似"的情况太少了。然而辛格尔深断裂南侧库鲁克塔格地区，古元古代末辛格尔晚期的辛格尔 SE 背斜②，呈东西向，是 SN 向地应力作用下形成的；特克斯县 SE、大哈拉军山—恰西一带，元古代中—晚期近东西向主背斜 ①② 的旁侧，呈鼻状、呈簸箕状的背斜、向斜 ⑤⑥⑦⑧，均为 NE—NNE 向，亦为 EW 至近 EW 顺时针向扭应力作用下形成的。

综上所述，古元古代末辛格尔晚期、元古代中—晚期末阶段、加里东晚期、海西晚期褶皱构造，按延伸方向、形态特征、排列方式，均存在着"隔期相似，临期相异"的特征。

形成褶皱构造的地应力是怎么产生？怎么发展？怎么传递？怎么变化的？槽台说、深大断裂说、板块说，众说纷纭，莫衷一是。为什么印度板块与中国板块碰撞？碰撞的力是从哪里来的，有多大？板块碰撞问题，板块说本身也难以自圆其说。板块说认为地幔对流是板块运动的主要驱动机制，放射热的聚集是促使地幔对流能量的来源。如果真是这样，那么诞生约46亿年前的地球储藏的放射性元素早已衰变枯竭，哪里来的那么多热量？

当然地质力学对此问题也一时尚无确切答案。李四光教授在地质力学概论写成后，不久就指出应该对地质力学概论进行修改。但是以力学原理研究地壳构造和地壳运动，把地球自转角速度变化作为水平运动的起源，并吸收天体力学等多方面的知识，深入钻研、反复推敲，可以探索出一条解决问题的途径。

木星自转速度很快，自转周期为9时50分，扁率 $(a-b)/a=0.066$，呈明显的扁球形。地球自转周期为23时56分，扁率 $(a-b)/a=0.0034$，赤道半径6378.160km、比极半径6356.755km 大21.385km。月球自转周期与公转周期相等，均为27日7时43分11.5秒，长半径和短半径相差无几，因此阴历每月十五的晚上，月亮都是圆的。看来地球赤道半径比极半径多出来的21.385km、其形成时所受到的力，主要来源于地球自转所产生的惯性离心力的水平分力和月亮、太阳等对地球的引力。

前节所述，加里东期中国东部中—低纬度地区海退，高纬度地区西伯利亚北缘及更北的北地群岛海进；海西期中国东部中—低纬度华南地区海进，西伯利亚北缘海退，北半球从北向南逐渐形成的劳亚大陆，也应该受地球自转角速度快慢变化和月亮—太阳对地球的引力作用控制。地球自转速度越大，地球表面指向赤道的离心惯性力的水平分力越大；地球自转速度变小，地球表面指向赤道的离心惯性力的水平分力变小，由东向西的反作用力开始起作用。这仅仅是简单的说法，实际情况要复杂得多。

第六节　类似旋转椭球体的地球表面应力分布概况及月亮—太阳引力的作用

地球是一个赤道半径略大，两极半径略小的旋转椭球体。地球自转产生的离心惯性力的 F_w 水平分力 F_h 指向赤道，使其变为旋转椭球体。在该旋转椭球体的表面，地心引力 F 的水平分力 F_1 指向两极，使其恢复球形。当地球自转角度 w 不变时，F_h、F_1 两者大小相等，方向相反，使地球具有一定的扁度（图18-1）。

地球上某一点，若其质量为 m，则该点由于其自转产生的离心惯性力的水平分力。

$$F_h = m\omega^2 R\cos\varphi\sin\theta \tag{1}$$

由于地球自转角速度变化引起的地块上的纬向力 F_a 是纬向惯性力与基底阻力 F_n 之差（F_n 与地块和基底联接程度有关，m 为地块质量）；即

$$F_a = m(\frac{d\omega}{dt})R\cos\varphi - F_n \tag{2}$$

上式中，R 为地球半径（其值 $a > R > b$）。

在式（1）中，若考虑 F_1 的作用，则 F_h 在地球自转角速度 ω 不变时与 F_1 两者大小相等，方向相反，互相抵消（图18-1）。当地球自转角速度发生变化时，其离心惯性力水平分力的增量

$$\Delta F_h = F_h' - F_h = m(2\omega\Delta\omega + \Delta\omega^2)R\cos\varphi\sin\theta \tag{3}$$

此乃形成纬向褶皱构造的实际作用力。式（1）、（3）中的 $\cos\varphi\sin\theta$ 是个变量（$\theta \geq \varphi$），在两极和赤道为0，在中纬度地区靠近45°的地方附近达到极大值1/2。故 F_h 及 ΔF_h 在赤道和两极为0，在中纬度45°附近达到最大值。式（2）中 $\frac{d\omega}{dt}$ 与式（3）中的 $\Delta\omega$ 有关，若 $\Delta\omega$ 为0，则 $\frac{d\omega}{dt}$ 为0，即没有纬向惯性力作用；若 $\Delta\omega$ 为正，且匀速增加，则 $\frac{d\omega}{dt}$ 为正，纬向惯性力指向西；$\Delta\omega$ 为负，且匀速减小，则 $\frac{d\omega}{dt}$ 为负，纬向惯性力指向东。在后两种情况下，当为一定值时，地球表层上某一纬度上纬向惯性力大小出 $\cos\varphi$ 决定。$\cos\varphi$ 是变量，在赤道为1，向两极逐渐减小，直至为0。

为了比较地球上每一点所受到的离心惯性力水平分力增量 ΔF_h 和纬向惯性力的大小，引用古生代以来地球自转角速度变化资料（图18-2）。该资料显示下古生代地球自转速度减小（王仁，1976）。假设下古生代地—月旋转体自转一周（即一个朔望月）所需时间为 T，并设在绕日公转的轨道上运转一周（即一年）所需时间为 nT（n 约接近12），则一个朔望月平均天数自30.6减少到30.0所需时间为33.70百万年，即 $3370 \times 10^4 nT$ 了。按式（3）计算：

$$\Delta F_h = m\left[2 \times \frac{30.6}{T} \times 2\pi \times \frac{0.6}{T} \times 2\pi + \left(\frac{-0.6}{T} \times 2\pi\right)^2\right]R\cos\varphi\sin\theta$$

$$= m\frac{-14.35}{T^2} \times 10^2 R\cos\varphi\sin\theta \tag{4}$$

$$m = \frac{\frac{30 - 30.6}{T} \times 2\pi}{3370 \times 10^4 nT}R\cos\varphi = m\frac{-11.9}{T^2} \times 10^{-8}n^{-1}R\cos\varphi \tag{5}$$

$$(4) \div (5) = 1.28 \times 10^{10}n\sin\theta \tag{6}$$

　　某点纬向惯性力其值为负，等于在纬度 6°～84° 范围内，sinθ 近似等于 0.1045～0.9945。所以离心惯性力水平分力增量 ΔF_n，在纬度 6°～84° 范围内，其绝对值至少比纬向惯性力大十个数量级。因此，在地球自转角速度由慢变快时，ΔF_h 指向赤道，起主导作用，促使中国三大纬向带中阜平—五台期、乌拉山期、晋宁—澄江期、海西早—中期，形成 EW 至近 EW 向褶皱群，NW—NWW 向褶皱构造形成呈右行雁行式排列的褶皱群，NE—NEE 向褶皱构造形成呈左行雁行式排列的褶皱群；促使贺兰山、大雪山—邛崃山及其南延的经向带中晋宁（沂峪）—澄江期、海西期，形成与上述纬向带中类似的褶皱构造。当地球自转角速度由快变慢时，如下古生代那样，并按前述计算，ΔF_h 为负，指向地球两极，等于 $m=\dfrac{-14.35}{T}\times 10^2 mR\cos\varphi\sin\theta$。$F_h{}'=F_h+\Delta F_h$，$F_h{}'-F_1=\Delta F_h$。在力 ΔF_h 的作用下，赤道附近物质趋向于向两极运移（图 18-1）。经过较长时期，地球自转角速度 w 持续减小，指向南北极的力 ΔF_h"纵向拉

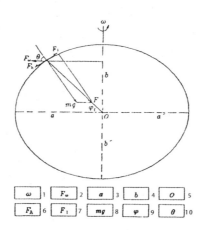

图 18-1　地球自转表层受力示意图

1.ω 地球自转角速度；2.F_ω 惯性离心力；3.a 地球赤道半径；4.b 地球极半径；5.O 为地心；6.F_h 为惯性离心力 F_ω 的水平分力；7.F_1 引力 F 的水平分力；8.mg 重力，其值为地心引力 F 与惯性离心力 F_ω 的合力；
9.φ 地球表面的纬度；
10.θ 惯性离心 F_ω 与其地表铅垂线间的夹角

伸"，引起的地壳表层"横向收缩"（梁治平等，1963）达到极限后，此时指向东的纬向惯性力 $m\left(\dfrac{\mathrm{d}\omega}{\mathrm{d}t}\right)R\cos\varphi$ 为正，起主导作用。其中 $\cos\varphi$ 是个变量，φ 是纬度角，在赤道附近 $\cos\varphi=1$，向南、北延伸至两极附近 $\cos\varphi=0$。按牛顿力学第二定律"作用力与反作用力大小相等、方向相反"推断，低纬度地区指向东的反作用力比高纬度地区指向东的反作用力大，因此总体上出现了 EW 至近 EW 的反时针向扭应力作用。该力促使中国三大纬向带中迁西（集宁早期）期、中条（或

吕梁、辛格尔）期、加里东早—中期、印支期，形成 SN 至近 SN 向（或波状弯曲）褶皱群，NW—NWW 呈左行雁行式排列的褶皱带；促使贺兰山、大雪山—邛崃山经向带中中条期、加里东期、印支早—中期，形成 SN 向褶皱群、NW 向呈左行雁行式排列褶皱群，或 NNE、NNW 向褶皱。

　　燕山—阴山—天山、豫西南—西秦岭—中昆仑纬向带及贺兰山、大雪山—邛崃山经向带中迁西期、阜平—五台期或乌拉山期、中条期、晋宁—澄江期、加里东早—中期、海西早—中期、印支期各期侵入岩，从大的构造运动时期看，一般早期以基性或超基性岩墙、岩脉或小岩株状为主；中—晚期为花岗岩、花岗闪长岩等，多为呈浑圆状、椭圆状或巨型条带状的大岩基。南岭及其邻区的雪峰山、越城岭、苗儿山、万洋山—诸广山、武夷山北段加里东期侵入岩以呈 SN 至近 SN 向为主，海西期侵入岩不甚发育，印支期侵入岩在湘中南与加里东期侵入相伴，或侵入加里东期岩体的中部。粤北地区燕山期第一期九峰—油山、大东山—贵东花岗岩基以呈 EW 至近 EW 向为主。按延伸方向、形态特征、排列方式，与相应褶皱构造形成时期所受到的地应力作用大体相吻合。据此可以认为，侵入岩的形成也是由于地球自转角速度长期由快变慢，然后又由慢变快，促使岩石圈下面的软流层流动中侵入岩石圈冷凝而成的。然而褶皱构造发育的地方，不一定有相应的侵入岩；侵入岩也不一定与褶皱构造的延伸方向、排列方式完全一致。

　　图 18-2 朔望月平均天数的线段应作如下修改，即将加里东期线段在横坐标上向右平移 6mm，且分段递减至早泥盆世末，海西期线段改为朔望月平均天数逐渐增加（即中—晚泥盆世之间、早—中石炭世之间、中—晚石炭世之间，早—晚二叠世之间均有停止增加的阶段），印支期改为朔望月平均天数减少。本章第一节古生代海水变化追溯与图 18-2 朔望月平均天数表明的海西期，加里东期地球自转角速度快、慢变化情况大体相似。

　　海水的潮汐现象是旋转着的地球表层上面的海水，受月亮—太阳引力作用的明显表现。地球作为一个整体发生的潮汐现象、即固体潮和海水潮汐一样，与月亮—太阳引力的变化规律相吻合，只是在现今地球表面上变化平缓。地球固体壳（即岩石圈）上面的沉积层、下面的软流层，都是在漫长的地质时代地球自转角速度长期变慢或长期变快形成的地应力作用下，加上月亮—太阳引力作用，迫使其上面的沉积层形成褶皱、下面的软流层流动。软流层流动的速度极其缓慢，而流动的力确非常巨大。板块运动、固体潮均与软流层的运动密切相关。软流层中热能的来源和积累，有可能主要来源于地幔与地核、地幔与地壳的摩擦。

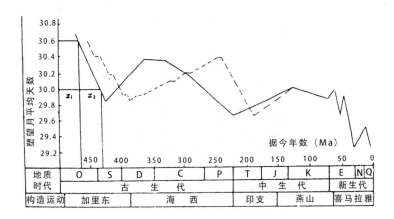

图 18-2 地球自转速度变化与地壳构造运动的关系（据王仁，1976）

修改后的朔望月平均天数变化以断线表示

为什么西秦岭地区、豫西南地区、燕山地区印支期及其以前的海相地层，元古代及其以前的变质岩层，经受地应力作用形成的褶皱构造，其延伸方向、形态特征、排列方式均具有"隔期相似，临期相异"的现象。这可能是因为早中生代、古生代海相松软沉积层介于海水与地球表层之间，容易形成延伸方向、形态特征、排列方式规律性明显的褶皱构造。元古代、太古代时期经过加热升温的陆相沉积层与古生代海相沉积层相似，同样能够形成延伸方向、形态特征、排列方式规律性明显的褶皱构造。

第七节 旋涡状银河系的形成及其对携带地球的恒星太阳的控制作用

地球的地质年代，即太古代 1350Ma、元古代 1930Ma、古生代 320Ma、中生代 185Ma，是怎么形成的？如果地球自诞生以来，真的像现在这样，自转速度逐渐变慢，古生代、中生代应当越来越长，至少是应当与元古代接近或持平。为什么地球的构造运动，古生代、中生代都是一分为二，即古生代分为加里东期、海西期，中生代分为印支期、燕山期？若按褶皱构造延伸方向、排列方式划分，太古代可以分为迁西期、阜平—五台期，元古代分为中条或吕梁期、晋宁（四堡、武陵）—澄江（雪峰？）期。

图 18-3　NGC5457，大熊座里的一个开放型旋涡星系（据 S.J. 英格利斯，1979）

　　图 18-3 是大熊座里一个开放型旋涡星系（S.J. 英格利斯，1979），图 18-4 是银河系及其旋臂星系分布图。仔细看大熊座星系（图 18-3）、银河系（图 18-4）（大卫·伯尔格米尼，1979）都是四条旋臂，只是后者比前者紧密＝旋臂是什么？旋臂是星系喷射出来的强磁力线控制的氢离子和尘埃。如果星系不旋转，大熊座里那个开放型旋涡星系核心（图 18-3）和银河系（图 18-4）核心都正好分布在旋臂纵横垂直相交的十字中心。由于银河系（图 18-4）的旋臂比大熊座里的那个开放型旋涡星系（图 18-3）的旋臂紧密得多，银河系形成的时期比那个开放型旋涡星系形成的时间也要早得多。

　　旋涡星系形成的初期，星系喷射出来的氢气极稀薄而无光，看不到旋臂。在磁场作用下气体在远离星系中心的高度集中的区域形成了气体团。气体团在其自身引力的影响下，聚合就能形成恒星的胚胎。像原始太阳那样的恒星胚胎的温床多分布在远离星系中心、邻近弧型旋臂的末端内侧。

图 18-4　银河系及其旋臂、星系分布图

（据大卫·伯尔格米尼，1979）

1. 中心十字为银河系中心；2. 左边十字为太阳的位置；3. 曲线弧为旋臂片断；4. 曲线弧与白色弧合成完整旋臂；5. 白点为银河系控制的星系

　　银河系是一个似呈透镜状的复杂的旋涡状星系，直径 80000 ～ 100000 光年，其核心部分厚达 10000 ～ 15000 光年。银河系的核心像似铁饼状，聚集着许多庞大的较老的发红光的恒星，其中有些是从银河系刚一诞生时就出现了。核心的外面，绕着核心转动的是呈旋涡状的旋臂和恒星、星团等共同组成的被称为银盘的圆盘（图 18-4）。旋臂由氢气和尘埃等组成，旋臂上的亮星绝大多数发生淡蓝白色的光，为年轻的恒星，其年龄只有几百万年，最多不超过一亿年。太阳的位置距离银河系中心约 30000 光年，为银盘半径的 3/5 ～ 4/5。太阳既不发红光，也不发淡蓝白光，它只是五等星，比最亮的邻星亮度低 100000 倍，仅仅发出温和的黄光（大卫·伯尔格米尼，1979）。

　　应用现代观测技术证明，银河系内部存在着强大的磁场，是在银河系、即旋涡星系中心形成的。其磁力线宛如车轮的辐，本应呈辐射状由中心向外直伸，但是由于银河系自身的旋转而使其弯曲成螺旋状。从银河系中心向外旋曲的磁力线，像似旋臂的"脊椎"。磁力线是看不见的，只是由于旋涡星系中含有的氢绝大部分已电离，氢原子受其强磁场的作用，参与磁场的螺旋运动，并集中在磁力线上。在具有大量热能的恒星的照射下，氢气发出亮光。于是，整个星系的螺旋结构便呈现出来（图 18-4）（大卫·伯尔格米尼，1979）。

　　靠近银河系旋臂末端诞生的原始太阳，随着时间的推移不断地吸附旋臂中的气团、氢气及尘埃、陨石等，质量增大，受银河系核心的吸引，逐渐缓慢移动，与其靠拢。

　　地球是太阳的儿子，太阳是银河系的儿子。太阳携带着地球等 8 大行星围绕着银河系的核心旋转，地球的运动、生长和年龄都受银河系核部的控制。银河系的核部以大约每秒 30km 的速度向外抛射大量的氢气，估计其数量每年为一个太阳的质量，以此补充旋臂里形成气团、尘埃、恒星等所消耗的物质和能量。银河系内所有的恒星以及其携带的行星，都靠吸引旋臂中的气团、尘埃、陨石等增加质量。

　　地球的地质年代是怎么受银河系核心控制的？有些文献认为太阳绕银河系中心公转一周为 2 亿年，即 200Ma。以中国地层为代表，古太古代迁西"纪"为 3850Ma。据此可以推算迁西"纪"以来，太阳已经携带着地球等 8 大行星绕着银河系的核心公转 19.25 圈。果真如此，太古代、元古代、古生代、中生代，每代各绕了几圈？若按构造运动划分，古生代、中生代都各分为两期。每个构造运动时期太阳携带着地球等 8 大行星又绕着银河系的核心转了几圈？

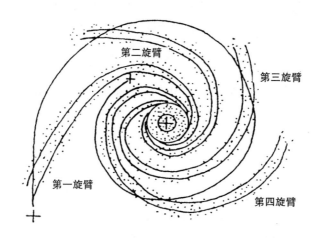

图 18-5　太阳呈螺旋状环绕银河系核心运动示意图

左下角十字为太阳运行起始点；中心偏右大十字为银河核心；

左下角十字与银河核心间的十字为燕山期后太阳所在部位

第八节　开普勒定律、银河系旋臂与地质年代及褶皱构造的关系

　　"开普勒三定律首次定量地揭示了运动速度变化和轨道的关系，而运动速度变化又直接和作用力相关联，从这里，特别是从第三定律可以推导出牛顿发现的万有引力定律。正因为这样，黑格尔认为天体力学的真正奠基人是开普勒，恩格斯也同意这一点"（申漳，1981）。由此看来，开普勒三定律特别是第三定律不应当仅仅是行星环绕太阳运行定律，也应当是携带行星的恒星绕着银河系核心运行的定律。因此，携带地球等 8 大行星的太阳绕着银河系核心如何运行，只有引用开普勒定律，并查阅我国三大纬向带及贺兰山、大雪山—邛崃山等经向带各个地质时期海相沉积层褶皱变形反映的记录，综合研究才能得出比较清楚的认识。

　　按第一至十七章所述：迁西期、中条期、加里东期、印支期，即每个地质时代的前期均以 EW 方向挤压性或压扭性应力为主；阜平—五台期、晋宁—澄江期、海西期、燕山期（南岭地区燕山早期九峰—油山、大东山—贵东花岗岩体），即每个地质时代的后期均以 NS 方向挤压为主。按前述旋转地球的惯性离心力水平分力的增量，在纬度 6° ～ 84° 范围内，与纬向惯性力对比，其绝对值至少大十个数量级。因此，只有当地球自转角速度变慢，NS 方向出现拉张时，EW 向地应力作用才能起主导作用。什么东西才能使地球自转角速度变慢呢？如果只靠地球自己先变慢后变快、再变慢、再变快，循环往复的最终结局只能加速衰变，

像现今地球环绕太阳运动那样，自转速度变慢的同时公转速度也变慢了。如果真是这样，那么为什么古生代 320Ma、中生代 185Ma 与元古代 1930Ma 相比急剧缩小？

携带原始地球等 8 大行星的原始太阳，在远离银河系中心靠近弧形旋臂端点的内侧，在旋臂内磁力线强大磁场的吸引下，跟着旋臂呈顺时针方向运动，并不断地吸引浓缩的气团、尘埃及陨石等。当进入迁西"纪"时，太阳及其携带的地球等 8 大行星，其质量已经增加到受银河系核心的吸引、必须下降（即向银河系核心靠近）的时候，太阳才得到逐渐增加的、呈顺时针方向运动的力量。由于携带原始地球的原始太阳，是在太阳诞生的银河系旋臂、即第一条旋臂内运行的（图 18-5），旋臂内的气团、尘埃、陨石等一次又一次落到太阳及其携带的地球等行星上。使太阳及其携带的地球等的体积、重量不断地增大。虽然由于本身重量的不断增加而下滑，太阳及其携带的地球自转及公转速度有时变快，但是抵挡不住气团、尘埃、陨石等一批又一批的下落，地球表层新增加的东西越来越多。因此，太阳及其所携带的地球等 8 大行星，在银河系的第一条旋臂内，其自转速度以一次又一次的变慢为主。地球自转角速度变慢，NS 向地应力，以拉张为主、地球的扁率变小，EW 方向挤压效果明显。太阳及其携带的地球等 8 大行星冲出第一条旋臂、进入臂间区，太阳及其携带的表层物质，在其自身引力（即重力）重者如铁镍等下沉，轻者钙铝等上浮，地球转动惯性量变小，自转角速度变快，指向赤道的 NS 向惯性离心力水平分力一次又一次的加大，即在燕山地区形成新太古代阜平—五台期 EW 至近 EW 向褶皱构造。当太阳携带地球等行星进入银河系第二条旋臂时，古元古代时期，旋臂中的气团、尘埃、陨石等不断地降落在太阳及其携带的地球等行星上，故它们的转动惯量变大，导致地球自转角速度变慢，NS 方向以拉张为主，EW 方向挤压地应力作用起主导作用。燕山地区形成古元古代吕梁期 NNE 向朱杖子向斜 ⑲，河南嵩山地区形成古元古代嵩阳群组成的 SN 向褶皱。太阳及其携带的地球，冲出第二条旋臂进入臂间区，与其冲出第一条旋臂进入臂间区类似，也是铁镍等重者下沉、钙铝等轻者上浮，转动惯量变小，自转角速度变大，指向赤道的 NS 向惯性离心力水平分力一次又一次的增大。新疆库鲁克塔格地区大草湖—东大山，南天山地区特克斯县 SE 大哈拉军山—恰西，中—新元古代 EW 至近 EW 的褶皱构造频频出露。

古生代加里东期、海西期，中生代印支期、燕山期，太阳携带地球等 8 大行星围绕银河系运动，依次进入旋臂、冲入臂间、再次进入旋臂、冲入臂间，太阳及携带的地球等 8 大行星，自转及公转角速度，由快变慢、由慢变快，循环往复。只是由于太阳及其携带的 8 大行星运动的弯曲路线、呈螺旋状或蜗牛状收缩（图 18-5），因此与银河系的核心距离急速缩短，总体上看它们自转或公转的角速度越来越快。

如果以上所述，从太古代迁西期到中生代印支期，每个期次的主要阶段（即早—中期）形成的褶皱构造的地应力，是由地球自转角速度长期变慢、长期变快形成的，那么库鲁克塔格古元古代末辛格尔晚期的 EW 向背斜 ②，特克斯县 SE 元古代中—晚期的末阶段 NE—NNE 向次级背斜，桂东昭平—藤县向褶皱带东西两侧的加里东晚期 EW 至近 EW 向褶皱，北天山地区博格达峰、西秦岭南带西段及北带中西段北缘、粤北黄思脑穹隆状背斜海西晚期 NE—NNE 次级背、向斜，是怎么形成的？其实，作为旋转椭球体的地球，任何时候都受着指向赤道的惯性离心力水平分力与地心引力的水平分力的合力、指向东的纬向惯性力，这两种应力的作用。只是由于在南、北两半球纬度 6° ～ 84° 范围内，离心惯性力水平分力增量 △ F_h 的绝对值比纬向惯性力至少大十个数量级，所以用 NS 向地应力与 EW 向地应力组成合力解释 NE 向、NW 向褶皱构造形成时所受到地应力作用是不恰当的。当地球自转角速度逐渐变快的中—新元古代、海西（早—中）期，NS 向地应力作用形成 EW 至近 EW 向褶皱构造后，指向东的纬向惯性力 $m\left(\dfrac{d\omega}{dt}\right)R\cos\varphi$ 起主导作用。其中 φ 是纬度角，在赤道附近 $\cos\varphi = 1$，向南、北延伸至两极附近 $\cos\varphi = 0$。也就是说由低纬度到高纬度指向东的纬向惯性力 $m\left(\dfrac{d\omega}{dt}\right)R\cos\varphi$ 逐渐减小。牛顿力学的第二定律"作用力与反作用力大小相等，方向相反"。这就是说低纬度地区指向西的反作用力比高纬度地区指向西的反作用力大，据此在中—新元古代末阶段，海西晚期形成 NE—NNE 向次级背、向斜。河北省（包括北京市、天津市）中—新元古代各期沉积厚度变化，以呈 NE 向为主，表明那个时期也曾受 EW 至近 EW 顺时针向扭应力作用，促使其沉积盆地的基底，在大红峪期—铁岭期形成两条 NE 向沉积盆地。

地球自转角速度逐渐变慢的古元古代辛格尔期、加里东早—中期，纬向惯性力的水平分力作用形成库鲁克塔格地区、桂东地区 SN 向背斜 ① 形成后，作为旋转椭球体地球的中—低纬度地区指向南、北两极的地心引力的水平分力趋于起主导作用，促使形成辛格尔晚期、加里东晚期 EW 至近 EW 向褶皱构造。

中国三大纬向带及贺兰山、大雪山—邛崃山经向带，若仅仅从造山带的角度来看，它们的形成即上升成山，主要受岩石圈或超岩石圈断裂控制。

对燕山—阴山—天山纬向带起控制作用的有：① 华北地区北缘断裂（10）；② 集宁—凌源断裂（15）；③ 博罗科努—阿其克库都克断裂（6）；④ 尼勒克—包尔图断裂（8）；⑤ 库尔勒断裂（75）。

对秦岭—昆仑纬向带起控制作用的有：① 洛南—固始断裂（26）；② 皇台—夏馆断裂（27）；③ 宗务隆山—梅山断裂（28）；④ 临潭—商城断裂（29）；⑤ 昆中断裂（31）；⑥ 康西瓦断裂（32）；7. 昆仑—秦岭南缘断裂（33）。

对南岭纬向带及其邻区 NE 向褶皱构造起控制作用的有：① 邵武—河源断裂（40）；② 阳江—南丰断裂（41）；③ 吴川—四会断裂（42）；④ 郴州—怀集

断裂（43）。

对贺兰山经向带起控制作用的有：鄂尔多斯西缘断裂（64）。

对川滇经向带北端大雪山—邛崃山地区起控制作用的有：① 龙门山断裂（35）；② 道孚—康定断裂（36）（程裕淇主编，1990）。

还有一些断裂在第一至十七章的附图中已有表示。所谓控制作用包括沉积层分布、厚度，地应力作用下褶皱构造形成时的边界条件，中—新生代以来造山带的界线等等。断裂带形成的力学机制与褶皱构造及侵入岩相似，也是来自地球自转角速度长期持续的由慢变快、由快变慢的不断变化引起惯性离心力水平分力、纬向惯性力及地心引力的水平分力施加在岩石圈上，并加上月亮—太阳的引力作用。

第九节　太阳及其携带地球等行星围绕银河系中心转了几圈？阿基米德的浮体定律对喜马拉雅造山带形成的作用

太阳及其所携带的地球等行星在银河系中不是像行星环绕太阳那样运行，而是呈螺旋状或蜗牛状曲线，快速收缩，因此，其速度越来越快。

现今太阳系距银河系中心 3 万光年，围绕银河系核心公转一周 2 亿年，其比例按开普勒第三定律应为 $2^2/3^3 = 4/27$。若把图 18-4 的弧形旋臂拉直，则其端点至银河系中心的距离为 36 万光年。若围绕银河系中心旋转的太阳在靠近旋臂端点的弧形内侧处诞生，则其围绕银河系中心运行一周的时间应是 83.14 亿年。扫过一条旋臂及其臂间的时间为 83.14 亿年 /4 =20.79 亿年。若太阳再向银河系中心靠近一些，扫过一条旋臂及其臂间的时间即可为 19.3 亿年，相当于地球的元古代。按地球及携带它的太阳系，古生代 3.2 亿年仅扫过银河系的一条旋臂及与其毗邻的臂间，则绕银河系中心一周的时间应为 3.2 亿年 × 4= 12.8 亿年。依此可以推算该处太阳系与银河系中心的距离为 10.269 万光年。若中生代 1.85 亿年，太阳及其携带的地球等 8 大行星仅扫过银河系一条旋臂及与其毗邻的臂间，则绕银河系中心旋转一周所用的时间为 7.4 亿年，与银河系中心距离为 7.176 万光年。太古代仅 13.5 亿年，是太古代地球及携带它的太阳与银河系中心的距离比气古代时近吗？不是，绝对不是！现今所测定的最古老的地层，都是原始的胚胎状地球出现之后，早期形成的地壳，规模小，周围地表温度高。经过几次融化后，燕山地区才最终保留了迁西群地层。

太阳携带的地球，经过太古代、元古代、古生代、中生代穿越银河系四条旋臂及其臂间，由开始时靠近银河系第一条旋臂端点的内侧，到现代运转到原来第一条旋臂的中部。银河系的四条旋臂均由原来的弯曲度很小，到现今弯曲度变得较大。各旋臂间的距离越来越小，相互靠扰越来越近（图 18-5）。地球表层，从大陆到海洋各处均形成薄厚程度不等的地壳。旋臂内一次又一次降落到地球表面的尘埃、陨石等，在地壳的阻挡下，不像太古代、元古代、古生代、中生代那样在地心引力作用下容易下沉，使地球的转动惯量变小。

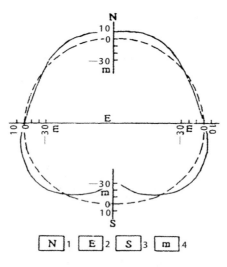

图 18-6　地球梨状体

（据地质矿产部地质辞典办公室，1983）

据人造卫星测定地球并非一般的旋转椭球体，而是更接近一个梨形，比赤道半径更长的半径位于南纬 10° ～ 15°。它的南极缩短 30m，北极伸长 10m；中纬度南半球突出，北半球收进 7.5m。北极地区的海平面比原来所测得的两极半径高出 15.24m，南极地区海平面洼陷 106.68m（图 18-6）（地质矿产部地质辞典办公室，1983）。太阳系的某些行星的星体与地球的星体类似，在它们形成的过程中，均有可能经受过磁场强度极高或质量很大的星体在其上方（或下方）以缓慢的速度通过，巨大的引力使地球的旋转轴向北极迁移，南极收缩形成梨托，北极上推形成梨柄，原来的赤道部分落在南纬 10° ～ 15°，北半球缩进去部分，以此形成梨形体状的地球。并使地球自转轴倾斜至与其轨道面法线交角为 23°27′，由此形成了地球的南、北纬 23°27′ 的回归线和北半球中—低纬度地区的春、夏、秋、冬四季。原始地壳首先在地球最寒冷的南、北两极区及靠近极地的中—高纬度地区形成冈瓦纳古陆、劳亚古陆。随着地球自转角速度 ω 加大变快，使两古陆由南、北两极区及毗邻的中纬度地区以极缓慢的速度向赤道方向运移，逐渐形成联合古陆，即泛大陆。梨形地球底端的南极呈向地心收缩 30m 的似扁平的球缺或球冠状，由它托着冈瓦纳大陆的残留体——南极洲。梨形地球的顶端北极呈向北高出 10m 的梨柄状，促使劳亚大陆的各个破碎部分均向赤道运移。由于与地球旋转轴垂直的、比赤道半径更长或更高的地球半径位于南纬 10° ～ 15° 附近，所以南极地区冈瓦纳大陆向北漂移的南美洲、非洲、阿拉伯、印度等率先抵达并穿越赤道半径南侧的高地。嗣后，地球旋转角速度变慢，南美洲、非洲、阿拉伯、印度等陆壳受地球自转角速度变快时惯性离心力增量的作用，跨越比北极半径高出 21.382km 的赤道地区，在地心引力水平分力的作用下，向北运移，分别与北美洲、欧洲、亚洲等组成的劳亚大陆碎块碰撞。劳亚大陆的碎块北美洲、欧洲、亚洲等也向赤道方向运移，但未抵达赤道之前地球自转角速度开始变慢，地心引力的水平分力便促使其向北极地区运移；但是由于地球的北极半径比南极半径伸长或高出 40m，北美洲、欧洲、亚洲不可能退回原来的位置，所以北极地区被北美洲、欧洲、亚洲环绕形成了北冰洋。以上所述地球梨状体是现今人造卫星测定的结果。有可能在地质历史（即冈瓦纳大陆、劳亚大陆形成）之前，地球梨状体更明显。从中生代开始，联合古陆逐渐解体，出现大陆漂移。上述地球梨状体的数值仅是现今人造卫星测定的，刚刚形成的地球梨状体的数值比它大得多。现今地球梨状体是其形成之后又经过 4000Ma 的地心引力作用的结果。

中国境内横亘东西的阴山—天山、秦岭—昆仑纬向带，呈 EW 至近 EW 向延伸超过 4000km，其形成主要受惯性离心力水平分力 $F_h = m\omega^2 R\cos\varphi\sin\theta$ 的控制，其中 $\cos\varphi\sin\theta$ 这个变量在北纬 45° 附近最大等于 1/2，向北极、向赤道逐渐变小，直至为零。也就是说惯性离心力水平分力 $F_h = m\omega^2 R\cos\varphi\sin\theta$ 在中纬度地区，即北纬 30°00' ～ 45°00' ～ 60°00，$\cos\varphi\sin\theta$ 为 0.4330 ～ 0.5000 ～ 0.4330。阴山—天山纬向带处于北纬 40°00'，～ 45°00'，$\cos\varphi\sin\theta$ 为 0.4924 ～ 0.5000；因此当地球自转角速度由慢变快，其由北指向南的惯性离心力水平分力最大，呈 EW—近 EW 向延伸的褶皱、断裂及侵入岩均比较明显。南岭地区，处于北纬 24°00' ～ 25°00'，$\cos\varphi\sin\theta$ 为 0.3716 ～ 0.3840，即当地球自转角速度由慢变快时，由北指向南的惯性离心力水平分力比阴山—天山地区小，因此，呈 EW 至近 EW 向延伸的褶皱、断裂及侵入岩的规模，均比较逊色。

纵惯南北的贺兰山、大雪山—邛崃山及其以南的川滇经向带，主要是在纬向惯性力 $m\left(\dfrac{d\omega}{dt}\right)R\cos\varphi$ 作用下形成的。$\cos\varphi$ 变量在南岭及其邻区、大雪山—邛崃山及其以南的经向带，即北纬 21°00' ～ 32°00' 为 0.9336 ～ 0.8480；在贺兰山，即北纬 38°00' ～ 40°00' 为 0.7880 ～ 0.7660。前者比后者大，即南岭及其邻区、大雪山—邛崃山及其以南的地区比贺兰山地区所受到的纬向惯性力大，所以仅就印支期褶皱构造及侵入岩而论，前者比后者分布范围广，延伸距离长，而且贺兰山及其附近未见印支期侵入岩。

与上述三大纬向带及大雪山—邛崃山经向带不同期次褶皱构造相伴生的侵入岩是怎么形成？侵入岩，尤其是规模大的岩体，来源于岩浆，岩浆来源于岩石圈下面的软流层（软流圈，即上地幔）。岩浆活动，即软流层运动的力是从哪里来的？岩浆运动的力主要来源于软流圈的运动。软流圈、即上地幔所受到的力与地表沉积层形成褶皱构造受到的力类似，阜平—五台期、晋宁（四堡、武陵）—澄江（雪峰？）期，海西早—中期、燕山期地球自转角速度持续由慢变快，促使软流层从高纬度地区向低纬度地区运移，遇岩石圈、超岩石圈深断裂或岩石圈向上弯曲的地段，流动的软流层趁着空隙上升，冷凝后形成侵入岩。若冲破地壳表层，则形成火山岩。迁西期、中条期、加里东早—中期、印支期，地球自转角速度由快变慢，软流层处于 SN 方向的张弛状态，EW 至近 EW 向的纬向惯性力起主导作用，促使运动着的软流层侵入 SN 向、NNW、NNE 向深断裂，或岩石圈向上弯曲的地段，冷凝后形成侵入岩。若冲破地壳表层，则形成火山岩。小的侵入岩体或火山颈多呈圆状或椭圆状，主要由于软流层似乎像水一样，表面分子在其内部分子引力的作用下向势能较小的位置移动，故有收缩到其表面所占面积最小、呈球状或椭球状的趋势。

印度板块向中国板块碰撞，一方面是印度洋板块向北的力推着它，另一方面是低纬度地区岩石圈下面的软流层向北运移时托着它。中国板块是欧亚板块的重要部分，欧亚板块的北端已进入北极圈，不可能总是在印度板块的推动下向北运动。当中国青藏地区几乎不能向北运移时，印度板块只好呈向北倾斜的形式，插到喜马拉雅山脉的下面。按阿基米德浮体定律（申漳，1981）推算，印度板块扎在中国喜马拉雅山地区下面排除（或挤走）软流层的重量，就是软流层又反过来抬着喜马拉雅山地区上升的力量。另一方面受印度板块碰撞后的西藏地区被软流层抬得越高，由地球自转产生的近 EW 方向的纬向惯性力越大，南北向的褶皱、断裂越容易形成（西藏自治区地质矿产局，1993）。青藏高原上印支期 EW 向挤压，为 SN 向背、向斜褶皱开了个头，打下了基础，随后燕山期形成的褶皱便受其控制，也是以 SN 向为主。

昆仑山北面、天山南面的塔里木盆地，其中央隆起区形成的近 EW 向穹隆状背斜，按地层厚度变化推断，主要起始于中生代的三叠纪至侏罗纪、以后经侏罗纪至白垩纪，白垩纪至下第三纪，上第三纪等，多次 SN 方向、NS 方向挤压，促使塔里木盆地中部形成了 EW—近 EW 向的穹隆状隆起或隐伏状巨型背斜。上述情况表明，海西晚期 NS 方向挤压，给呈 EW 向的塔里木盆地中央隆起奠定了雏形，以后的印支期、燕山期及喜山期构造运动，均受着其中央隆起雏形的控制，使其中央隆起逐渐完善。

1997 年 8 月 1 日《北京青年周末》曾报道，"科学家经过研究发现，在地震的不断影响下，地球的北极正在以每 100 年 6cm 的速度缓慢地向南移动。"在现今地表一次又一次接受陨石降落，一次又一次地发生火山喷发，地球自转角速度不断变慢的情况下，与其说地球北极以每 100 年 6cm 的速度向南移动，不如说欧亚大陆北端，北美洲大陆北端以每 100 年 6cm 的速度向北迁移，并持续几百年、几千年，甚至几万年后，在地心引力指向两极的水平分力的作用下，必将导致地球的自转轴，即南北极至地心的两半径之和拉长。

　　地震是什么？全世界每年发生的天然地震中，人能感觉到的有五万余次，能造成严重灾害的在十次以上。强烈地震所释放的能量是从哪里来的？为什么严重灾害地震多发生在"喜马拉雅—地中海地震带""环太平洋地震带"？地震是通过地表脆性岩石破碎释放能量的岩石圈或超岩石圈的断裂活动。现今地震所释放能量的来源与地质历史上沉积岩层形成褶皱、断裂或上地幔软流层形成侵入岩时所受到的地应力作用一样，与形成造山带时的地应力作用一样，都是来源于银河系核心、旋臂控制着的太阳携带着地球等 8 大行星，以收缩的螺旋状弧形弯曲路线（图 18-5）环绕着银河系呈旋转式运动。"喜马拉雅—地中海地震带"位于冈瓦纳古陆北端与劳亚（即欧亚板块）古陆南端的碰撞带上，也就是地球梨形体北半部的中部（图 18-6），即北半球缩进 7.5m 的中—低纬度地区，其所受到的地应力，即旋转地球惯性离心力水平分力 F_h 与地心引力的水平分力 F_1 之和，无论是现今地球自转角速度长期由快变慢，或者像地质历史中海西期、燕山期那样长期由慢变快，都是 SN 向、或 NS 向地应力容易传递、聚集达到极大值的地区，更是促使沉积层形成 EW 至近 EW 向褶皱及断裂构造形成、岩石圈或超岩石圈断裂多次强烈碰撞、硅铝壳厚度容易增大的地区，所以在中国境内形成了延长超过 4000km 的阴山—天山、秦岭—昆仑纬向带，同时也形成地震带。太平洋板块基底缺少硅铝层，其东西北三面几乎都是深海海沟。超过 10000m 的深海海沟就有 6 条，其中位于太平洋西部的马里亚纳海沟，深达 11034m。与其东岸南、北美洲，西岸亚洲、澳大利亚及其周围的接触，均为贝尼奥夫带。太平洋平均深度 4028m，比大西洋平均深度 3627m 低 401m，是地球表面最低洼的地区。太平洋板块周围大陆板块托着的硅铝层，在地心引力水平分力作用下，向太平洋板块位移、靠拢，再加上在地球自转角速度长期变慢（含短时变快）时纬向惯性力的作用和月亮—太阳的引力作用，共同组成的合力，迫使环太平洋板块的岩石圈或超岩石圈断裂活动。所以严重灾害地震也多次发生在"喜马拉雅—地中海地震带"、"环太平洋地震带"及其附近岩石圈或超岩石圈断裂带上。中国 NNE 至近 SN 的台湾带、闽粤沿海带、东北深震带、营口—郯城—庐江带、河北平原带、山西带、银川带、海原—松潘—雅安带、马边—邛家—通海带、冕宁—西昌—鱼鲊带，属"环太平洋地震带"。

主要参考文献

安徽省地质矿产局.安徽省区域地质志.北京：地质出版社，1987

程裕淇主编.中国地质图（1：5000000）及说明书.北京：地质出版社，1990

陈宗镛，甘子钧，金庆祥.海洋潮汐.北京：科学出版社，1979

大卫·伯尔格米尼.宇宙.香港生活自然文库特辑版，1979

地质矿产部地质辞典办公室.地质辞典—普通地质构造地质分册.北京：地质出版社，1983

福建省地质矿产局.福建省区域地质志.北京：地质出版社，1985

J.H.塔奇.地球的构造圈.北京：地质出版社，1984

郭瑞涛.地球概论.北京：北京师范大学出版社，1988

甘肃省地质矿产局.甘肃省区域地质志.北京：地质出版社，1989

国家自然科学基金委员会.地质科学.北京：科学出版社，1991

广东省地质矿产局.广东省区域地质志.北京：地质出版社，1988

广西壮族自治区地质局.广西壮族自治区地质图（1：500000）.北京：地质出版社，1976

广西壮族自治区地质矿产局.广西壮族自治区区域地质志.北京：地质出版社，1985

河北省地质矿产局.河北省北京市天津市区域地质志.北京：地质出版社，1989

河南省地质矿产局.河南省区域地质志.北京：地质出版社，1989

湖南省地质矿产局.湖南省区域地质志.北京：地质出版社，1988

江西地质矿产局等.中国南岭及其邻区地质图.北京：地质出版社，1984

江西省地质矿产局.江西省区域地质志.北京：地质出版社，1984

李四光.地质力学概论.北京：科学出版社，1973

梁治平，丘侃，陆耀洪.材料力学.北京：人民教育出版社，1963

内蒙古自治区地质矿产局.内蒙古自治区区域地质志.北京：地质出版社，1991

宁夏回族自治区地质矿产局.宁夏回族自治区区域地质志.北京：地质出版社，1990

钱维宏.行星地球动力学引论.北京：气象出版社，1994

［比利时］P.梅尔其奥尔.行星地球的固体潮.北京：科学出版社，1984

S. J. 英格利斯. 行星恒星星系. 北京：科学出版社，1979

四川省地质矿产局. 四川省区域地质志. 北京：地质出版社，1991

申漳. 简明科学技术史话. 北京：中国青年出版社，1981

王汉卿. 西秦岭地区主要褶皱构造运动初步分析. 中国地质科学探索. 北京大学出版社，1989

王汉卿. 秦岭南带及其邻近地区晚加里东运动初探. 甘肃地质（第 11 期）. 兰州：兰州大学出版社，1990

王汉卿. 地壳应力的形成、发展变化及其与地质年代的关系. 北京大学国际地质科学学术研讨会论文集. 北京：地震出版社，1998

王汉卿. 古构造研究与探索. 中国地质科学新探索. 北京：石油工业出版社，1998

王仁. 地质力学提出的一些力学问题. 力学（2）：85～93，1976

西藏自治区地质矿产局. 西藏自治区区域地质志. 北京：地质出版社，1993

新疆维吾尔自治区地质矿产局. 新疆维吾尔自治区地质图说明书. 北京：地质出版社，1985

新疆维吾尔自治区地质矿产局. 新疆维吾尔自治区区域地质志. 北京：地质出版社，1993

中国地质科学院地质力学研究所. 论构造体系. 国际交流地质学术论文集（1），北京：地质出版社，1978

中国地质科学院亚洲地质图编写组. 亚洲地质图（1：5000000）及说明书. 北京：地质出版社，1982

编后语

　　1992 年夏，正当笔者查阅相关省、区区域地质志等资料，潜心探索中国三大纬向带褶皱构造分布特征的时候，读到《地质科学》（国家自然科学基金委员会，1991）一书。书中提出"到 1987 年，我国区域地质调查已经完成的陆地面积，……，1：20 万为 67.5%，……。"随后又在 1991.1（总 213 期）地质科技通报（杜笑菊，第二次全国区域工作会议上在兰州召开）读到"截止到 1991 年，1：20 万区域地质调查已完成国土面积的 72.2%，也就是覆盖了除沙漠、戈壁、冲积平原及西藏高山地区以外的全部地区。"20 世纪 80 ~ 90 年代前期，地质矿产部组织各省、市、自治区编制出版了分省、市、自治区的《区域地质志》及其附属图件，大大提高了我国区域地质调查工作水平和地质研究程度。由于"地质理论储备不足，"……指导我国地质工作的理论和方法又基本上是从国外引进的了。"然而，建立在活动论基础之上的新的中国区域地质构造格局还没有建立起来，秦岭—大别山带、华南等区域大地构造格局依然模糊不清，几个古板块的运动历史仍需要进一步研究。"其实何止如此，即使"……活动论基础上的新的区域地质构造格局……建立起来"又能怎样？全球统一的地质年代，即太古代 1350Ma、元古代 1930Ma、古生代 320Ma、中生代 185Ma 是怎么形成的？按其褶皱、断裂、岩浆活动，为什么均可以"一分为二"？为什么元古代以后的古生代、中生代等地质年代的时间均为急速缩小？为什么太古代 1350Ma 反而比元古代 1930Ma 少 580Ma？为什么新生代以来印度板块由南往北向中国板块碰撞？为什么此时期青藏高原上南北向褶皱、断裂、甚至岩浆活动频频发生？为什么严重灾害性地震多发生在"喜马拉雅—地中海地震带""环太平洋地震带？"又如地应力是从哪里来的？又是怎样形成、怎样传递及转变的？

　　宋代大诗人苏轼吟咏庐山的优美诗篇《题西林壁》称："横看成岭侧成峰，远近高低各不同。不识庐山真面目，只缘身在此山中。"其实，"基本上"引进的"地质工作的理论和方法"不能解决上述我国地质工作中发现的、乃至早已存在的全球地质时代问题，也是由于"不识庐山真面目，只缘身在此山中。"我国 1：20 万区域地质调查早已完成国土面积的 72.2%，各省、市、自治区《区域地质志》也相继出版，何必不以此为基础，博览群书，编绘我国阴山—天山、秦岭—昆仑、南岭纬向带及贺兰山、大雪山—邛崃山经向带以褶皱构造为主的地质构造图，探索其不同地质时期褶皱构造（含部分地段的岩浆岩）形成、发展及转变的规律，查寻其控制的主导因素。然而，谈何容易。1997.8《读者》（甘肃人民出版社）核物理专家詹克明先生《裸猿〈道德篇〉》一文中指出，"科学越发展，理论越艰深，科学也就越是高度的分化，人的专业知识面也日趋狭窄。""每个人都必须从零开始学习……人类不得不用更长的时间进行学习。现在一个博士研究生毕业时（30岁），学习时间已占去他一生有效工作期限（60岁）的半数了。这个比值一直在不断扩大。等到这个比值达到1时，人类再也没有做出任何新创造的可能了。"或者可以说到了那时人类的创造能力达到了极限。其实地质学、尤其是构造地质学的分化，早在20世纪50～60年代就已达到过于精细的程度，学制由4年延长到5年，随后又改为6年，系的下面划分为专业，专业又分为专门化。按《地质辞典》（地质矿产部地质辞典办公室，1983）普通地质、构造地质分册分上、下两册共有900余页，普通地质学又分化为地质学、地貌学、冰川地质学、火山地质学、地震地质学、月球地质学、行星地质学等，考入地质院校的初学者，仅这一部分初步学通就并非一两年之计。

　　笔者有幸在北京大学长达6年的学生生涯的后期，阅览、并摘录了一些哲学名言，20世纪60～70至80年代在南岭（粤北）地区、西秦岭（甘南）地区暨豫西南地区，以地质力学理论为指导交叉地从事区域性矿床地质、构造地质科研工作，发现从元古代到中生代印支期，其不同期次褶皱构造均具有"隔期相似，临期相异"的特征。以此为基础笔者对阴山—天山、秦岭—昆仑、南岭地区及贺兰山、大雪山—邛崃山等地区褶皱构造的分析、归纳、总结并综合研究，加起来大约用了30多年的时间。笔者深深感到虽然找到中国三大纬向带及贺兰山、大雪山—邛崃山经向带不同地质时期形成的褶皱构造具有"隔期相似，临期相异"的特征，如果还是找不到其控制规律的主要因素是什么，再精细描述，也是似乎没有什么效益，差不多可以说白费力气。已经出版的《区域地质志》的彩色附图上都能看到的褶皱构造等再次重述又能如何？随后，承蒙地质力学研究所名誉所长、中国科学院孙殿卿院士指出："地球上的构造变形不是孤立的，与太阳系、银河系的运动密切相关。"这些情况均激励、并迫使笔者从1991年夏秋开始借阅《材料力学》《海洋潮汐》《行星地球固体潮》《宇宙》《行星恒星星系》及《简明科学技术史话》等书，逐渐应用多方面知识引导发现银河系由其核心及4条旋臂（图18-4）组成，太阳系位于距银河系中心约30000光年，为银盘半径的3/5～4/5；NGC5457，即大熊座里的一个开放型旋涡星系（图18-3），也是由4条旋臂组成。银河系旋臂比大熊座那个开放型旋涡星系的旋臂紧密得多，银河系形成的时间比其后者的形成时间也要早得多。太阳系的物质及能量来源于银河系核心抛出的氢离子等组成的旋臂，太阳的运动受银河系核心引力的控制。

　　地球的地质年代、运动速度变化，只能是（受开普勒定律控制的）太阳系携带着地球等行星沿着螺旋状收缩式轨道绕银河系的核心运动过程中形成的（图

18-5）。每个地质年代的前期和后期，太阳及其携带的地球等行星也只能按次序分别在银河系的旋臂和臂间中呈螺旋状收缩式运动（图18-5）。……当然，有些认识在相当程度上尚属于推断、猜测、想象，虽然经过长期钻研、多次修改、补充，也不可能完美无缺，缺点、错误在所难免。

　　地质学、尤其是构造地质学，包括褶皱、断裂、岩浆活动、地质年代、地应力作用等诸多方面，简单从哪一方面研究都难以奏效。本书所述仅仅是笔者试图以相关省、市、自治区区域地质志为基础地质资料、编绘中国三大纬向带及贺兰山、大雪山—邛崃山经向带、以褶皱为主的地质构造图；以地质力学理论为指导，并吸收旋转椭球体、开普勒定律、地球梨状体、银河系等方面的知识，探索出一条研究中国三大纬向带及贺兰山、大雪山—邛崃山经向带褶皱构造的方法，以期引起对构造地质学中本书所涉及问题的更深入的研究。